全—本—全—注—全—译

小窗幽記

〔明〕陈眉公 辑
中华文化讲堂 注译

团结出版社

图书在版编目（CIP）数据

小窗幽记/(明)陈眉公辑；中华文化讲堂注译.
— 北京：团结出版社，2016.11
（谦德国学文库）
ISBN 978-7-5126-4595-0

Ⅰ.①小… Ⅱ.①陈… ②中… Ⅲ.①人生哲学—
中国—明代②《小窗幽记》—注释③《小窗幽记》—译文
Ⅳ.①B825

中国版本图书馆CIP数据核字(2016)第266648号

出版：团结出版社
　　（北京市东城区东皇城根南街84号 邮编：100006）
电话：(010) 65228880　 65244790　（传真）
网址：www.tjpress.com
Email：65244790@163.com
经销：全国新华书店
印刷：北京天宇万达印刷有限公司

开本：148×210　1/32
印张：16.25
字数：310千字
版次：2017年5月　第1版
印次：2021年5月　第6次印刷

书号：978-7-5126-4595-0
定价：58.00元

《谦德国学文库》出版说明

　　人类进入二十一世纪以来，经济与科技超速发展，人们在体验经济繁荣和科技成果的同时，欲望的膨胀和内心的焦虑也日益放大。如何在物质繁荣的时代，让我们获得内心的满足和安详，从经典中获取智慧和慰藉，或许是我们不二的选择。

　　之所以要读经典，根本在于，我们应当更好地认识我们自己从何而来，去往何处。一个人如此，一个民族亦如此。一个爱读经典的人，其内心世界必定是丰富深邃的。而一个被经典浸润的民族，必定是一个思想丰赡、文化深厚的民族。因为，文化是民族之灵魂，一个民族如果不能认识其民族发展的精神源泉，必定就会失去其未来的生机。而一个民族的精神源泉，就保藏在经典之中。

　　今日，我们提倡复兴中华优秀传统文化，当自提倡重读经典始。然而，读经典之目的，绝不仅在徒增知识而已，应是古人所说的"变化气质"，进一步，是要引领我们进德修业。《易》曰："君子以多识前言往行，以蓄其德。"实乃读经典之要旨所在。

基于此理念，我们决定出版此套《谦德国学文库》，"谦德"，即本《周易》谦卦之精神。正如谦卦初六爻所言："谦谦君子，用涉大川"，我们期冀以谦虚恭敬之心，用今注今译的方式，让古圣先贤的教诲能够普及到每一个人。引导有心的读者，透过扫除古老经典的文字障碍，从而进入经典的智慧之海。

作为一套普及型的国学丛书，我们选择经典，不仅广泛选录以儒家文化为主的经、史、子、集，也将视野开拓到释、道的各种经典。一些大家所熟知的经典，基本全部收录。同时，有一些不太为人熟知，但有当代价值的经典，我们也选择性收录。整个丛书几乎囊括中国历史上哲学、史学、文学、宗教、科学、艺术等各领域的基本经典。

在注译工作方面，版本上我们主要以主流学界公认的权威版本为底本，在此基础上参考古今学者的研究成果，使整套丛书的注译既能博采众长而又独具一格。今文白话不求字字对应，只在保证文意准确的基础上进行了梳理，使译文更加通俗晓畅，更能贴合现代读者的阅读习惯。

古籍的注译，固然是现代读者进入经典的一条方便门径，然而这也仅仅是阅读经典的一个开端。要真正领悟经典的微言大义，我们提倡最好还是研读原本，因为再完美的白话语译，也不可能完全表达出文言经典的原有内涵，而这也正是中国经典的古典魅力所在吧。我们所做的工作，不过是打开阅读经典的一扇门而已。期望藉由此门，让更多读者能够领略经典的风采，走上领悟古人思想之路。进而在生活中体证，方能直趋圣贤之境，真得圣贤典籍之大用。

经典，是一代代的古圣先贤留给我们的恩泽与财富，是前辈先人的智慧精华。今日我们在享用这一份财富与恩泽时，更应对古人心存无尽的崇敬与感恩。我们虽恭敬从事，求备求全，然因学养所限、才力不及，舛误难免，恳请先贤原谅，读者海涵。期望这一套国学经典文库，能够为更多人打开博大精深之中华文化的大门。同时也期望得到各界人士的襄助和博雅君子的指正，让我们的工作能够做得更好！

团结出版社

2017年1月

前　言

　　《小窗幽记》是一部熔中国传统生活情趣、审美艺术、处世哲学于一炉的纂辑式清言小品集，自成书以来，流传十分广泛，影响也极为深远。清代陈本敬赞扬此书说："端庄杂流滴，尔雅兼温文，有美斯臻，无奇不备。"而当代的文学研究者，更是将此书与《菜根谭》《围炉夜话》共同誉为中国修身养性的"三大奇书"。

　　《小窗幽记》全书分为醒、情、峭、灵、素、景、韵、奇、绮、豪、法、倩十二卷，计一千五百余条。内容博采群书，萃集众要，涵盖了自先秦至明末的儒、释、道及诸子百家著作。从文体上说，包括了楚辞、汉赋、六朝骈文、唐诗、宋词、元曲、明小说，及各种杂著中的格言警语。从时代而言，本书选取的明人著作最多，如陈继儒的《岩栖幽事》，吴从先的《小窗自纪》，洪应明的《菜根谭》，陆树声的《避暑清话》，袁宏道的《瓶史》，吕坤的《呻吟语》，唐寅的《落花诗册》，李贽的《焚书》等，不一而足。

　　本书的纂辑，或原文照录，或取舍部分，或增删拼合，或改易润饰，使得编排的内容在逻辑上一脉相承，在风格上自成一体，如出一人之手笔。陆绍珩曾言此书的纂辑是"每遇嘉言格论、丽词醒语，不问古今，随手辑记。卷从部分，趣缘旨合，用浇胸中块垒，一扫世态俗情，致取自娱，积而成帙"。因此，阅读品味此书，对于读者而言，不仅仅在喧嚣浮世、滚滚红尘中可获得心灵的清凉，更可对中华文史知识和传统文化精神有更深入的体认。尤其是其中的格言警句往往字字珠玑、妙语连珠，堪称写景状物、寄志抒情的千古佳句，数百年来为人广泛记诵和引用。因此，在这种优秀文学作品的滋养下，可帮助人逐步实现文学功底的积淀，文化视野的开阔，良好人格的培养和内在心灵的升华。

本书旧题为明代陈继儒辑。陈继儒（1558年~1639年），明代文学家、书画家，字仲醇，号眉公、麋公。然而经过学者考定，本书实际为晚明陆绍珩所辑之《醉古堂剑扫》，由陈本敬、崔维东二人作伪，于乾隆三十五年（1770年）假托陈继儒之名，以《小窗幽记》为名刊行，并由陈本敬作序而流传至今。目前发现的《醉古堂剑扫》的最早版本是明末天启四年（1624年）刊行的四色套印本，此外还有日本嘉永五年（1852年）、嘉永六年（1853年）、明治四十一年（1908年）的刻本三种。对比《醉古堂剑扫》与《小窗幽记》的最早刻本，发现二者在体例、内容方面基本无异，后者只是在前者基础上，通过删掉重复条目、合并或分开条目、更改条目顺序、改动个别字句，作了少量的艺术加工与改造。由此可证，《小窗幽记》纂辑者与书名为伪，而内容不伪。

书名作伪为《小窗幽记》，一是因为《醉古堂剑扫》采用的书目中有《小窗四纪》（包括《小窗自纪》、《小窗清纪》、《小窗别纪》、《小窗艳纪》），作者为明人吴从先（字宁野，号小窗）。二是《醉古堂剑扫》一书的纂辑,从《小窗自纪》中选取的条目较多,"小窗"二字在书中多次出现,如"小窗偃卧,月影到床","春夜小窗兀坐,月上木兰","小窗幽致,绝胜深山"等。

至于陈、崔二人作伪的原因,学者的观点大致可以归纳为二个:一是明末清初清言类小品逐渐风行,以温良做人、谨慎处世为题材的作品增多,因此,书商将饱含不平之气的"剑扫"改名为"幽记",以迎合文学潮流;二是陈继儒是晚明山人墨客中的领袖人物,其诗文作品在当时有较大影响,而陆绍珩却籍籍无名,鲜为人知。书商以陈继儒的名号保驾护航,有助于提升书籍的关注度。从这个层面来讲,此书的作伪,实际上就是书商精心策划的一次营销推广方案。

陈继儒虽非本书真正纂辑者,然而也与本书关系密切。《醉古堂剑扫》中有六十余条清言小品就辑自陈继儒的著作,如《读书十六观》、《岩栖幽事》、《安得长者言》、《玉鸳阁诗集序》等,而且陈继儒也是《醉古堂剑扫》的参阅者之一。本书的真正纂辑者陆绍珩,其可查的生平资料却十分稀少。据载,他是明代松陵(今苏州吴江)人,字湘客,号称为唐代隐逸诗人陆龟蒙后裔。相传他曾发过三个愿:一愿识尽世间好人,二愿读尽世间好书,三愿看尽世间好山水。由此可见他不俗的见识、胸襟和器度。

全书所选格言皆玲珑剔透,精美隽永,发人警省,亦引人深思,令人回味不尽。卷名始于醒,终于倩,虽混迹尘俗,却超然物外;虽游心太虚,却和光同尘。在对山林隐逸生活的感悟中,体现出哲人式的优雅和冷静;在对浇漓不古世风的批判中,流露出隐士般的睿智和从容。

以"醒"为首卷之名,在"趋名者醉于朝,趋利者醉于野,豪者醉于声色车马"之时,给其一声棒喝,盼其幡然醒悟,回归真我。"醒"后言"情",方是洒然真情,即纂辑者所说"明乎情者,原可死而不可怨者也"。"情"后能"峭",峭拔千古,笑傲风云,显露的是一个文人士子不变的气节与操守。"峭"后获"灵",以顶上一灵明之眼照破世事虚无,以胸中一空灵之心融于清净法界。经过一番冲刷洗涤之后,方能体得"素"雅之趣,赏得清幽之"景",会得神妙之"韵",显出人生之"奇"。其"绮"也,能兴越舞吴歌之风;其"豪"也,能尽吐纳虹霓之气。其为"法",而不局于世、出世法;其为"倩",而不泥于山水花月、佳人清音,却是一种凡情涤尽、烦恼皆除后,心灵超越的一种逍遥与安然。

本书在整理过程中,以现存古本为底本,参考了多个时下已出版的版本,力求在贴合书本原貌、保证其完整性的基础上,做出精准无误、通俗晓畅且自成一家的注释和白话译文。注释不做繁琐考证,仅在必要时对其渊源背景等作简要介绍,并补充诸家"当注未注"之处,以帮助读者理解文意。译文用语深浅适中,照顾到不同阅读群体的需求,同时尽量依照原文保持了大量的对仗、骈偶结构,使得译文兼具有形式美和音韵美。

由于陆绍珩在纂辑本书的过程中,没有注明所选取条目的来源和作者等相关信息,当今所见的各版本《小窗幽记》的注释、翻译及解说等均出现了不少讹误,如"铁脚道人"和"醉吟先生"典,"沈约诗瘦"和"东老书贫"典,"分果车中"典等,本书都做了逐一纠正。此外,还订正了一些人名、地名、物名的讹误,以及一些错字、漏字及句读之误。尽管如此,整理过程中的谬误不当之处也在所难免，万望广大读者及时批评斧正，以使我们不断完善此书。

　　正如今人所言，《小窗幽记》是一部奇书，它的"奇"，不仅在其笔下的美景佳物、静思明悟之中，更在其万花筒般的折射和映衬之中。小窗之内，有琴、棋、书、画、经、香、酒、茶；小窗之外，有风、花、雪、月、竹、石、泉、鸟……这些意象构成了千百年来文人墨客吟咏歌颂的素材宝库，也形成了世世代代中华儿女心驰神往的精神家园。但愿在其醍醐灌顶之下，你能越过层层屏障，透过重重无明，找到属于自己的那片奇境、净土；可以在浅斟低酌、酣然高卧之时，在小窗外听到一曲清凉的世外仙音。

自　序

　　昔人云：一愿识尽人间好人，二愿读尽世间好书，三愿看尽世间好山水。或曰：静则安能，但身到处，莫放过耳。旨哉言乎。余性懒，逢世一切炎热争逐之场，了不关情。惟是高山流水，任意所如，迂翠丛紫莽，竹林芳径，偕二三知己，抱膝长啸，欣然忘归，加以名姝凝盼，素月入怀，轻讴缓板，远韵孤箫，青山送黛，小鸟兴歌，侪侣忘机，茗酒随设，余心最欢乐不可极。若乃闭关却扫，图史杂陈，古人相对，百城坐列，几榻之余，绝不闻户外事，则又如桃源人，尚不识汉世，又安论魏晋哉？此其乐，更未易一二为俗人言也。第才非梦鸟，学惭半豹，而一往神来，兴会勃不能已，遂如司马公案头常置数簿，每遇嘉言格论、丽词醒语，不问古今，随手辄记。卷以部分，趣缘旨合。用浇胸中块傀儡，一扫世态俗情。致取自娱，积而成帙。今秋，落魄京邸，睹此寂寂，使邓禹笑人，未免有情，亦复谁能遣此？因共友人，问雨花之址，寻采石之岩，江山历落，使我怀古之情更深，乃出所手录，快读一过，恍觉百年幻泡，世事棋枰，向来傀儡，一时俱化。虽断蛟刿笔之利，亦不过是。友人鼓掌叫绝曰：此真热闹场，一剂清凉散矣。夫镆邪钝兮铅刀割，君有笔兮杀无血，可题《剑扫》，付之剞劂。予曰，一编自手，率尔问世，得无为腹笥武库者嗤乎？予笥不能尽书，余目不能尽笥，余手不能尽目。安用此戋戋者？友曰：不然，青史浇肠，筬言洗胃。片语只字，皆可会心。但莫放过，何以多为？余唯唯。搦管书之，以识予逢世之拙，聊以斯篇寄趣云。

时甲子重阳

陆绍珩题

目 录

卷一　集醒 …………………………………………………… 1

卷二　集情 …………………………………………………… 73

卷三　集峭 …………………………………………………… 108

卷四　集灵 …………………………………………………… 137

卷五　集素 …………………………………………………… 192

卷六　集景 …………………………………………………… 260

卷七　集韵 …………………………………………………… 297

卷八　集奇 …………………………………………………… 337

卷九　集绮 …………………………………………………… 360

卷十　集豪 …………………………………………………… 390

卷十一　集法 ………………………………………………… 424

卷十二　集倩 ………………………………………………… 457

附录　《小窗幽记》叙 ……………………………………… 506

卷一 集醒

　　食中山之酒，一醉千日。今世之昏昏逐逐，无一日不醉，无一人不醉，趋名者醉于朝，趋利者醉于野，豪者醉于声色车马，而天下竟为昏迷不醒之天下矣，安得一服清凉散①，人人解酲②。

　　【注释】①清凉散：中药名，能清热，使人清凉。②酲〔chéng〕：喝醉了酒，神志不清。

　　【译文】饮用中山人狄希酿的酒，可以一醉千日。今世之人整天昏昏沉沉，追逐声色名利，可以说没有一日不醉，没有一人不醉的。追求名望的人沉醉于权位，追求金钱的人沉迷于市场，富有的人则迷醉于声色车马，而天下也已成为一个昏迷不醒的天下了。要如何才能得到一剂清凉药，让人服下使大家清醒呢？

　　倚才高而玩世，背后须防射影之虫①；

　　饰厚貌以欺人，面前恐有照胆之镜②。

【注释】①射影之虫：即蜮〔yù〕，又名射工、射影。口中含沙作矢，向人射击。被蜮射的人，会染上一种毒质而生疮。就算身体能够射避，而影子被蜮射中，也会生病。②照胆之镜：传说中能照人五脏六腑的神镜。

【译文】依仗自己的才能而傲然处世的人，小心背后有伤人的射影之虫。假装忠厚老实的样子来欺骗他人的人，小心提防前面有照胆之镜。

怪小人之颠倒豪杰，不知惯颠倒方为小人；
惜吾辈之受世折磨，不知惟折磨乃见吾辈。

【译文】有人责怪小人颠倒是非，陷害英雄豪杰，却不知道惯于颠倒是非正好是小人的本色；有人怜惜同辈遭受世间的折磨，却不知道只有经历了折磨才能看到同辈的本色。

花繁柳密处，拨得开，才是手段；
风狂雨急时，立得定，方见脚根。

【译文】面对花繁叶茂的美景，能够不被诱惑开辟出一条道路，这才算得上有本事；面对狂风暴雨的贫困境地，能够站稳脚跟不被击倒，这才显示出立场坚定。

澹泊之守，须从秾艳场中试来；
镇定之操，还向纷纭境上勘过。

【译文】能否坚守淡泊之志，必须经过富贵声色，充满诱惑的场合才能检验出来；是否有镇定如一的节操，还要经过纷繁复杂的环境验证才能见功夫。

市恩不如报德之为厚，要誉不如逃名之为适，矫情不如直节之为真。

【译文】施舍恩惠于人，不如报答他人恩德的行为厚道；哗众取宠，求取名誉，不如回避虚名更为适宜；矫揉造作，不如直白坦诚更显真实。

使人有面前之誉，不若使人无背后之毁；
使人有乍交之欢，不若使人无久处之厌。

【译文】与其让人当面夸赞，不如做到不会被人背后批评；使人在刚结交时就产生好感，不如让别人长久相处后也不会厌烦。

攻人之恶毋太严，要思其堪受；
教人以善莫过高，当原其可从。

【译文】指责他人的过错，不要过于严厉，要考虑到他是否能够承受；教导别人与人为善，不要要求过高，应当体谅他是否能够做到。

不近人情，举世皆畏途；不察物情，一生俱梦境。

【译文】如果做人不近人情，寻么普天之下都会是让人畏惧的险途；做事不能洞察人情世故，那么一生都将有如身处梦境，难有成就。

遇嘿嘿不语之士，切莫输心①；
见悻悻自好之徒，应须防口。

【注释】①输心：深切交流，表示真心。

【译文】遇到沉默不语，城府深沉之人，千万不要与之轻易交心；见到容易恼怒而又自以为是的人，应该提醒自己谨言慎行。

结缨整冠①之态，勿以施之焦头烂额之时；
绳趋尺步②之规，勿以用之救死扶伤之日。

【注释】①结缨整冠：系好冠带，整理好帽子，表示动作从容。②绳趋尺步：绳、尺，都木工校曲直、量长短的工具，引申为法度；趋，快走；步，行走。指举动符合规矩，有法有度。

【译文】系好帽带，端正帽子这样的仪态，不能用在焦头烂额的窘迫时刻；规行矩步，行动有法的作风，不能用在救死扶伤那样的紧急时刻。

议事者身在事外，宜悉利害之情；

任事者身居事中，当忘利害之虑。

【译文】议论事情的人，本身不宜直接参与其事，应该详察事情的利害实际；办理事情的人，本身就处在事情当中，应当放下对于利害得失的顾虑。

俭，美德也，过则为悭吝，为鄙啬，反伤雅道①；

让，懿行也，过则为足恭②，为曲谨③，多出机心④。

【注释】①雅道：正道；忠厚之道。②足恭：也作"足共"。过度谦顺，以取媚于人。《论语·公冶长》："巧言、令色、足恭，左丘明耻之，丘亦耻之。"③曲谨：委曲谨慎，谨小慎微。④机心：此指巧诈之心，机巧功利之心。《庄子·外篇·天地》："有机械者必有机事，有机事者必有机心。"

【译文】俭朴，是一种美德，但太过则是吝啬，是浅薄的庸俗，那反而会伤害节俭的正道；谦让，是一种美行，但太过则变成了过分的恭顺，曲意的谦卑，大多是出于机巧之心。

藏巧于拙，用晦而明；寓清于浊，以屈为伸。

【译文】把智巧隐藏于看似笨拙的行为，表面看来晦暗而实际却心如明镜；把高洁的品格隐寓于混浊之世，韬光养晦，以屈缩作为伸张之道。

彼无望德，此无示恩，穷交所以能长；

望不胜奢，欲不胜餍，利交所以必忤。

【译文】对方没有获得恩惠的期求，自己也没有向对方表示给予恩惠，这就是贫贱之交能够长久的原因；期望有所获且无止境，欲望永远无法满足，这是靠利益之交必然会伤了和气的根本。

怨因德彰，故使人德我，不若德怨之两忘；

仇因恩立，故使人知恩，不若恩仇之俱泯。

【译文】怨恨因为恩德而更加彰显，因此与其让人感激我的恩德，还不如将恩德和怨恨都忘掉；仇恨往往因为恩情而产生，因此与其让人记住我对他的恩情，不如将恩情和仇恨全都消除。

天薄我福，吾厚吾德以迓^①之；

天劳我形，吾逸吾心以补之；

天阨我遇，吾亨吾道以通之。

【注释】①迓〔yà〕：迎接。

【译文】命运让我的福分减损，我便增厚我的德行来迎接它；命运使我的形体劳累，我便放松自己的心灵来加以弥补；命运让我的际遇变得困窘，我便加强我的道德修养来使其通达。

澹泊之士，必为秾艳者所疑；

检饰之人，必为放肆者所忌。

【译文】淡泊名利的人，必定会被那些热衷豪华奢侈之人猜疑；行为检点低调之人，必定会为那些行为乖张放纵之人所忌妒。

事穷势蹙^①之人，当原其初心；功成行满之士，要观其末路。

【注释】①蹙〔cù〕：紧迫，急迫。

【译文】对于一个处境窘困、形势急迫的人，我们应当体察他当初的本心如何？对于那些功成名就、事业有成之士，我们要看他的晚节如何。

好丑心太明，则物不契；贤愚心太明，则人不亲。须是内精明，而外浑厚，使好丑两得其平，贤愚共受其益，才是生成的德量。

【译文】如果一个人美丑好坏之心太过鲜明，那么他就无法与周围事物保持和谐；如果一个人将贤愚分得太明确，那么他就难以与人相亲近。所以，一个人必须内心精明而外表要仁厚，使得美丑好坏两方都能平和，贤愚双方都能从中受益，这样才算得上是天生的性德与气量。

好辩以招尤①，不若切默②以怡性；
广交以延誉，不若索居以自全；
厚费以多营，不若省事以守俭；
逞能以受妒，不若韬精以示拙。

【注释】①尤：过失。②切默：言不轻出，说话谨慎。《论语·颜渊第十二》："子曰：'仁者，其言也切。'"

【译文】喜好争辩而招致过失，不如谨慎言语以怡养性情；广交朋友以博取声誉，不如离群索居以自我保全；大费资财以从事经营，不如省事安居以保持节俭；好强逞能而遭受妒忌，不如韬光养晦而示人以拙。

费千金而结纳贤豪，孰若倾半瓢之粟以济饥饿；
构千楹而招徕宾客，孰若葺数椽之茅以庇孤寒。

【译文】花费千金而广交天下豪杰，哪比得上用半瓢米粟去接济饥饿的人；构建千间屋舍以招揽天下佳宾贵客，哪里比得上用几根椽木搭建的茅屋来庇护孤苦贫寒之人呢！

恩不论多寡，当厄的壶浆①，得死力之酬；
怨不在浅深，伤心的杯羹②，召亡国之祸。

【注释】①当厄的壶浆：当别人困厄之时给人的一壶浆饭。典出《左传·宣公二年》:晋人灵辄曾三日无食,赵盾舍饭相救。后晋灵公欲杀赵盾,已成为灵公甲士的灵辄倒戈相救,赵盾得以脱身。②伤心的杯羹:典出《左传·宣公四年》:楚人献鼋于郑灵公。众大夫一起食鼋,郑灵公召公子宋却不给他吃。公子宋怒,"染指于鼎,尝之而出"。灵公亦怒,欲杀公子宋。这年夏天,公子宋先把灵公杀了。

【译文】恩惠不论多少,当别人处于困境中时接济他一壶浆饭,就能获得对方的誓死效命的回报;怨恨不在于深浅,伤害别人的一杯肉羹,就能招致身亡国灭的祸患。

仕途虽赫奕①,常思林下的风味,则权势之念自轻;
世途虽纷华,常思泉下的光景,则利欲之心自淡。

【注释】①赫奕:显赫的样子。

【译文】官场上虽然追求显赫、盛大的排场,但如果常常想想归隐山林的情趣,那么追逐权势的心思自然就会变得轻淡了;世俗社会虽然繁华富丽,但如果常常想想身死之后黄泉下的情形,那么利欲之心自然就会变得淡泊了。

居盈满者,如水之将溢未溢,切忌再加一滴;
处危急者,如木之将折未折,切忌再加一搦①。

【注释】①搦〔nuò〕:按,压,握。

【译文】当人处于志得意满之时,就有如水将要溢出还未溢出之时,此时切忌再添加一滴;当人处于危急情形之时,就有如树木将要折断却还未折断之时，此时切忌再加一把力。

了心自了事，犹根拔而草不生；
逃世不逃名，似膻存而蚋还集。

【译文】能将心中的欲念了断，事情自然会了结，就有如拔去根的草不再生长一样；能逃离尘世的事，却还有求名的心，就有如只要腥膻之气还在就仍会招来蚊蝇一样。

情最难久，故多情人必至寡情；
性自有常，故任性人终不失性。

【译文】情感最难维持长久，所以多情的人最后也会变得寡情；天性自然会恒常存在，所以放纵任性的人最后也不会丢失他的本性。

才子安心草舍者，足登玉堂；佳人适意蓬门者，堪贮金屋。

【译文】有才能的学子如果能安心居住于茅草屋，用心苦读，将来一定会金榜题名；美丽的女子如果不嫌贫爱富，能够嫁给贫穷的书生，那么她才配得上为她建造的华丽金屋。

喜传语者，不可与语；好议事者，不可图事。

【译文】喜欢传播流言的人，不可和他说事；喜欢高谈阔论的人，不可与他共图大事。

甘人之语，多不论其是非；激人之语，多不顾其利害。

【译文】谄媚、曲意逢迎他人的话，多半不分是非曲直；鼓动、激励别人的话，大多不会顾及事情的利害得失。

真廉无廉名，立名者，正所以为贪；
大巧无巧术，用术者，乃所以为拙。

【译文】真正廉洁的人是没有廉洁的名声的，凡是以廉洁自我标榜的人，正是为了贪图名声；真正聪明的人是不会使用机巧与权术的，凡是运用种种机巧的人，正是因为笨拙。

为恶而畏人知，恶中犹有善念；
为善而急人知，善处即是恶根。

【译文】一个人倘若做了坏事还害怕别人知道，那么说明他为恶之中还存有善念；一个人如果做了好事却急着想被人知道，那么他行善之处就是恶念的根源。

谈山林之乐者，未必真得山林之趣；

厌名利之谈者,未必尽忘名利之情。

【译文】喜欢谈论山林隐逸生活乐趣的人,不一定就真正领悟过隐居的乐趣;口头上说厌恶名利的人,未必真的能忘却名利。

从冷视热,然后知热处之奔驰无益;
从冗入闲,然后觉闲中之滋味最长。

【译文】从冷眼旁观的角度看待喧闹的名利场,然后才会知晓整日为了宝贵名利而奔走竞争毫无益处;从繁杂的社会事务中解脱出来,过上闲适的生活,然后才能体会出闲适生活的深长情味。

贫士肯济人,才是性天中惠泽;
闹场能笃学①,方为心地上工夫。

【注释】①笃学:专心好学。
【译文】贫穷的人肯救助他人,才是人本性中最大的惠泽;能在喧闹的环境中专心学习,才是其心地上真正的修养工夫。

伏久者,飞必高;开先者,谢独早。

【译文】伏身很久准备充分的飞鸟,一旦腾飞则必定飞得很高;最先开放的花儿,往往凋谢得也是最快的。

贪得者,身富而心贫;知足者,身贫而心富;

居高者,形逸而神劳;处下者,形劳而神逸。

【译文】贪得无厌的人,或许生活会富足,但精神却是贫乏的;知道满足的人,也许生活贫困,但精神却是充实的;身处高位的人,身体虽然安逸,但精神却很劳累;地位低下的人,身体虽然很劳累,但精神却是安逸的。

局量宽大,即住三家村里,光景不拘;

智识卑微,纵居五都市中,神情亦促。

【译文】气量宏大的人,即便住在人烟稀少的偏僻山村里,识见也不会受到拘束;智慧见识卑微的人,纵使居住在繁华的大都市,神情也会感到局促。

惜寸阴者,乃有凌铄①千古之志;

怜微才者,乃有驰驱豪杰之心。

【注释】①凌铄:形容气势迅猛。也有压倒之意。
【译文】珍惜每寸光阴的人,才会具有超越千古、压倒一切的大志;怜爱小才的人,才会具有驾御英雄豪杰驰骋天下的雄心。

天欲祸人，必先以微福骄之，要看他会受；

天欲福人，必先以微祸儆之，要看他会救。

【译文】上天若要降祸给一个人，必定会先给他一些福分使其骄慢；所以要想避祸，就要看他会不会享受这一点福分。上天若要降福给一个人，必定先降下一些灾祸来让他警醒；所以能不能享有这个福分，就要看他会不会自救避过这灾祸。

书画受俗子品题，三生①浩劫；

鼎彝②与市人赏鉴，千古异冤。

【注释】①三生：佛教语。谓前生、今生、来生为三生。②鼎彝：古代祭器，上面多刻着表彰有功人物的文字。

【译文】经书名画如果让凡夫俗子来品评题跋，这实在是如同让其遭受三生劫难；如果将鼎彝文物让市井之人来赏鉴，这无异是让其蒙受千古奇冤。

脱颖之才，处囊而后见①；绝尘②之足，历块③以方知。

【注释】①"脱颖"二句：典出《史记·平原君虞卿列传》："使遂早得处囊中，乃脱颖而出，非特其末见而已。"②绝尘：脚不沾尘土，形容奔驰神速。《庄子·田子方》："夫子奔逸绝尘，而回瞠若乎后矣。"③历块：语出《汉书·王褒传》："过都越国，蹙如历块。"颜师古注："如经历一块，言其疾之甚。"后以"历块"形容疾速。

【译文】有才能的人如同锥子,只有处在布袋中才能显现其锋芒;脚力神速的良马,只有穿越国家如穿越一小块土地才能体现。

结想①奢华,则所见多转冷淡;
实心清素,则所涉都厌尘氛。

【注释】①结想:念念不忘;反复思念。

【译文】对奢华念念不忘且充满热切期望,那么所见者多半反而会觉得是冷淡;冥思苦想追求清新淡雅,那么经历的往往会是让人感到厌倦的尘俗。

多情者,不可与定妍媸①;多谊者,不可与定取与。
多气者,不可与定雌雄;多兴者,不可与定去住。

【注释】①妍媸〔yán chī〕:美和丑。

【译文】多情之人,不可以与他谈论美与丑;注重情谊的人,不可以与他商定取舍与给予;尚气使性的人,不可以与他讨论谁强谁弱;漂浮不定的人,不可以与他议定去留。

世人破绽处,多从周旋处见;指摘处,多从爱护处见;艰难处,多从贪恋处见。

【译文】世人言行上的破绽,多半会在与人交往应酬中表现出来；对别人的指责，多半会在对人的过份关爱中体现出来；艰难困窘的处境，多半会从其对事物的贪恋中体现出来。

凡情留不尽之意，则味深；凡兴留不尽之意，则趣多。

【译文】凡是情感抒发不尽、留有余地的，意味才会更加深长；凡是兴致未发挥完、留有余地的，趣味才会更浓厚。

待富贵人，不难有礼，而难有体；
待贫贱人，不难有恩，而难有礼。

【译文】对待宝贵之人，不难做到恭敬有礼，但难做到举止得体；对待贫贱之人，不难做到施以恩惠，但难以做到恭敬有礼。

山栖①是胜事②，稍一萦恋③，则亦市朝④；书画赏鉴是雅事，稍一贪痴，则亦商贾；诗酒是乐事，少一徇人⑤，则亦地狱；好客是豁达事，一为俗子所挠，则亦苦海。

【注释】①山栖：此指隐居山林，过隐士生活。②胜事：指美好的事情。③萦恋：指因喜欢而有所牵挂和留恋。④市朝：指争名逐利之所。⑤徇人：指依从他人，曲从他人。
【译文】归隐山林是件美好的事情，但如果心中对尘世仍有牵挂与留恋，那么与尘世也就无异了；书画赏鉴是件雅致的事，但如果心中稍有一丝贪心与痴恋，那么与商人也就没有两样了；饮酒和诗是件快乐的事情，但如果稍有曲从附和他人，那么也就与在地狱一般难受了；喜欢交友本是件胸襟豁达的事，但一旦被俗人所困挠，那就与身陷苦海差不多了。

多读两句书，少说一句话；读得两行书，说得几句话。

【译文】我们立身处世应多读一些书，少说一点话；只有读了一些书，才可说得一些话。

看中人，在大处不走作①；看豪杰，在小处不渗漏。

【注释】①走作：古文常用词，有生事、起衅，越规、放逸之意。
【译文】观察一个平凡人如何，要看他在大事上是不是不越规，不放逸；观察英雄豪杰如何，要看他在小事上是否有漏洞。

留七分正经以度生，留三分痴呆以防死。

【译文】为人处世要留七分正派以安度人生，但也要留三分痴傻以预防不测。

轻财足以聚人，律己足以服人，
量宽足以得人，身先足以率人。

【译文】轻财乐施足以聚集人心，严于律己足以折服众人；宽宏大量足以获得人心，身先士卒足以统率众人。

从极迷处识迷，则到处醒；将难放怀一放，则万境宽。

【译文】从最易让人迷惑的地方来识破迷惑，那么在哪儿都会保持清醒；将最难以释怀的心事放下，那么在哪儿都会觉得境界宽阔自如。

大事难事，看担当；逆境顺境，看襟度①；

临喜临怒，看涵养；群行群止，看识见。

【注释】①襟度：胸襟气度。

【译文】从处理大事或难事上，可以看出一个人的担当；当身处逆境或顺境时，可以看出一个人的胸襟气度；遇到让人高兴或愤怒的事，可以看出一个人的涵养；与众人一起行动的时候，可以看出一个人的识见。

安详①是处事第一法，谦退是保身第一法，

涵容是处人第一法，洒脱是养心第一法。

【注释】①安详：指举措自然稳重，从容自如。

【译文】稳重从容是处理事情的最好方法，谦恭忍让是保护自己的最好方法，涵养包容是待人的最好方法，潇洒超脱是修养心性的最好办法。

处事最当熟思缓处，熟思则得其情，缓处则得其当。必能忍人不能忍之触忤^①，斯能为人不能为之事功^②。

【注释】①触忤：冒犯，忤逆。②事功：功绩，功业，功劳。

【译文】为人处事最应当深思熟虑，从容处置；深思熟虑则可以获得事情详细情报，从容处置则可事情处理得恰如其分。必须能够忍受别人不能忍受的冒犯和忤逆，这样才能创建别人所不能成就的功业。

轻与必滥取，易信必易疑。

【译文】轻易给予必然会导致滥取，轻易相信也必然会导致轻易怀疑。

积丘山之善，尚未为君子；贪丝毫之利，便陷于小人。

【译文】即使积累了像丘陵高山一样的善德，还不能算是君子；但只要贪图了一丝一毫的私利，便会沦落为小人。

智者不与命斗，不与法斗，不与理斗，不与势斗。

【译文】有智慧的人不会与命运争斗，不会与法律争斗，不会与公理争斗，不会与时势争斗。

良心在夜气清明之候，真情在箪食豆羹①之间。故以我索②人，不如使人自反；以我攻人，不如使人自露。

【注释】①箪食豆羹：语出《孟子·告子上》："一箪食，一豆羹，得之则生，弗得则死。"箪，盛饭的竹器；豆，古代盛食物的器皿。一箪饭食，一豆羹汤。指少量饮食。比喻小利。②索：大绳子或大链子。喻标准，规则。
【译文】在万籁俱静、气朗神清的夜晚，良心最容易显现出来；在日常的粗茶淡饭之间，真情往往最容易流露出来。所以，与其用自我的标准去苛责别人，不如让他自我反省，认识自身的错误；与其以自己的标准去攻击别人的缺点，不如让其自我坦白错误。

"侠"之一字，昔以之加意气，今以之加挥霍，只在气魄①气骨②之分。

【注释】①气魄：指气势，气派。②气骨：指气概；骨气。
【译文】"侠"这个字，在过去人们往往把它与意气联系在一起，而现在人们往把它与挥霍联系在一起，这二者的区别，就在于气魄和气骨之上。

　　不耕而食，不织而衣，摇唇鼓舌，妄生是非，故知无事之人好为生事。

　　【译文】不去耕耘却要饭吃，不去织布却要衣穿，整天摇唇鼓舌，无故惹是生非，所以由此可知游手好闲之人喜欢招惹事端。

　　才人经世，能人取世，晓人逢世；
　　名人垂世，高人出世，达人玩世。

　　【译文】才华出众之人治理社会，能力出众之人成就社会，明白事理之人顺应时势，名声显赫之人名垂后世，超脱尘俗之人归隐尘世，达生知命之人游戏尘世。

　　宁为随世之庸愚，无为欺世之豪杰。

　　【译文】宁可成为随波逐流的庸俗愚昧之人，也不愿成为一个欺世盗名的英雄豪杰。

　　沾泥带水之累，病根在一"恋"字；
　　随方逐圆①之妙，便宜②在一"耐"字。

　　【注释】①随方逐圆：根据物体的形状、地形的高低等作出与之相适应的设计构造。形容为人处事能够根据形势变化，随机应变。②便宜：好处。

【译文】处事有沾泥带水的弊病，原因在于一个"恋"字；处世能够随方就圆，八面玲珑，好处在于一个"耐"字。

天下无不好谀之人，故谄之术不穷；
世间尽是善毁之辈，故谗之路难塞。

【译文】天下没有不喜欢奉承的人，所以谄媚之术层出不穷；世间到处都是善于诋毁他人的人，所以谗言毁谤之路难以堵塞。

进善言，受善言，如两来船，则相接耳。

【译文】提出好的建议，接受好的进言，就有如相对开来的两条船舶，必定会接连起来。

清福，上帝所吝，而习忙可以销福；
清名，上帝所忌，而得谤可以销名。

【译文】清闲安逸的享受是上天所吝惜的，如果使自己习惯于忙碌，则可以减少这种不善的福分；过分美好的名声是上天所禁忌的，如果遭到别人的毁谤，则可以减轻由名声所带来的负担。

造谤者甚忙，受谤者甚闲。

【译文】造谣毁谤别人的人会很繁忙，而遭受毁谤诬陷的人则会很悠闲。

蒲柳之姿，望秋而零；松柏之质，经霜弥茂。①

【注释】①此四句语出《世说新语·言语》第57则："顾悦与简文同年，而发蚤白。简文曰：'卿何以先白？'对曰：'蒲柳之姿，望秋而落；松柏之质，经霜弥茂。'"蒲柳，即水杨。因为它早凋，常用来比喻早衰的体质。姿，通"资"，资质。

【译文】蒲柳的材质较差，到了秋天就凋零了；松柏的材质坚硬，虽经历冰霜严寒却更显茂盛。

人之嗜名节、嗜文章、嗜游侠，如好酒然，易动客气①，当以德性消之。

【注释】①客气：一时的意气；偏激的情绪。
【译文】人们崇尚名声气节，喜欢文章辞藻，酷爱云游行侠，就有如喜爱喝酒一样，容易一时激动，意气用事，应当加强德行修养来避免。

好谈闺阃①，及好讥讽者，必为鬼神所怒，非有奇祸，则必有奇穷。

【注释】①闺阃：指妇女居住的地方。
【译文】喜欢谈论妇女闺阁之事及喜好讥讽他人的人，必定会让鬼神愤怒，如果没有遭受奇祸，也必定会变得格外穷困。

神人之言微，圣人之言简，贤人之言明，众人之言多，小人之言妄。

【译文】神仙的话语微妙，圣人的话语简约，贤人的话语明了，众人的话语繁多，小人的话语虚妄。

士君子不能陶镕①人，毕竟学问中工力未透。

【注释】①陶镕：陶铸熔炼。比喻培育、造就。
【译文】有道德修养的人君子不能造就他人，因为学问研究的功夫还未修习到家。

有一言而伤天地之和，一事而折终身之福者，切须检点①。

【注释】①检点：指检查约束。
【译文】有时会因为一句话而损伤了天地之间的和气，因为一件事而折损了终生的幸福。所以，遇事必须时刻谨慎自己的言行。

能受善言, 如市人求利, 寸积铢累, 自成富翁。

【译文】能够接受好的意见和建议, 就好像商人追求利益, 一点一滴的慢慢积累, 自然就会成为富翁。

金帛多, 只是博得垂死①时子孙眼泪少, 不知其他, 知有争而已;

金帛少, 只是博得垂死时子孙眼泪多, 亦不知其他, 知有哀而已。

【注释】①垂死: 临死。

【译文】挣下的钱财多, 只是临死时换来子孙们的眼泪少一点, 因为他们不知道什么其他的, 只知道争夺家产而已; 挣下的钱财少, 只是临死时换来子孙们的眼泪多一点, 因为他们不知道什么其他的, 只知道伤心而已。

景不和, 无以破昏蒙①之气; 地不和, 无以壮②光华之色。

【注释】①昏蒙: 昏暗。②壮: 增添。

【译文】景色不和谐, 就无法破除昏暗隐晦之气; 大地不和谐, 就无法增添光彩明丽之色。

一念之善, 吉神随之; 一念之恶, 厉鬼①随之。知此可以役使鬼神。

【注释】①厉鬼：凶恶恐怖的鬼。

【译文】一个善的念头，可以获得降幅的吉神护佑帮助；一个恶的念头，就会招来恶鬼为祸作灾。明白了这个道理，便可以役使鬼神了。

出一个丧元气①进士，不若出一个积阴德②平民。

【注释】①元气：中国古代朴素的"元气论"认为"元气"是构成宇宙万物的最本质、最原始的要素，其源头可认为是老子的"道"，即指人的精神，精气。②阴德：暗中做的有德于人的事。

【译文】培养一个道德精神沦丧了的进士，还不如培养一个善积阴德的平民。

眉睫才交，梦里便不能张主；
眼光落地①，泉下又安得分明。

【注释】①眼光落地：指人死亡。

【译文】眼睛刚一闭上，进入梦境后意识便不能由自己主张了；一旦身死，眼神无光，九泉之下又怎么能辨得分明。

佛只是个了①，仙也是个了，圣人了了不知了。
不知了了是了了，若知了了便不了。

【注释】①了：了却，明白。

【译文】佛只是个透彻觉悟了的人，仙也只是个明了觉悟了的人，而圣人虽然通达明了了却没能了却一切。不知道了却一切便是通达明了，如果知道了透彻明悟，那便不是明白通达。

万事不如杯在手，一年几见月当空。

【译文】万事万物皆如过眼云烟，不如一杯在手，对酒当歌；一年三百六十五天，曾见有几日圆月当空？

忧疑杯底弓蛇①，双眉且展；得失梦中蕉鹿②，两脚空忙。

【注释】①杯底弓蛇：出于"杯弓蛇影"的成语故事。相传主人宴请客人在家饮酒，梁上挂着弓，倒映在杯中就好像蛇一样，客人心中生疑病倒。主人知道后，就再次宴请客人，告诉他事情的原因，客人解开了心头的疑惑，病就好了。②梦中蕉鹿：《列子》："郑人有薪于野者，遇骇鹿，御而击之，毙之，恐人见之也，遽而藏诸隍中，覆之以蕉，不胜之喜。俄而遗其所藏之处，遂以为梦焉。"喻得失无常。

【译文】忧虑猜疑就像是杯底如蛇的弓影一样，使人心生疑虑而病倒，不如舒展双眉抛却忧虑；得失无常就像梦中盖着芭蕉叶的鹿一样，为了找鹿而两只脚白忙了一阵。

名茶美酒，自有真味，好事者投香物①佐之，反以为佳，此与高人韵士误堕尘网②中何异。

【注释】①香物：香料。②尘网：世俗生活。

【译文】名贵的茶叶、醇浓的美酒，自然有它自有的真味。但一些多事的人却把一些香料掺放了进去，破坏了原本的味道，他们反而认为这样很好，这与那些高人雅士误入尘世之中有什么差别呢？

花棚石磴，小坐微醺①。歌欲独，尤欲细；茗欲频，尤欲苦。

【注释】①微醺：稍微有些陶醉。

【译文】坐在花香四溢的凉棚下，坐在清凉的石磴上，不禁让人微微有些陶醉。此时突然很想要独自高歌一曲，且歌声要尤其细腻；杯中的茶水要频频续满，且茶水尤其要苦。

善默①即是能语，用晦②即是处明，
混俗③即是藏身，安心即是适境④。

【注释】①善默：喜欢沉默，善于用沉默。②用晦：韬光养晦。③混俗：混迹世俗，融入世俗。④适境：适应环境。

【译文】遇事沉默就是善于语言，遇事韬光养晦就是很好的处世之法，融入世俗就是最好的藏身之法，安定心神就是适应环境的最好方法。

虽无泉石膏肓、烟霞痼疾①，要识山中宰相②、天际真人③。

【注释】①泉石膏肓、烟霞痼疾：出自《新唐书·田游岩传》，喻指酷爱山水成癖，如病入膏肓，无法改变。②山中宰相：语出《南史·陶弘景传》，陶弘景辞不受官，隐居山中，但每逢朝中大事，仍会为朝廷出谋划策，因此被世人称为"山中宰相"。③天际真人：语出《世说新语·容止》："或以方谢仁祖不乃重者，桓大司马曰：'诸君莫轻道，仁祖企脚北窗下弹琵琶，故自有天际真人想。'"此指隐居天涯的真人。

【译文】虽然没有沉迷于泉石、烟霞的癖好，但也要能辨识隐居山中的高士、归隐天涯的真人。

气收自觉怒平，神敛自觉言简，
容人自觉味和①，守静自觉天宁。

【注释】①和：和睦，平和。

【译文】收敛心气，愤怒自然会慢慢平和；聚敛精神，言语自然会慢慢变得简练；宽容别人，自然会觉得旨趣慢慢平和；静宁心神，自然会觉得天地变得安宁。

处事不可不斩截①，存心不可不宽舒，
待己不可不严明，与人②不可不和气。

【注释】①斩截：斩钉截铁。形容说话做事十分果断。②与人：待人，与人相处。

【译文】处理事情不能不果断，心中存念不能不宽舒，对待自己不能不严格，与人相处不能不和气。

居不必无恶邻，会[①]不必无损友，惟在自持[②]者两得之。

【注释】①会：交往，聚会，相会。②自持：把持自己。

【译文】居所不一定非要没有坏邻居，交往也不一定非要避开那些损友，只要能够自我克制、保持操守，就能够从恶邻和损友中汲取有益的东西。

要知自家是君子小人，只于五更头[①]检点，思想的是什么便见得。

【注释】①五更头：五更天，凌晨快天亮的时候。

【译文】要知道自己是君子还是小人，只需要在凌晨天快亮之时反思检点自己的内心深处所思所想到底是什么，便可得知。

以理听言，则中[①]有主；以道[②]窒欲，则心自清。

【注释】①中：心中。②道：道德修养。

【译文】按照事理来听取别人的话语，那么心中就自然会有正确的主张；用道德规范来约束心中的欲望，那么心境自然就会清明。

先淡后浓，先疏后亲，先远后近，交友道也。

【译文】感情先淡薄而后浓厚，关系先疏远而后亲近，交往先接触而后深交，这是交朋友的理想方法。

苦恼世上，意气须温[①]；
嗜欲场中，肝肠欲冷。

【注释】①温：平和，温和。
【译文】在充满痛苦与烦恼的人世间，我们的精神气概要平和；在充满嗜好和欲望的名利场中，我们的内心肠要保持冷静。

形骸[①]非亲，何况形骸外之长物[②]；
大地亦幻，何况大地内之微尘[③]。

【注释】①形骸：身体，躯体。②长物：指多余的东西，也指像样的东西。语出《世说新语·德行》。③微尘：细小之物。这里指世俗中人。
【译文】连自己的躯体都不属于亲近之物，何况那些身体之外的声色名利等多余之物呢；大地山川也不过是一种虚幻，何况是生活在天地间如同尘埃的芸芸众生。

人当溷扰[①]，则心中之境界何堪；
人遇清宁，则眼前之气象自别。

【注释】①涢扰：纷乱，混乱。

【译文】人如果碰到纷乱的局面，那么内心世界如何能承受呢？而一旦遇到清净安宁的局面，那么眼前的景象自然会有不同。

寂而常惺，寂寂之境不扰；惺而常寂，惺惺之念不驰。

【译文】寂静时常保持清醒，那么心境就不会受这寂静的扰乱；清醒时常处寂静中，那么心中清醒的念头就不会丢失。

童子智少，愈少而愈完；成人智多，愈多而愈散。

【译文】小孩子的智慧很少，但越少却越完整；成年人的智慧较多，但是越多反而越杂乱分散。

无事便思有闲杂念头否，有事便思有粗浮意气否；
得意便思有骄矜辞色①否，失意便思有怨望情怀否。
时时检点②得到，从多入少，从有入无，才是学问的真消息③。

【注释】①骄矜辞色：傲慢，飞扬跋扈的神色。②检点：反省。③消息：奥妙；真谛。

【译文】没事时要反省自己是否有闲杂的念头，忙碌时要注意自己是否有浮躁的情绪；得意时要注意自己的言行是否骄慢，失意时要反省自己是否有怨恨的情绪。如果时时能这样自我反省，使不良的习气渐渐由多变少，由有变无，这才是一个人做学问的真谛所在。

　　笔之用以月计，墨之用以岁计，砚之用以世计。笔最锐，墨次之，砚钝者也。岂非钝者寿，而锐者夭耶？笔最动，墨次之，砚静者也。岂非静者寿而动者夭乎？于是得养生焉。以钝为体，以静为用，唯其然，是以能永年①。

　　【注释】①永年：长寿。《书·毕命》："资富能训，惟以永年。"

　　【译文】毛笔的使用寿命是用月来计算的，墨碇的使用寿命是以年来计算的，砚台的使用寿命是以代来计算的。毛笔最为锋锐，墨碇次之，砚台则是最钝的。这难道不是钝的事物长寿，而锋锐的事物短寿吗？毛笔是动得最多的，墨碇次之，而砚台则是静止的。这难道不是静止的长寿，而多运动的短寿吗？由此便可知道养生的道理了。要以钝为本体，以静为用，只有这样，才能永享天年啊。

　　贫贱之人，一无所有，及临命终时，脱一"厌"字；
　　富贵之人，无所不有，及临命终时，带一"恋"字。
　　脱一"厌"字，如释重负；带一"恋"字，如担枷锁。

　　【译文】贫贱的人，一无所有，等到生命将结束之时，终可摆脱对贫贱的厌烦；富贵的人，无所不有，等到生命终将结束时，却仍对名利恋恋不舍。因厌而解脱的人，会如释重负，因眷恋而不舍的人，如同戴着沉重的枷锁。

透^①得名利关，方是小休歇^②；透得生死关，方是大休歇。

【注释】①透：看透，悟透。②休歇：休息，歇息。
【译文】看得透名利这一关，只是心灵得以小休息；只有看得透生死这一关，才是心灵的彻底解脱。

人欲求道，须于功名上闹一闹方心死，此是真实语。

【译文】人要想得道，必须在功名利禄等名利场中闯荡一番之后才会死心，这是真实话。

病至，然后知无病之快；事来，然后知无事之乐。故御病不如却病，完事不如省事。

【译文】生病了，然后才知道没有病的快乐；遇到事情了，然后才知道没有事情是多么快乐。因此治疗疾病不如从根本上预防除却疾病，解决事情不如省去事情。

讳贫者死于贫，胜心使之也；
讳病者死于病，畏心蔽之也；
讳愚者死于愚，痴心覆之也。

【译文】忌讳贫穷的人，最终却死于贫困，这是好胜之心导致的结果；忌讳疾病的人，最终却死于疾病，这是畏惧之心蒙蔽他的结果；忌讳愚昧的人，最终却死于愚昧，这是痴愚之心掩盖他的结果。

古之人，如陈①玉石于市肆②，瑕瑜③不掩；
今之人，如货④古玩于时贾⑤，真伪难知。

【注释】①陈：陈列，摆放。②市肆：市井中的商店。③瑕瑜：玉的瑕疵和光彩。喻人的过失与美德。④货：买。⑤时贾：当下的商人。

【译文】古代的人，有如将玉石摆放在市场的店铺之中一样，从不掩饰自身的过失与美德；现在的人，有如向商人购买的古玩一样，真假令人难以分辨。

士大夫损德处，多由立名心太急。

【译文】士大夫之所以德行损缺，大多是由于立名的心情太过急切了。

多躁者，必无沉潜之识①；多畏者，必无卓越之见；
多欲者，必无慷慨之节；多言者，必无笃实之心；
多勇者，必无文学之雅。

【注释】①沉潜之识：深刻的见解。

【译文】浮躁的人，对事物必定不会有深刻的见识；胆怯的人，对事物必定不会有卓越的见解；欲望多的人，必定没有慷慨激昂的节操；话多的人，必定没有厚道笃实的诚心；勇武的人，必定不会有高深的文学修养。

剖去胸中荆棘①，以便人我往来，是天下第一快活世界。

【注释】①胸中荆棘：嫌隙，芥蒂。

【译文】抛却心中的嫌隙与芥蒂，以便坦诚与人交往，这是天下最让人快意的事了。

古来大圣大贤，寸针相对；世上闲语，一笔勾销。

【译文】对于自古以来的大圣大贤之人，每分每毫我们都对照学习；对于世上的那些闲言碎语，我们应当将其一笔勾销。

挥洒以怡情，与其应酬，何如兀坐①；
书礼以达情，与其工巧，何若直陈；
棋局以适情，与其竞胜②，何若促膝；
笑谈以怡情，与其谑浪③，何若狂歌。

【注释】①兀坐：挺直了身子坐着。②竞胜：竞争，争夺胜负。③谑浪：

戏谑放浪。

【译文】挥毫洒墨是为了怡情，与其不情愿地去应酬，还不如独自静坐；知书达理是为了表达情感，与其巧费机心去应付，还不如直接陈说；奕棋对局是为了让心情安适，与其去与人争夺胜负，又怎比得上与人促膝谈心；言谈欢笑是为了让心情愉悦，与其戏谑调笑，又怎比得上放怀高歌一曲。

"拙"之一字，免了无千罪过；
"闲"之一字，讨了无万便宜。

【译文】用好了"拙"这个字，可免去人万千罪过；做到了"闲"这个字，能让人获得万千便宜。

斑竹①半帘，惟我道心清似水；
黄粱一梦②，任他世事冷如冰。
欲住世出世，须知机息机。

【注释】①斑竹：又称湘妃竹，因为叶子上有类似眼泪的斑点，因此称为"斑竹"。②黄粱一梦：语出唐代沈既济的传奇《枕中记》，一个书生卢生碰到道士吕翁，卢生悲叹自己的生活辛酸，吕翁就给他一个枕头，声称枕上它就可以如愿以偿。这个时候，客店正在蒸黄粱米饭。卢生枕上枕头在梦中享尽了荣华富贵，一觉醒来，黄粱饭还没有做好。

【译文】透过门帘，半帘苍翠的斑竹掩印其上，只有我的求道之心清静如水；黄粱一梦，一切皆为虚幻，管它世事冷若寒冰。想要身处尘世却又怀出世之心，必须明白机巧之心却又消除机巧之心。

书画为柔翰①，故开卷张册，贵于从容；
文酒为欢场，故对酒论文，忌于寂寞。

【注释】①柔翰：指毛笔。
【译文】书法绘画都是毛笔写就的高雅之事，因此打开画轴书卷，贵在从容不迫；饮酒论诗是让人欢乐的场景，因此把酒论诗，切忌寂寞孤独一人。

荣利造化①，特以戏人，一毫着意②，便属桎梏。

【注释】①造化：福分，命运。②着意：用心，留意。
【译文】荣华利禄、运气福分，这些都是专门戏弄人的，一旦稍微有所留恋，它们便会成为你的束缚和枷锁。

士人不当以世事分读书，当以读书通世事。

【译文】读书人不应当因为世间之事而侵占读书的时间，而应当通过读书来明了世间之事。

天下之事，利害常相半，有全利而无小害者惟书。

【译文】天下的事常常是利害相伴而生，全都是好处而没有一点害处的只有圣贤之书。

> 意在笔先，向庖羲^①细参易画；
> 慧生牙后^②，恍颜氏^③冷坐书斋。

【注释】①庖羲：即伏羲氏。传其取天地之象而作八卦。②慧生牙后：此指言外的理趣。③颜氏：指颜回，孔子高足。

【译文】意念生成于下笔之前，从前伏羲氏细心参研天象而作先天八卦；沿袭古旧而拾人牙慧，恍若颜回一样独自冷坐书房。

> 明识红楼为无冢之丘垄^①，迷来认作舍生岩^②；
> 真知舞衣为暗动之兵戈，快去暂同试剑石^③。

【注释】①丘垄：虚墟，荒地。此指坟墓。②舍生岩：一说位于九华山，又称舍生崖。有人称投身崖下可摆脱罪孽。③试剑石：石名。相传有多处，均为古人试剑后产生。

【译文】明明知道红楼妓院就好像没有墓冢的坟地，可痴迷时却把那当作了舍身赎罪的地方。明明知道娼妓的舞衣就好像暗中挥动的兵刃，却仍为追求片刻的欢愉把自己当作了试剑石。

> 调性之法，须当似养花天^①；居才之法，切莫如妒花雨^②。

【注释】①养花天：指暮春牡丹开花时节，因天多轻云微雨，适宜养花，故称。②妒花雨：旧时称摧残盛开鲜花的骤雨为妒花雨。

【译文】调养心性的方法，必须要像养花那样细心呵护；培养人才的方法，千万不要像妒花雨那样残酷无情。

事忌脱空，人怕落套。

【译文】做事最忌讳脱离实际，为人最怕落入俗套。

烟云堆里，浪荡子逐日称仙；歌舞丛中，淫欲身几时得度。

【译文】归隐于烟雾缭绕的山林中，那些放荡不羁的人整日过着神仙一样的生活；混迹于歌台舞榭之中，那些满身淫欲的人什么时候能够得到超脱？

山穷^①鸟道，纵藏花谷少流莺；
路曲羊肠，虽覆柳荫难放马。

【注释】①穷：穷尽，断绝。
【译文】如果高山断绝了所有的鸟道，那么纵然是开满鲜花的山谷也将会少有流莺的歌唱；如果山路崎岖，如羊肠一样弯弯曲曲，那么即使是柳荫满地也难以信马由缰。

能于热地思冷，则一世不受凄凉；
能于淡处求浓，则终身不落枯槁。

【译文】能在饱暖之际不忘贫寒之时，那么一生都将不会遭受凄凉的境遇；能于淡泊之处寻求浓厚之感，那么一生都将不会落到形容枯槁的境地。

会心①之语，当以不解解之；无稽之言，是在不听听耳。

【注释】①会心：指心领神会。
【译文】能够用心神领会的言语，彼此不必用言语点破也能理解；没有根据的话，就算是吹进了耳朵也不去听它。

佳思忽来，书能下酒；侠情一往，云可赠人。

【译文】美好的情思突然涌来，无需佳肴，有书即可下酒。不羁的侠情一发，即使白云亦可摘下赠人。

蔼然可亲，乃自溢之冲和，妆①不出温柔软款②；翘然难下，乃生成之倨傲，假不得逊顺从容。

【注释】①妆：即"装"，假装。②温柔软款：十分温柔真挚的样子。
【译文】和蔼可亲，这是自然而然流露出的恬淡平和，不是假装出来的温柔真挚；高高在上，不能与下人亲近，这是自然生成的傲慢，不是装假出来的谦逊从容。

风流得意，则才鬼①独胜顽仙；

孽债为烦，则芳魂毒于虐祟②。

【注释】①才鬼：有才气的鬼魂。②虐祟：凶恶的鬼怪。

【译文】说到举止潇洒、风雅浪漫的情趣之处，有才气的鬼魂要胜过冥顽的神仙；但是论到因罪孽深重而烦恼不绝，有芳名的阴魂却比凶恶的鬼怪还要厉害。

极难处是书生落魄，最可怜是浪子白头。

【译文】世上最困难的际遇莫过于书生落魄，潦倒不堪；最可怜的境遇莫过于浪子虚度青春，少年白头。

世路如冥，青天障蚩尤之雾①；人情如梦，白日蔽巫女之云②。

【注释】①蚩尤之雾：相传蚩尤与黄帝大战于涿鹿之时，蚩尤作障造雾，弥漫四野，使人辨不清东西南北。②巫女之云：语出宋玉《高唐赋》，巫山神女与楚怀王告别道："妾在巫山之阳，高丘之阻；旦为朝云，暮为行雨。"

【译文】世间的道路晦暗不明，有如青天被蚩尤所作的大雾所遮掩；人情如同梦幻，仿佛白日被巫女之云所遮蔽。

密交定有夙缘①，非以鸡犬盟②也；

中断知其缘尽,宁关菶菲^③间之。

【注释】①夙缘:前世的缘分②鸡犬盟:古时举行结盟仪式,杀鸡或犬,把血滴入酒中,结盟者依次饮下,表示永远信守盟约。③菶菲:花纹错杂的样子。喻指谗言。

【译文】交往密切,必定是彼此间有着前世的缘分,不像鸡犬之盟那样不可靠;情分中断,可知缘分已尽,怎么会是因为有人在其间谗言诋毁挑拨离间呢?

堤防不筑,尚难支移壑之虞;操存不严,岂能塞横流之性。

【译文】如果不修筑堤坝,尚且难以应付河流改道的忧患;倘若不能严守节操,那么人又怎么能够堵塞欲望横流的本性呢?

发端^①无绪,归结^②还自支离;入门一差,进步终成恍惚。

【注释】①发端:起步,开始。②归结:最后,最终。
【译文】行事开端如果没有法则规律,那么最终还是会支离破碎;求学入门一旦错了,那么向前最终也会模糊不清。

打诨^①随时^②之妙法,休嫌终日昏昏;
精明当事之祸机,却恨一生了了。

【注释】①打诨：开玩笑，逗趣。②随时：顺应时世。

【译文】戏谑逗趣是顺应世情的妙法，不要嫌弃终日浑浑噩噩；好显精明是为人处事的祸根，最终只能悔恨自己终生一事无成。

藏不得是拙，露不得是丑。

【译文】人生藏不住的是"拙"，显露不得的是"丑"。

形①同隽石，致②胜冷云，决非凡士；
语学娇莺，态摹媚柳，定是弄臣③。

【注释】①形：外在的形体。②致：内在的情趣、兴致。③弄臣：善于谄媚、玩弄权术的小人。

【译文】外形如同山中的美石，意兴胜过清冷的云彩，这样的人绝非普通的凡人；语调学着娇滴的莺鸟，姿态模仿妩媚的柳枝，这样的人必为奸佞的小人。

开口辄生雌黄月旦之言①，吾恐微言②将绝；
捉笔便惊缤纷绮丽之饰，当是妙处不传。

【注释】①月旦之言：即"月旦评"，谓品评人物。此指说话不负责任，信口开河。②微言：轻微却深藏大义的语言。

【译文】张口便是信口雌黄，任意评论是非，我担心这样会使那些精微却深藏大义的语言绝迹；提笔便是缤纷绮丽，辞藻堆饰，这样必当让文辞妙处无法清晰传达。

风波肆险，以虚舟①震撼，浪静风恬；
矛盾相残，以柔指解分，兵销戈倒。

【注释】①虚舟：比喻胸怀恬淡旷达。
【译文】在风波肆虐的险恶环境，如果能以恬淡旷达的胸怀去应对，必定会风平浪静；面对彼此相残、你争我夺的矛盾，如果能以柔指巧妙应对，定会化干戈为玉帛。

豪杰向简淡中求，神仙从忠孝上起。

【译文】豪杰志士应当从简朴平淡中去寻求，而神仙则要从为人忠孝上去修练。

人不得道，生死老病四字关，谁能透过①！
独美人名将，老病之状，尤为可怜。

【注释】①透过：悟透，看透。
【译文】人如果不能大彻大悟，那么生、老、病、死这四大人生的关卡，又有几人能看透彻？特别是历代美人与名将，这两种人老年多病的悲惨境况，尤其让人可怜。

日月如惊丸①，可谓浮生②矣，惟静卧是小延年；

人事如飞尘，可谓劳攘③矣，惟静坐是小自在。

【注释】①惊丸：迅疾飞行的子弹。②浮生：指人生。典出《庄子·外篇·刻意第十五》。③劳攘：劳碌。

【译文】时光有如出膛的子弹，可以称得上是半日浮生了，只有静卧才算得上是稍稍益寿延年的方法了；人间世事如同空中漂浮的尘埃，可以称得上是劳碌扰攘了，只有静坐才算得上是小小的自由自在了。

平生不作皱眉事，天下应无切齿人。

【译文】平生只要不做让人皱眉憎恨的事，那么天下就不会有对自己恨得咬牙切齿的人。

暗室之一灯，苦海①之三老②，

截疑网之宝剑，抉盲眼之金针。

【注释】①苦海：佛教语，其对世俗界的称呼。②三老：指上寿、中寿、下寿之人。泛指有声望的老年人。

【译文】暗室中的一盏明灯，俗尘苦海中的得道老人，就如同斩断疑虑之网的宝剑，治疗盲人之眼的金针。

攻取之情化^①, 鱼鸟亦来相亲;

悖戾之气销, 世途不见可畏。

【注释】①化: 化解, 消除。

【译文】如果没有了进攻、索取的性情, 那么即便是鱼鸟也会来亲近; 如果没有了悖谬、乖张的脾气, 那么世间的道途也就不见得可怕了。

吉人安祥, 即梦寐神魂, 无非和气;

凶人狠戾, 即声音笑语, 浑是杀机。

【译文】善良的人和蔼慈祥, 即便是梦中的神仙鬼魂也都是和气的; 凶恶的人凶狠残暴, 即便是说话言笑也都充满着杀气。

天下无难处之事, 只要两个如之何^①;

天下无难处之人, 只要三个必自反^②。

【注释】①两个如之何:《论语.卫灵公》第十五, 子曰:"不曰'如之何, 如之何'者, 吾未知之何也已矣。"(孔子说:"一个人不想想'怎么办, 怎么办'的, 对这种人, 我也不知道怎么办了。"如之何——"不曰如之何"意思就是不动脑筋。《荀子.大略篇》说:"天子即位, 上卿进曰, 如之何, 忧之长也。"则说如之何的, 便是深忧远虑的人。②三个必自反: 从三个方面反躬自问: 自己与人相处得怎么样。语出《论语·学而第一》:"曾子曰:'吾日三省吾身: 为人谋而不忠乎? 与朋友交而不信乎? 传不习乎?'"

【译文】天下没有难以处理的事情，只要遇事多问问自己这样做如何；天下没有难以相处的人，只要与人交往时多反躬自省。

能脱俗便是奇^①，不合污便是清。

【注释】①奇：超越平凡、珍奇之意。
【译文】能够超凡脱俗便属珍奇，不与人同流合污便是纯洁。

处巧若拙，处明若晦，处动若静。

【译文】虽处妙境但要像处于拙境一样，虽处明处但要做到有如处在暗处，处于动境要做到有如处在静处。

参玄^①借以见性^②，谈道借以修真^③。

【注释】①玄：指玄学，是对《老子》、《庄子》和《周易》的研究和解说。是魏晋时期的主要哲学思潮，是道家和儒家融合而出现的一种哲学、文化思潮。②见性：佛教语，指洞察人性。③修真：源于道家理论，道教中学道修行，求得真我，去伪存真为"修真"，后又延伸出多种修真门派及修真相关理论。
【译文】参悟玄学的义理，可借此来观察人性；谈论道家学说，可借此来修身养性。

世人皆醒时作浊事，安得睡时有清身；

若欲睡时得清身，须于醒时有清意。

【译文】世间的人往往在清醒之时却做些糊涂事，这又怎么能在睡觉时拥有清白之身呢？倘若想要在睡着时保持清白之身，那就必须在清醒时存有清白之意。

好读书非求身后之名，但异见异闻，心之所愿，是以孜孜搜讨，欲罢不能，岂为声名劳七尺①也。

【注释】①七尺：指身躯。人身长约当古尺七尺，故称。

【译文】喜好读书并不是为了求得身后的名声，只是为了获得不同的见解和增广不同的见闻，这是心中的愿望与期盼。所以才会孜孜不倦地搜索与研讨，想要停下来却已不能，又怎么能为了名声而使自己的七尺之躯劳累呢？

一间屋，六尺地，虽没庄严，却也精致；蒲作团，衣作被，日里可坐，夜间可睡；灯一盏，香一炷，石磬①数声，木鱼几击；龛常关，门常闭，好人放来，恶人回避；发不除，荤不忌，道人心肠，儒者服制②；不贪名，不图利，了清静缘，作解脱计；无挂碍，无拘系，闲便入来，忙便出去；省闲非，省闲气，也不游方③，也不避世，在家出家，在世出世。佛何人，佛何处？此即上乘，此即三昧。日复日，岁复岁，毕我这生，任他后裔。

【注释】①石磬：一种中国古老的石制打击乐器，简称"磬"，为"八音"中的"磬石"音。②服制：服装的样式。③游方：指僧人为修行问道或化缘而云游四方。泛指到处逛荡。

【译文】一间房屋，六尺地方，虽然没有庄严，却也精致；蒲柳当作团垫，白天可以坐，衣服当作被子，晚上可以睡觉；一盏油灯，一炷香火，几声石磬声，敲几下木鱼；佛龛常常关着，院门常常闭着，善良之人放进来，凶恶之人则回避；头发不用剃除，荤腥不用忌讳，有着道人的心肠，穿着儒者的服饰；不贪图名声，不追求财利，了却清静之缘，谋划解脱之计；心中没有挂碍，没有拘束，清闲时便留家中，忙碌时便出门去；省却了不少是非，免去了众多闲气，也不用云游四方，也不必逃避尘世，做一个在家的出家人，在世的出世者。佛是什么人？佛又在哪里？这就是佛教大乘，这就是佛教念佛三昧。日复一日，年复一年，如此终我此生便可，管他们后辈如何。

草色花香，游人赏其真趣①；桃开梅谢，达士②悟其无常。

【注释】①真趣：真正的意趣、旨趣。②达士：明智达理之士。

【译文】翠绿的青草，芬芳的鲜花，游人常观赏这些自然的真正意趣；桃花盛开了，梅花凋谢了，明达之士常感悟其变化的无常。

招客留宾，为欢可喜，未断尘世之扳援①；
浇花种树，嗜好虽清，亦是道人之魔障。

【注释】①扳援：原意为依附、挽留，引申为联系。

【译文】招待宾客，挽留客人，虽然让人欢喜快乐，但是却无法了断尘缘；浇浇花草，种种树木，这虽然让人感觉淡然清雅，但这也是修道之人的心灵魔障。

人常想病时，则尘心便减；人常想死时，则道念自生。

【译文】如果一个人能常想到生病时的痛苦，那么他的凡俗之心便会减少；如果一个人能常想到死亡时的情形，那么他的修道之心便会自然产生。

入道场①而随喜，则修行之念勃兴；
登丘墓而徘徊，则名利之心顿尽。

【注释】①道场：指道观、寺院等修道信佛的场所。
【译文】如果进入佛教寺院等场所而内心随之欣喜，那么修行的念头就会强烈兴起；如果登上丘墓等地而来回徘徊，那么争名夺利的心念就会立刻熄灭。

铄金玷玉①，从来不乏乎谗人；
洗垢索瘢②，尤好求多于佳士。
止作秋风过耳③，何妨尺雾障天。

【注释】①铄金玷玉：比喻激烈的诽谤、诋毁。铄金，语出《国语·周语下》："众心成城，众口铄金。"玷玉，即玷污白玉，语出《论衡·累害》："以玷污言之，清受尘而白取垢；以毁谤言之，忠良见妒，高奇见噪。"②洗垢索瘢：洗去污秽后，仍然索寻瘢痕。形容过分地挑剔。③秋风过耳：秋风吹过耳朵。比喻毫不在意，漠不关心。

【译文】散布谣言，诋毁他人，自古以来就不缺喜欢进谗言的人；洗垢索瘢，吹毛求疵者，对那些德才兼备者更会百般挑剔。所以，对此就当作是秋风过耳吧，不必在意，何必担心一尺雾气会遮蔽住整个天空呢。

真放肆不在饮酒高歌，假矜持偏于大庭卖弄。看明世事透，自然不重功名；认得当下真，是以常寻乐地。

【译文】真正豪迈奔放的人不一定非要饮酒高歌，假装正经矜持的人偏好在大庭广众之中卖弄。把世事看得透彻明白了，自然不会看重功名；因为明白了眼前的事实真相，所以常常会寻找让人快乐的天地。

富贵功名、荣枯得丧，人间惊见白头；
风花雪月、诗酒琴书，世外喜逢青眼①。

【注释】①青眼：与"白眼"相对。正视人时眼为黑色，斜视人时眼为白色。表示对人的喜爱或重视、尊重。

【译文】功名富贵、荣枯得失，世人常为追求这些而白了头；风花雪月、诗酒琴书，远离尘俗之地方可遇到追求这些的同道之人。

欲不除，似蛾扑灯，焚身乃止；

贪无了，如猩嗜酒，鞭血方休。

【注释】①如猩嗜酒：指为了实现欲望不惜牺牲生命。《唐国史补》有云："猩猩者好酒与屐，人有取之者，置二物以诱之。猩猩始见，必大骂曰：'诱我也！'乃绝走远去，久而复来，稍稍相劝，俄顷俱醉，因遂获之。"

【译文】欲望不消除，就会有如飞蛾扑火，直到将自己焚烧才会停止；贪念不了断，就会有如猩猩嗜酒，直到最后身体被鞭打流血才会罢休。

涉江湖者，然后知波涛之汹涌；
登山岳者，然后知蹊径之崎岖。

【译文】只有行走过江湖的人，才会知道江湖波涛的汹涌；只有攀登过高山的人，才能明白山间小道的崎岖。

人生待足何时足，未老得闲始是闲。

【译文】如果人生总是在期盼着欲望得到满足，但不知何时才能够真正满足呢？只有尚未衰老时就得以清适，这才是真正的清闲。

谈空反被空迷，耽静多为静缚。

【译文】如果只一味谈论空的境界，最终反会被空的境界迷惑；如果总是沉溺于静的境界，最终将会被静的境界所束缚。

旧无陶令酒巾，新撇①张颠书草；

何妨与世昏昏，只问君心了了。

【注释】①撇：丢开，抛弃。

【译文】过去没有陶潜的酒巾漉酒，现在也抛下了张颠醉后的狂草；不妨表面与世俗同流，浑浑噩噩，只要内心清醒明白即可。

以书史为园林，以歌咏为鼓吹，以理义为膏粱，

以著述为文绣①，以诵读为菑畬①，以记问为居积，

以前言往行为师友，以忠信笃敬为修持，

以作善降祥为因果，以乐天知命为西方③。

【注释】①文绣：华丽的刺绣。②菑畬：指垦荒、耕耘。③西方：佛教术语，指极乐世界。

【译文】把经史典籍当做园林欣赏，把歌唱吟咏当做鼓吹乐器，把道理正义当做美味佳肴，把著书立说当做华美刺绣，把诵读诗书当做劳动耕耘，把记忆请教当做积蓄储备，把过往圣贤言行当做良师益友，把忠实守信、笃学恭敬当做修身自持的根本，把行善积德视为因果报应，把乐天知命当作心中的西方极乐世界。

云烟影里①见真身，始悟形骸为桎梏；

禽鸟声中闻自性②，方知情识③是戈矛。

【注释】①云烟影里：比喻如同烟云一样漂浮不定、模糊不清的尘世。②自性：原本的性情。③情识：情感和知见。

【译文】只有在如云烟雾影般的尘世中看到了自身真正的本原，才能真正明白人体的肉身是拘束人的枷锁；只有在鸟鸣声中明白了自然的本性，才会明白感情与识见都是破损人性的戈矛。

事理因人言而悟者，有悟还有迷，总不如自悟之了了；
意兴从外境而得者，有得还有失，总不如自得之休休①。

【注释】①休休：安闲快乐。

【译文】如果事理是经过他人的提醒而明白的，那么即使有了领悟，也一定还会有迷惑的地方，总不如由自己领悟来得明白透彻；如果意兴是通过外界的环境产生的，那么即便能有所收获，但也还会有失去的时候，总不如自己体味获得来得快乐。

白日欺人，难逃清夜①之愧赧②；
红颜失志，空遗皓首③之悲伤。

【注释】①清夜：清静的夜晚。②愧赧：因羞愧而脸红。③皓首：指老年，又称"白首"。

【译文】青天白日欺负了他人，那么将难以逃脱清夜时的愧疚羞赧之情；年轻力壮时就丧失志向，那么最终将徒留年老白头时的悲伤。

定云止水中，有鸢飞鱼跃的景象；
风狂雨骤处，有波恬浪静的风光。

【译文】在静止的白云与平静的水流中，仍会有鹰飞云间、鱼跃水中的景象；在狂虐的大风与急骤的暴雨中，也会有风平浪静、波澜不起的风光。

平地坦途，车岂无蹶①；巨浪洪涛，舟亦可渡。
料无事必有事，恐有事必无事。

【注释】①蹶：跌倒，倾倒。
【译文】虽然是在平坦的大道上，车辆难道就不会倾倒吗？即使是在滔天巨浪、怒涛洪水中，舟船也能摆渡过岸。所以，原本心中预计不会有事之时必定会因大意而出事，担心有事之时必定会因谨慎小心而无事。

富贵之家，常有穷亲戚来往，便是忠厚。

【译文】富贵的人家，如果能常常与那些贫穷的亲戚来往，那么便可称为忠厚之家。

朝市山林俱有事，今人忙处古人闲。

【译文】无论是身在朝庭市井还是归隐山林, 都有事情可做; 现在人们忙碌的地方, 恰恰是古人清闲的地方。

人生有书可读, 有暇得读, 有资能读, 又涵养之, 如不识字人, 是谓善读书者。享世间清福, 未有过于此也。

【译文】人生一世, 如果有书可读, 且有闲暇时间读书, 有钱可供读书, 又富有涵养, 就像不认识字的人一样, 这样的人才能称为是会读书的人。世间的清福, 没有比这更让人享受的了。

世上人事无穷, 越干越见不了;
我辈光阴有限, 越闲越见清高。

【译文】世上人与人之间的事是没有穷尽的, 越做就越觉得做不完; 而我辈的时光有限, 越是清闲就会越显得清高。

两刃相迎俱伤, 两强相敌俱败。

【译文】两件兵刃相互迎击, 那么两件兵刃都会受损; 两个强大的对手相斗, 那么两个都会遭受侵害。

我不害人, 人不我害; 人之害我, 由我害人。

【译文】如果我没有伤害到别人，别人也不会伤害到我；如果有人伤害到了我，必定是因为我伤害到了别人。

商贾①不可与言义，彼溺于利；
农工不可与言学，彼偏于业；
俗儒不可与言道，彼谬于词。

【注释】①商贾：商人。
【译文】与商人不可以谈论道义，因为他们常沉溺于利益；与农民、手工业者不可谈论学问，因为他们常偏爱于自己的本业；与迂腐的儒生不可谈论事理，因为他们常执着于词句。

博览广识见，寡交少是非。

【译文】博览群书可以增长见识，减少交际可以减少无妄的是非。

明霞可爱，瞬眼①而辄空；流水堪听，过耳而不恋。
人能以明霞视美色，则业障②自轻；
人能以流水听弦歌，则性灵何害。

【注释】①瞬眼：转瞬间，形容时间很短。②业障：佛教语。谓妨碍修行正果的罪业。
【译文】明丽的云霞十分可爱，但往往转眼间就无影无踪；潺潺的流水声十分动听，但往往让人听过后就不再留恋。人们如果能够用看明丽云霞的眼光来看待美色，那么贪恋美色的罪孽自然就会减轻；如果能够以听潺潺流水的心情来听琴瑟歌舞，那么这对于我们的性灵修养又有什么损害呢？

休怨我不如人，不如我者常众；
休夸我能胜人，胜如我者更多。

【译文】不要埋怨自己比不上别人，因为不如自己的人也很多；不要夸耀自己比别人强，因为比自己强的人更多。

人心好胜，我以胜应必败；人情好谦，我以谦处反胜。

【译文】人们往往有争强好胜之心，但如果自己也以好胜之心来应对的话，最终必定会遭受失败；人们常常有喜好谦虚之情，但如果自己也用谦虚之情来应对，那么最终必定会取得胜利。

人言天不禁人富贵，而禁人清闲，人自不闲耳。若能随遇而安，不图将来，不追既往，不蔽目前，何不清闲之有？

【译文】人们常说上天不会禁止人们去追求荣华富贵，但禁止人们清闲，这其实是人们自己不想清闲罢了。如果一个人能够随遇而安，不图谋将来如何，也不追究过往，也不被眼前的境况蒙蔽，怎么会没有清闲呢?

　　暗室贞邪谁见,忽而万口喧传;
　　自心善恶炯然①,凛于四王②考校。

　　【注释】①炯然:形容很清楚。②四王:指佛教里的四大天王,执掌刑罚戒律。

　　【译文】暗室中的忠贞与奸邪有谁能看见,可忽然间大家却在议论言说;自己的心灵是善是恶非常清楚,所以能严肃接受执四大天王的考核。

　　寒山①诗云:"有人来骂我,分明了了②知。虽然不应对,却是得便宜。"此言宜深玩味。

　　【注释】①寒山:唐代著名的诗僧,号寒山子。约出生于691年,卒于793年,长安人,出身于官宦人家,多次投考不第,被迫出家,三十岁后隐居于浙东天台山。②了了:清楚,明白。

　　【译文】寒山子曾有诗说:"有人来辱骂我,我分明听得很清楚。虽然我没有应对理睬,但我却已经得了很大的好处。"这句话确实值得我们认真体会。

　　恩爱吾之仇也,富贵身之累也。

　　【译文】恩情爱意是我修身养性的仇敌;荣华富贵是我们身心的

累赘。

冯谖之铗^①，弹老无鱼；荆轲之筑^②，击来有泪。

【注释】①冯谖之铗：冯谖，战国时齐人，孟尝君门下的食客之一，是战国时期一位高瞻远瞩、颇具深远眼光的战略家。当初，他不被孟尝君重视，便弹铗而歌："长铗归来兮，食无鱼。"后又弹铗而歌："长铗归来兮，出无舆。"孟尝君皆与之。铗，剑。②荆轲之筑：荆轲，姜姓，庆氏，战国末期卫国人，中国战国时期著名刺客，燕太子丹宾客。奉命刺杀秦王嬴政，临别，燕太子及宾客白衣冠送至易水，好友高渐离击筑，荆轲和之，闻之人皆落泪。筑，一种管弦乐器。

【译文】冯谖的剑，即使弹到老也不会有鱼吃；荆轲与高渐离那样的击筑悲歌，让人闻之有泪。

以患难心居安乐，以贫贱心居富贵，则无往不泰矣；
以渊谷视康庄，以疾病视强健，则无往不安矣。

【译文】如果身居安乐环境中时心中仍有忧患意识，如果身居富贵之位时心中仍有贫贱意识，那么一生都将安宁和顺；如果能将康庄大道视作深渊来小心对待，如果能在身体强健时仍提防疾病的侵蚀，那么一生都将顺利平安。

有誉于前，不若无毁于后；有乐于身，不若无忧于心。

【译文】与其追求当面被人赞誉，不如避免背后被人诽谤；与其追求身体上的快乐，不如追求心中无忧无虑。

富时不俭贫时悔，潜时^①不学用时悔，醉后狂言醒时悔，安不将息病时悔。

【注释】①潜时：潜藏还没有显露的时候，在此指平常的时候。

【译文】富贵之时不懂得节俭，到了贫穷之时必定会懊悔；平时不好好学习，等到了需要用时必会后悔；醉酒之后狂言妄语，等到酒醒之后必会懊悔；安康之时不注意调养，等到生病之时必会悔恨。

寒灰内，半星之活火；浊流中，一线之清泉。

【译文】寒冷的灰烬中尚且还存有半星可燃之火，污浊的水流中还有一丝清静的泉水。

攻^①玉于石，石尽而玉出；淘金于沙，沙尽而金露。

【注释】①攻：此指雕琢打磨。

【译文】对玉石进行雕琢打磨，石头磨尽后宝玉就会呈现出来；对沙粒进行筛淘，沙粒淘尽后金子就会显露。

乍^①交不可倾倒^②，倾倒则交不终；

久与不可隐匿,隐匿则心必险。

【注释】①乍:刚刚。②倾倒:此指深入交流。

【译文】与人刚刚结交时不可深入交谈,如口无遮拦,那么交往往往不能善始善终;与人交往已久时说话不可有所隐瞒,如有所隐瞒,那么其交往时必然心存恶念。

丹①之所藏者赤,墨之所藏者黑。

【注释】①丹:丹沙,也称朱沙。

【译文】存放丹砂的物品,时间一久就会变红;保存墨石的物品,时间久了则会变黑。

懒可卧,不可风;静可坐,不可思;闷可对,不可独;劳可酒,不可食;醉可睡,不可淫。

【译文】疲懒之时可以躺着,但不能奔走;清静之时可以静坐,但不可思考;烦闷之时可向人诉说,但不能独处;劳累之时可以喝点小酒,但不可暴食;醉酒之时可以睡觉,但不可淫乐。

书生薄命原同妾,丞相怜才不论官。

【译文】书生命运坎坷,原本就如妻妾一样;丞相怜惜人才,不论是否为官或官位高低。

少年灵慧,知抱夙根①;今生冥顽,可卜来世。

【注释】①夙根:指前生的灵根。

【译文】少年时机灵聪慧,便可知晓其带有前生的灵根;此生冥顽无知,便可预知其来世也不会聪慧。

拨开世上尘氛①,胸中自无火炎冰兢②;
消却心中鄙吝,眼前时有月到风来。

【注释】①尘氛:尘世间的纷扰。②火炎冰兢:像火烧一样的焦灼,像走在溥冰上一样恐惧。比喻非常焦灼与恐惧。

【译文】如能拨开世间尘俗的纷扰,那么心中自然不会有火烧一样的焦灼与如履薄冰的恐惧;如能摒除心中鄙吝的念头,眼前自然会呈现有如清风明月的心境。

尘缘①割断,烦恼从何处安身;
世虑潜消,清虚向此中立脚。

【注释】①尘缘:指尘世间色、声、香、味、触、法等六种根缘。

【译文】斩断了尘俗世界中的根缘,那么烦恼又将向何处安身?消除了世间的种种顾虑杂念,那么清净虚无自然就会在心中立足。

市争利，朝争名，盖棺日何物可殉蒿里^①；
春赏花，秋赏月，荷锸^②时此身常醉蓬莱。

【注释】①蒿里：墓地所在，墓地名。②荷锸：指临死之时。出自《晋书·刘伶传》：刘伶"常乘鹿车，携一壶酒，使人荷锸而随之，谓曰：'死便埋我。'其遗形骸如此。"荷，负荷，带着。锸：类似于铁锹。

【译文】处市井中时争夺利益，在朝廷之上时争夺名声，可等到死后盖棺之日，这些哪一样又能够陪葬呢？春天时能赏花，秋天时能赏月，那么临死之时自己才能感到如处蓬莱仙境一样。

驷马难追^①，吾欲三缄其口^②；隙驹易过^③，人当寸惜乎阴。

【注释】①驷马难追：话一旦说出口，就是四匹宝马也追不回。指说话、做事一旦成为事实，就难以挽回了。②三缄其口：出自汉代刘向《说苑·敬慎》："孔子之周，观于太庙，右阶之前有金人焉。三缄其口，而铭其背曰：'古之慎言人也，戒之哉，戒之哉！无多言，多言多败。'"③隙驹易过：比喻时间过得飞快，出自《庄子·知北游》："人生天地之间，若白驹之过隙，忽然而已。"

【译文】一言既出，驷马难追，所以我说话时十分慎重，总是反复思考之后才说；时间如同白驹过隙，转眼即逝，所以人从头应当珍惜每寸光阴。

万分廉洁，止是小善；一点贪污，便为大恶。

【译文】万分的廉洁，也只是小善行；一丁点的贪污，便是极大的罪恶。

炫奇之疾，医以平易；英发之疾，医以深沉；阔大之疾，医以充实。

【译文】自我夸耀、炫奇卖弄的毛病，要用平缓简易的方法来医治；英姿勃发、才华外露的毛病，要用稳重沉着的方法来纠正；好大喜功、随意马虎的毛病，要用充分踏实的方法来纠正。

才舒放即当收敛，才言语便思简默。

【译文】刚刚舒缓放松，没有拘束时，就要注意收敛自己的身心；刚刚开始说话时，就要想到应该少说话，适当保持沉默。

贫不足羞，可羞是贫而无志；贱不足恶，可恶是贱而无能；老不足叹，可叹是老而虚生；死不足悲，可悲是死而无补。

【译文】贫穷不是值得羞愧的事，让人羞愧的是贫穷而且没有志气；地位卑贱并不令人厌恶，可厌恶的是卑贱而又无能；年老并不值得叹息，值得叹息的是年老时已虚度一生；死并不值得悲伤，可悲的是死时却对世人没有任何益处。

身要严重，意要闲定；色要温雅，气要和平；语要简徐，心要光明；量要阔大，志要果毅；机要缜密，事要妥当。

【译文】立身要严肃自重，精神要气定神闲；神色要温文尔雅，脾气要心平气和，说话要简洁舒缓，心地要光明磊落，度量要开阔豁达，立志要坚毅果断，谋划要谨慎周密，处事要妥善得当。

富贵家宜学宽，聪明人宜学厚。

【译文】富贵人家应当学会宽容，聪明之人应当学得厚道。

休委罪于气化^①，一切责之人事；
休过望于世间，一切求之我身。

【注释】①气化：气数、命运。
【译文】不要把罪过推给所谓的气数，一切都应该怪罪人事；不要把过分的希望寄托于世间，一切都应该自己去寻求，去努力。

世人白昼寐语，苟能寐中作白昼语，可谓常惺惺^①矣。

【注释】①惺惺：神志清醒。
【译文】世上的人白日里尽讲些梦话，倘若能在睡梦中讲清醒时该讲的话，这人可说是能常常保持觉醒的状态了。

观世态之极幻，则浮云转有常情；

咀世味之皆空，则流水翻多浓旨。

【译文】观察世间种种情态急剧变化，会感觉到天上浮云之变动反而比人情世态的剧变还更有常情可循；体味世间人情昏沉空洞，倒不如看潺潺的流水浪花旋转更能使人品味其中深厚的意趣。

大凡聪明之人，极是误事。何以故？惟聪明生意见，意见一生，便不忍舍割。往往溺于爱河欲海者，皆极聪明之人。

【译文】一般而言，聪明之人很容易误事。这是何原因呢？只是因为聪明人会有很多意见，意见、见解一旦萌生，就不忍心割舍。往往沉溺于爱河欲海之中的人，都是非常聪明的人。

是非不到钓鱼处，荣辱常随骑马人。

【译文】是是非非不会到达尘世之外与世无争的垂钓之处，荣辱纷争常常伴随骑马的达官贵人。

名心未化，对妻孥①亦自矜庄；

隐衷释然，即梦寐皆成清楚。

【注释】①孥：子女。

【译文】争名好利之心还没有消除，纵然是对妻子儿女也要矜持庄重；隐衷释怀了，即使是在梦中也会十分清醒。

观苏季子以贫穷得志，则负郭二顷田，误人实多；
观苏季子①以功名杀身，则武安六国印，害人亦不浅。

【注释】①苏季子：苏秦，字季子，战国时著名纵横家。
【译文】从苏秦因为贫穷反而实现了志向来看，那么临近城郭的两顷良田，对人的耽误实在是太大了；从苏秦因为争夺功名而被杀害来看，那么武安君的爵位、六国兵印，也的确是害人不浅啊。

名利场中，难容伶俐；生死路上，正要糊涂。

【译文】名利场中，往往难以容下聪明伶俐；生死路上，常常需要糊里糊涂。

一杯酒留万世名，不如生前一杯酒，自身行乐耳，遑恤其他；百年人做千年调，至今谁是百年人，一棺戢身，万事都已。

【译文】想通过一杯酒留下千古名声，不如生前好好享用一杯酒，自己消遣罢了，哪需要顾虑其他的事情呢？一个人的一生还不到百年，却要做上千年的打算，到现在有谁长命百岁了呢？最后不过是一口薄棺藏身，世间万事都随之结束罢了！

郊野非葬人之处，楼台是为丘墓；边塞非杀人之场，歌舞是为刀兵。试观罗绮纷纷，何异旌旗密密；听管弦冗冗，何异松柏萧萧。葬王侯之骨，能消几处楼台；落壮士之头，经得几番歌舞。达者统为一观，愚人指为两地。

【译文】城郊野地不是埋葬人的地方，歌舞楼台才是真正的墓场；边关要塞不是杀人的战场，狂歌乱舞才是刀枪剑戟。试看，绸绫纷纷，袖带飘飘，和密集的旌旗有何不同？试听，乐音阵阵，管弦声声，和松柏的萧萧声有何差别？埋葬王侯将相的白骨，消得了几处楼台；英雄壮士人头落地，经得住几翻歌舞。通达的人把这看成一码子事，愚笨的人把这看成两种地方。

节义傲青云，文章高白雪。若不以德性陶镕之，终为血气之私、技能之末。

【译文】气节和正义足可鄙视任何达官贵人，而生动感人的文章足以胜过"白雪"名典，然而如果不用高尚的道德来陶冶这些，所谓的气节和正义不过是出于一时意气用事或感情冲动，而生动的文章也无非是微不足道的雕虫小技。

我有功于人，不可念，而过则不可不念；
人有恩于我，不可忘，而怨则不可不忘。

【译文】自己帮助或救助过别人的恩惠，不要常常挂在嘴上或记在心头，但是对不起别人的地方却不可不经常反省；别人曾经对我有过恩惠不可以轻易忘怀，别人做了对不起我的地方不可不忘掉。

径路窄处，留一步与人行；滋味浓的，减三分让人嗜。此是涉世一极安乐法。

【译文】在狭窄的路上行走，要留一点余地让别人走；遇到滋味可口的食物，要留出三分让给别人吃。这就是一个人立身处世最快乐的方法。

己情不可纵，当用逆之法制之，其道在一"忍"字；
人情不可拂，当用顺之法调之，其道在一"恕"字。

【译文】自己的欲念不可放纵，应当用抑制的办法制止，关键的方法就在一个"忍"字。他人所要求的事情不可拂逆，应当用顺应的办法控制，关键的方法就在一个"恕"字。

昨日之非不可留，留之则根烬复萌，而尘情终累乎理趣；
今日之是不可执，执之则渣滓未化，而理趣反转为欲根。

【译文】过去犯下的错误不可再留下一点，否则，会使已改的错误行为再度萌生，这就是因俗情而使理想趣味受到连累了。今日认为正确而喜爱的生活、事物，不可太执着，太执着就是尚未得到理趣的神髓，反而使得理趣转变成欲望的根苗。

文章不疗山水癖，身心每被野云羁。

【译文】文章不能治愈沉溺山水的癖好，身体和心灵常常被山野白云所羁绊。

卷二 集情

　　语云：当为情死，不当为情怨。明乎情者，原可死而不可怨者也。虽然，既云情矣，此身已为情有，又何忍死耶？然不死终不透彻耳。韩翃①之柳，崔护②之花，汉宫之流叶③，蜀女之飘梧④，令后世有情之人咨嗟想慕，讬之语言，寄之歌咏；而奴无昆仑，客无黄衫，知己无押衙，同志无虞侯，则虽盟在海棠，终是陌路萧郎耳。集情第二。

　　【注释】①韩翃：唐代诗人。字君平，南阳（今河南南阳）人，是"大历十才子"之一。《全唐诗》录存其诗三卷。②崔护：唐代诗人。字殷功，博陵（今河北安平县）人。《全唐诗》存诗六首。尤以《题都城南庄》流传最广。③汉宫之流叶：唐范摅《云溪友议》载：宣宗时，舍人卢渥偶临御沟，得一红叶，上题绝句云："流水何太急，深宫尽日闲。殷勤谢红叶，好去到人间。"后宣宗放出部分宫女，渥得一人，恰是题诗者。④蜀女之飘梧：后蜀尚书侯继图，一日偶倚于大慈寺楼，有桐叶飘然而坠，上有诗句曰："书向秋叶上，愿随秋风起。天下有心人，尽解相思死。天下负心人，不识相思意。有心与负心，不知落何地。"侯珍藏之。五六年后，得与任氏小姐为婚，乃知其竟为当年题诗者。

　　【译文】俗话说，应当为情而死，不应该因情生怨。真正懂情的人，原本就应当是可以为情而死却不会因情生怨的人。虽说如此，但既然说到情，那么此身已经属于爱情所有，又怎么忍心去死呢？然而不死终究无法透彻地了解爱情。古代的爱情故事里，如韩翃之《章台柳》，崔护的人面桃花，宫廷御沟的红叶题诗，以及因梧叶夫妻再见的故事，都使后世的有情人欢喜羡慕。这种羡慕的情景，或者写成文字记载下来，或者表现在歌曲咏叹之中。然而，如果既没有飞檐走壁的昆仑之奴，又没有身着黄衫的豪侠之客，没有如古押衙一般的知己，又没有像虞候许俊一般的同志，那么，即使有唐玄宗和杨贵妃海棠那样的誓约，也终免不了分离的命运。因此编纂了第二卷"情"。

家胜阳台①，为欢非梦；人惭萧史②，相偶成仙。轻扇初开，忻看笑靥；长眉始画③，愁对离妆。广摄金屏，莫令愁拥；泪滴芳衾，锦花长湿；愁随玉轸④，琴鹤恒惊。锦水丹鳞，素书稀远⑤；玉山青鸟⑥，仙使难通。彩笔使操，香笺遂满；行云可托，梦想还劳。九重千日，讵想倡家；单枕一宵，便如浪子。当令照影双来，一鸾羞镜⑦；勿使推窗独坐，嫦娥笑人。

【注释】①阳台：战国宋玉《高唐赋》序："昔者先王尝游高唐，怠而昼寝，梦见一妇人，曰：'妾巫山之女也，为高唐之客，闻君游高唐，愿荐枕席。'王因幸之。去而辞曰：'妾在巫山之阳，高丘之岨，旦为朝云，暮为行雨，朝朝暮暮，阳台之下。'"后遂以"阳台"指男女欢会之所。②萧史：相传为春秋秦穆公时人，善吹箫，能致孔雀白鹤于庭。穆公以女弄玉妻之。③长眉始画：指汉京兆尹张敞为妻子画眉事。④玉轸：玉制的琴柱，代指琴。⑤素书稀远：

指远方来信。⑥玉山青鸟：玉山：古代传说中的仙山。青鸟：神话传说中为西王母取食传信的神鸟。⑦照影双来，一鸾羞镜：典出南朝宋·范泰《鸾鸟诗序》：有王侯爱鸾鸟，以金笼美食供养，三年不鸣，其妻建议悬一镜使其见同类而鸣。鸾鸟见镜中自我，竟哀响中霄，一奋而绝。

【译文】家中胜过楚王与巫女相会的阳台，夫妻欢会不会是梦境；人们羞愧于萧史，夫妇恩爱双双成仙。小小团扇刚刚移开，欣喜地看到美人的笑容；修长的柳眉开始描画，忧愁地面对离别的梳妆。设置宽阔的金屏，不要让愁绪裹拥；经常打开锦绣帐幔，盼望远行的人儿快快归来。刚刚离开梳妆镜台，那里应当还有散落的香粉残留；取暖的熏炉还没有移开，一定还有余烟缭绕。思念的泪水滴落在衣襟上，连锦绣花被也常常被眼泪浸湿；思念的愁绪伴随着琴韵，琴声和鹤唳也经常令人心惊。锦水丹鳞，书信稀少；就连玉山青鸟，也是仙使难通。操起彩笔倾述衷肠，香笺于是就写得满满的；飘向远方的云彩好像也可以托付给捎信，睡梦里也没有停止思念。远在九重天外，离别千日之久，难道想着倡家；孤枕一夜，就像浪子。应当让镜子里照出双影来，一只鸾鸟会感慨悲鸣的；不要推开窗子独坐，月里嫦娥会嘲笑人的。

几条杨柳，沾来多少啼痕；三叠阳关①，唱彻古今离恨。

【注释】①三叠阳关：又名《阳关三叠》、《渭城曲》，是一首琴曲。琴谱以唐王维《送元二使安西》诗为主要歌词，并引申诗意，增添词句，抒写离别之情。因全曲分三段，原诗反复三次，故称"三叠"。后泛指送别之曲。

【译文】送别的杨柳枝，沾染上多少啼哭的泪痕；一首阳关曲，唱尽古今多少离愁别恨。

世无花月美人，不愿生此世界。

【译文】世上如果没有风花雪月和香草美人，那么很多人将不愿生活在这个世界上。

荀令君^①至人家，坐处常三日香。

【注释】①荀令君：即三国魏荀彧，字文若。因其任尚书令，居中持重达十数年，被人敬称为"荀令君"。传说他得异香，至人家坐，三日香气不歇。见《太平御览》卷七〇三引晋·习凿齿《襄阳记》。后多以"令君香"指高雅人士的风采。

【译文】荀彧到别人家里去，他坐过的地方经常留香三日。

罄南山之竹，写意无穷；决东海之波，流情不尽。愁如云而长聚，泪若水以难干。

【译文】写尽南山的竹子做成的竹简，也表达不完心中的情意；发决东海所有的水，也流不完胸中的深情。忧愁就像天上的云彩一样，总是聚在一起，难以散开；泪水就像流水一样，难以流干。

弄绿绮^①之琴，焉得文君之听；濡彩毫之笔，难描京兆之眉^②。瞻云望月，无非凄怆之声；弄柳拈花，尽是销魂之处。

【注释】①绿绮：古琴样式。一说为古琴别称。传闻汉代司马相如得"绿绮"，如获珍宝。司马相如精湛的琴艺配上"绿绮"绝妙的音色，使"绿绮"琴名噪一时。后来，"绿绮"就成了古琴的别称。②京兆之眉：汉代人张敞曾任京兆尹，敢直言，严赏罚。曾经为其妻画眉，当时长安盛传"张京兆眉妩"之说。亦有夫妇相爱之意。

【译文】即使能够像司马相如那样，拨动绿绮的琴弦，也没有文君在一旁倾听；即使蘸着彩毫眉笔，也难以描出张敞曾经画过的眉毛来。望着天上的云和月，听到的都是些凄凉悲怆的声音；摆弄手中的柳枝花朵，感受到的尽是伤痛的思绪。

悲火常烧心曲，愁云频压眉尖。

【译文】悲伤的暗火常常在心头燃烧，愁绪来临的时候频频蹙眉。

五更三四点，点点生愁；一日十二时，时时寄恨。

【译文】一夜分五更，一更分五点，五更三四点的报时鼓点，点点都令人产生愁绪；一日十二个时辰，时时刻刻都寄托着忧伤和离恨。

燕约莺期，变作鸾悲凤泣；蜂媒蝶使，翻成绿惨红愁。

【译文】本来约定好相会的时日，却变成了相爱男女的悲伤哭泣；做媒本是成人之美，反而变成了红颜佳人的满腔忧愁。

花柳深藏淑女居，何殊弱水三千①；雨云不入襄王梦，空忆十二巫山②。

【注释】①弱水：古代神话传说中险恶难渡的河海。②襄王、巫山：传说楚襄王与宋玉游高唐，宋玉为他讲述了楚怀王梦见巫山神女"愿荐枕席"，"王因幸之"。神女化云化雨于阳台。十二巫山即巫山十二峰。

【译文】幽静美好的女子住在花园的深处，要想接近仿佛隔着千山万水；巫山神女无法进入襄王的梦中，徒然地留着巫山十二峰上的回忆。

枕边梦去心亦去，醒后梦还心不还。

【译文】枕边进入梦乡，一颗心也随之而去；醒来后人回到现实，心还留在梦中。

万里关河，鸿雁来时悲信断；满腔愁绪，子规啼处忆人归。

【译文】遥远的边塞相隔万里，每当鸿雁飞回的时候都因为音信断绝而悲伤；满腔离愁别绪，每次听到杜鹃鸟啼叫的时候就思念离人归来。

千叠云山千叠愁，一天明月一天恨。

【译文】云山雾罩，一层又一层，仿佛人的离愁；明月照彻夜空，让人的别恨更浓。

豆蔻①不消心上恨，丁香②空结雨中愁。

【注释】①豆蔻：又名草果。南方人取其尚未大开的，称为含胎花，以其形如怀孕之身。诗文中常用以比喻少女。②丁香：丁香的花蕾称"丁香结"，用以比喻愁绪之郁结难解。

【译文】豆蔻花开，却消除不了心中的离愁别恨；丁香花蕾在雨中含苞未吐，就像女子的愁怀郁结。

月色悬空，皎皎明明，偏自照人孤另；
蛩声泣露，啾啾唧唧，都来助我愁思。

【译文】明月当空，皎洁如玉，偏偏照着一个孤零零的人；寒蛩啾啾地叫着，加深了我的愁思。

慈悲筏，济人出相思海；恩爱梯，接人下离恨天。

【译文】以佛法作竹筏，渡人出辽阔无极的相思苦海；以恩爱作阶梯，接众生走下抱恨终身的离恨天。

费长房①，缩不尽相思地；女娲氏②，补不完离恨天③。

【注释】①费长房：东汉方士。传说有人见其于一日之间，在千里之外者数处，因称其有缩地术。②女娲氏：中国神话传说中人类的始祖之一，传说中"四极废，九州裂"，女娲炼五彩石来补天。③离恨天：佛经谓须弥山正中有一天，四方各有八天，共三十三天。民间传说，三十三天中最高者是离恨天。后用以比喻男女生离、抱恨终身的境地，极言离恨之广大。

【译文】即使费长房有缩地术，也无法使两地相思的距离变短；纵使女娲氏炼的五彩石能够补上苍天，也补不了男女之间终身抱恨的境遇。

孤灯夜雨，空把青年误，楼外青山无数，隔不断新愁来路。

【译文】独对孤灯又逢着夜雨，白白地把青春年华耽误；高楼之外虽有无数的青山，却隔不断绵绵而来的新愁。

黄叶无风自落，秋云不雨长阴。天若有情天亦老，摇摇幽恨难禁。惆怅旧欢如梦，觉来无处追寻。

【译文】树上的叶子黄了，即使没有风也会自己飘落下来；秋天即使不下雨也会经常阴天。上天如果有人的感情，也会因为被情愁所困而日渐衰老；深藏于心中的怨恨让人心神不定。怅惘中思念昔日的情人，仿佛在梦中，醒来却无迹可寻。

蛾眉①未赎，谩劳桐叶寄相思②；

潮信③难通，空向桃花寻往迹。

【注释】①蛾眉：指美人。②桐叶寄相思：即红叶题诗，据《云溪友议》等书载，唐玄宗时，顾况于宫苑流水中得一梧叶，上有题诗云："一入深宫里，年年不见春。聊题一片叶，寄与有情人。"况亦于叶上题诗和之。③潮信：潮水以其涨落有定时，比喻男女的海誓山盟。这里指音信、消息。

【译文】美人还身陷困境没有赎身，徒劳地在梧桐叶上题诗寄托相思；音信不通的时候，只能白白地去桃花深处寻找旧日的痕迹。

野花艳目，不必牡丹；村酒酣人，何须绿蚁①。

【注释】①绿蚁：新酿制的酒面泛起的泡沫称为"绿蚁"。后用来代指新出的酒。

【译文】野花本就艳丽夺目，不一定非要赏牡丹；村酒也能醉人，何必非饮绿蚁那样的美酒呢？

琴罢辄举酒，酒罢辄吟诗。三友递相引，循环无已时。

【译文】弹琴罢就饮酒，饮酒罢就吟诗。琴、酒、诗三位好友依次交替相邀，循环往复，没有尽时。

阮籍①邻家少妇有美色，当垆沽酒②，籍尝诣③饮，醉便卧其侧。隔帘闻堕钗声，而不动念者，此人不痴则慧，我幸在不痴不慧中。

【注释】①阮籍：三国时期魏国人，竹林七贤之一，狂放恣肆，蔑视礼法。②当垆沽酒：在酒肆卖酒③诣：到……去。

【译文】阮籍邻居家的妇人很有姿色，她在酒肆中卖酒。阮籍经常到妇人那里去饮酒，喝醉了就躺在妇人旁边睡觉。隔着帘子可以听到那妇人头上的耳坠和金钗碰撞的声音。在这样的情境中却不动邪念的人，不是痴呆就是特别聪明。我幸好既不是痴呆也不是特别聪明的人。

桃叶题情，柳丝牵恨。胡天胡帝①，登徒于焉怡目；为云为雨，宋玉因而荡心。

【注释】①胡天胡帝：形容女子貌若天仙。《诗经·鄘风·君子偕老》："胡然而天也！胡然而地也！"

【译文】桃叶题诗寄托着别情，低垂的柳丝牵动着离恨。美若天仙，登徒子为之瞩目；云雨欢会，宋玉因此心神荡漾。

轻泉刀①若土壤，居然翠袖之朱家②；
重然诺如丘山，不添红妆之季布。

【注释】①泉刀：泛指钱财名利。泉与刀都是古代钱币的别称。②朱家、季布：秦末汉初的侠士。

【译文】视钱财犹如粪土，俨然是个女流的朱家；把承诺看得如同丘山一样重，不愧为一个季布一样的女子。

蝴蝶长悬孤枕梦, 凤凰不上断弦鸣。

【译文】双飞的蝴蝶常常出现在独眠者的梦中, 齐飞的凤凰从来不在断弦上鸣叫。

吴妖小玉①飞作烟, 越艳西施化为土。

【注释】①小玉: 吴王夫差小女紫玉, 年十八, 才貌俱美, 爱慕韩重。吴王不允婚, 玉郁结而死。三年后韩重归来, 墓前凭吊。紫玉现形, 赠以明珠。吴王夫人出而抱女, 玉如烟没。

【译文】吴国美貌的女子紫玉早已灰飞烟灭, 越国的美女西施已经化作尘土。

妙唱非关舌, 多情岂在腰。

【译文】美妙的歌声关键不一定在人的舌头, 柔婉多情难道全在于细腰?

孤鸣翱翔以不去, 浮云黯霭①而荏苒。

【注释】①黯霭: 黯淡密聚的样子。
【译文】孤雁在空中翱翔盘旋不肯离去, 为情所牵; 浮云黯淡密聚, 连绵不绝。

楚王宫里,无不推其细腰;魏国佳人,俱言讶其纤手①。

【注释】①魏国佳人:应为"卫国佳人",指卫庄公夫人庄姜:"手如柔荑,肤如凝脂,领如蝤蛴,齿如瓠犀。螓首蛾眉,巧笑倩兮,美目盼兮。"

【译文】楚灵王的宫里,人们都推崇美人的细腰;卫国的佳人们,都说惊讶于庄姜夫人的纤手。

传鼓瑟于杨家①,得吹箫于秦女②。

【注释】①传鼓瑟于杨家:汉代杨恽与其妻感情甚笃,于《报孙会宗书》中曰:"家本秦也,能为秦声。妇,赵女也,雅善鼓瑟。奴婢歌者数人,酒后耳热,仰天拊缶而呼乌乌。"后以"鼓瑟"比喻夫妇感情融洽。②得吹箫于秦女:萧史善吹箫,作凤鸣。秦穆公把爱女弄玉嫁给他,筑凤楼,教弄玉吹箫,感凤来集,弄玉乘凤、萧史乘龙,夫妇同仙去。

【译文】夫妻情笃,琴瑟和鸣的故事,来自汉代的杨恽;月下吹箫,引来龙凤,是秦穆公的女儿弄玉和她的丈夫萧史。

春草碧色,春水绿波,送君南浦,伤如之何。①

【注释】①四句出自江淹《别赋》,为伤别离之名言。南浦,指南面的水滨,古人常在南浦送别亲友,后来常用来指称送别地。

【译文】春天的野草已经一片碧色,春天的河水荡漾着绿波。在南浦跟你话别,多么使人伤心啊!

玉树以珊瑚作枝，珠帘以玳瑁为柙①。

【注释】①柙：古同匣，收藏东西的器具。

【译文】珠宝装饰的玉树用珊瑚作枝条，珍珠缀饰的帘子用玳瑁作帘匣。

东邻①巧笑，来侍寝于更衣②；西子③微颦，将横陈于甲帐④。

【注释】①东邻：指美女。宋玉《登徒子好色赋》："楚国之丽者，莫若臣里，臣里之美者，莫若臣东家之子。"②更衣：避讳语，指去厕所大小便。③西子：即西施。④甲帐：汉武帝所造的帐幕，装饰得富丽堂皇。

【译文】东邻的美女乖巧地笑着，被任用为更衣时侍寝的宫女；西施那样的美女微微皱着眉头，在帝王的甲帐中玉体横陈。

骋纤腰于结风①，奏新声于度曲，妆鸣蝉之薄鬓，照堕马之垂鬟②。金星与婺女争华③，麝月④共嫦娥竞爽。惊鸾冶袖⑤，时飘韩椽之香⑥；飞燕长裾⑦，宜结陈王之佩⑧。轻身无力，怯南阳之捣衣⑨；生长深宫，笑扶风之织锦⑩。

【注释】①结风：古歌曲名。②鸣蝉、堕马：古代妇女的鬓发样式。鬓角梳成蝉翼鬓，也叫蝉鬓，像蝉翼一样薄而线条流畅。发鬟梳成坠马鬟，也叫"倭堕鬟"，是一种偏垂在一边的发鬟。③金星、婺女：金星，古称长庚、启明、太白或太白金星。婺女，星宿名，即女宿，又名须女、务女，二十八宿之一。④麝月：月亮。⑤惊鸾冶袖：惊鸾，形容舞姿轻盈美妙。冶袖，华丽的长袖。⑥韩椽：即韩寿，以"韩寿"借称美男子，多指出入歌楼舞榭的风流子弟。韩寿分香指男女暗中偷情。⑦飞燕长裙：古代妇女的华美上衣以燕尾为饰，上衣与燕尾一起飞动，有如"飞燕"。裙，衣服的前后襟。⑧陈王之佩：陈王即曹植，所著《洛神赋》中，写其曾遇洛水神女，他"解玉佩而要之"。⑨南阳之捣衣：北周著名文学家庾信，南阳人，有《夜听捣衣诗》："秋夜捣衣声，飞渡长门城。"⑩扶风之织锦：前秦苻坚时，秦州刺史扶风人窦滔被放逐流沙，其妻苏惠织锦为回文，名《璇玑图》

【译文】美人在《结风》的旋律中尽情地扭动着纤细的腰肢，按谱曲歌唱新作的乐曲。鬓角梳成蝉翼鬓，薄而流畅；镜子里照见所梳坠马髻，显出妩媚之色。金星与女宿争显光华，月亮与嫦娥竞显清爽。仙女们体态轻盈美妙，美丽的长袖中不时飘出打算送给爱者的异香；那飞动的长裙，正适合系上曹植那样的玉佩。她身轻无力，畏惧庾信描写的秋夜捣衣声；又生长在深宫，也鄙视夫妻分离的织锦《璇玑图》。

青牛帐①里，余曲既终，朱鸟窗②前，新妆已竟。

【注释】①青牛帐：青牛古为三煞神之一，帐上画青牛有避邪作用。②朱鸟窗：同朱鸟牖，指朝南的窗。

【译文】青牛帐里，音乐渐渐终了；南窗前，美人已经妆扮一新。

山河绵邈，粉黛若新。椒华①承彩，竟虚待月之帘；夸骨埋香②，谁作双鸾之雾。

【注释】①椒华:即椒房,泛指后妃居住的宫室。②夸:通"姱",美好。

【译文】山河辽阔,美人们妆扮一新。装饰华丽的宫室里,卷起的珠帘只能徒然地等待着月亮;美人已逝,有谁还能像西施、郑旦一样在云雾中起舞?

蜀纸①麝煤②添笔媚,越瓯③犀液④发茶香。

风飘乱点更筹转,拍送繁弦曲破长。

【注释】①蜀纸:四川生产的纸,素负盛名。②麝煤:即麝墨,一种香墨。③越瓯:指越窑所产的茶瓯。④犀液:即初放的桂花,经咸卤腌制。

【译文】蜀纸和麝墨给笔端增添了许多媚力,越窑的茶瓯和桂花激发出茶的芳香。风吹雨打,时间过得飞快,乐舞节拍紧促,歌曲打破漫漫长夜。

教移兰烬①频羞影,自试香汤更怕深。初似染花②难抑按,终忧沃雪③不胜任。岂知侍女帘帏外,剩取君王数饼金。

【注释】①兰烬:烛之余烬,状似兰心,这里指蜡烛。②染花:花被染污,犹言花受到垢染,沾惹不洁不净之意。③沃雪:以热水浇雪,此处是比喻洗浴的女子肌肤白嫩如雪,怕不胜热水。

【译文】教侍女移开蜡烛,省得频频羞对自己的身影。想亲自试一下沐浴的香汤,又怕水太深。刚沐浴时仿佛花被染污难以自抑,最终还担忧自己雪一样的肌肤不能承受沐浴的香汤。哪里知道侍女们还站在帘帏外面呢, 赚取了君王的几饼金子。

静中楼阁深春雨, 远处帘拢半夜灯。

【译文】静谧的楼阁上倾听着深春的雨声, 望着远处门窗的帘子透出半夜的灯光。

绿屏无睡秋分簟, 红叶伤时月午①楼。

【注释】①月午: 月至午夜, 即半夜。
【译文】秋分时节, 躺在绿树下竹席上因思念伊人难以入睡; 月到夜半, 在楼上因想红叶题诗故事而伤心难消离愁。

但觉夜深花有露, 不知人静月当楼。
何郎①烛暗谁能咏, 韩寿香薰亦任偷②。

【注释】①何郎: 南朝诗人何逊, 何逊青年时即以文学著称, 为当时名流所称道。②韩寿: 见前注。韩寿偷香比喻男女暗中通情。
【译文】只感觉到夜深人静的花儿沾满了露水, 却不知道这时候的明月也正照在楼上。烛光昏暗的时候, 谁还能吟咏何郎的诗篇? 韩寿的异香, 却任由人偷来传情。

阆苑①有书多附鹤, 女墙②无树不栖鸾。

星沉海底当窗见，雨过河源隔座看。

【注释】①阆苑：指神仙居住的地方，有时也代指帝王宫苑。②女墙：应作"女床"，山名。《山海经·西山经》："西南三百里，曰女床之山"，"有鸟焉，其状如翟而五彩文，名曰鸾鸟。"指房屋外墙高出屋面的矮墙。

【译文】阆苑仙山的仙子们，传送书信多用仙鹤；多情的女床山上，树上都栖息着凤鸾。对着窗，可以看到星星渐渐沉入天际，隔着座位，可以看见雨水漫过河源。

风阶拾叶，山人茶灶劳薪；月径聚花，素士吟坛绮席①。

【注释】①吟坛绮席：吟坛，即诗坛，诗人聚会之处。绮席，华丽的席具，盛美的筵席。

【译文】风吹着台阶上的落叶，拾起来可以作为山中隐士煮茶的柴火；月光照着的小路上满是花朵，可以作为文人雅士吟诗聚会的筵席。

当场笑语，尽如形骸外之好人；
背地风波，谁是意气中之烈士。

【译文】朋友们在一起的时候当面谈笑风生，都像那些不受世俗礼节束缚的人；背地里又兴起风波，谁才是真正的意气之士、刚烈侠客呢？

山翠扑帘，卷不起青葱一片；树阴流径，扫不开芳影几重。

【译文】青山上苍翠欲滴，扑帘而入，无论如何卷帘都卷不起这一片青色；树木繁盛，小径上绿树成阴，但是却无论怎样也扫不走阳光投射而来的斑斑芳影。

珠帘蔽月，翻窥窈窕之花；绮幔藏云，恐碍扶疏①之柳。

【注释】①扶疏：形容树木枝叶繁茂，这里指女子的身姿曼妙。

【译文】珠帘遮蔽了月光，防止它翻越过来窥探窈窕淑女；绮丽的帷幔遮住了外面的浮云，防止云彩影响了屋内身姿曼妙的女子。

幽堂昼深，清风忽来好伴；虚窗夜朗，明月不减故人。

【译文】幽静的厅堂，在白天显得特别深长，忽然吹过一阵清风，仿佛是良伴来到身边；推开虚掩的窗子，看到夜色清朗，月光普照，就像老朋友一样，情意一点都没有减少。

多恨赋花，风瓣乱侵笔墨；含情问柳，雨丝牵惹衣裾。

【译文】心中怀有太多的离情别恨吟诗赏花，风儿却吹乱了花瓣，浸染了我的笔墨，带着浓浓情意问柳，蒙蒙细雨飘飘洒洒，沾湿了我的衣裙。

亭前杨柳，送尽到处游人；山下蘼芜①，知是何时归路。

【注释】①蘼芜：一种香草，叶子风干可作香料。古人相信蘼芜可使妇人多子，古诗词中蘼芜一词多与夫妻分离或闺怨有关。

【译文】长亭前的杨柳，送别了无数的游人；山下的蘼芜，是否知道远去的人们归期是何时？

天涯浩缈，风飘四海之魂；尘土流离，灰染半生之劫。

【译文】天地之间广阔无际，离开家乡的人就像随风飘荡的游魂；像飞尘一样离散飞扬，半生都在颠沛流离中度过。

蝶憩香风，尚多芳梦；鸟沾红雨，不任娇啼。

【译文】当蝴蝶还能在春日的香风中憩息时，青春的梦境还是芬芳而美好的；一旦鸟的羽毛沾上吹落花瓣时，那时的啼声便凄切而不忍听闻了。

幽情化而石立①，怨风结而冢青②。
千古空闺之感，顿令薄幸惊魂。

【注释】①幽情化而石立：南朝刘义庆《幽明录》中记载，武昌北山有望夫石，传说是一位贞妇站在此处望夫归来，化而为石。②怨风结而冢青：汉代王昭君出塞和亲，死后葬在黑河岸。北地草皆白，惟独昭君墓上草青，称为"青冢"。

【译文】一腔深情化为伫立的望夫石，一缕哀怨的幽情凝成坟上草；千古以来独守空闺的寂寞情怀，顿时令负心的男子心惊魂动。

一片秋山，能疗病容；半声春鸟，偏唤愁人。

【译文】一片美好的秋光山色，能够治疗他乡游子的苦痛；春天一声半声的鸟啼，偏偏就能唤起人的愁思。

李太白①酒圣，蔡文姬②书仙，置之一时，绝妙佳偶。

【注释】①李太白：李白，字太白，号青莲居士，又号"谪仙人"，唐代伟大的浪漫主义诗人，被后人誉为"诗仙"，其人爽朗大方，爱饮酒作诗，喜交友。②蔡文姬：蔡文姬，名琰，字文姬，一字昭姬，陈留圉（今河南杞县）人，为蔡邕的女儿，博学有才，通音律，是建安时期著名的女诗人，代表作有《胡笳十八拍》《悲愤诗》等。

【译文】李太白是酒中之圣人，蔡文姬可谓诗中之仙子。倘若让他们生活在同一个时代，可以说是一对绝妙的佳偶。

华堂今日绮筵①开，谁唤分司御史来。
忽发狂言惊满座，两行红粉一时回。

【注释】①绮筵：华丽丰盛的筵席。

【译文】华丽的厅堂今天大摆筵席,谁去把管事的御史唤来?忽然有人口出狂言让满座皆惊,排列在两旁的侍女一时间都退回去了。

缘之所寄,一往而深。故人恩重,来燕子于雕梁;逸士情深,托凫雏于春水。好梦难通,吹散巫山①云气;仙缘未合,空探游女②珠光。

【注释】①巫山:指楚怀王梦游巫山的传说。②游女:指西汉刘向《列仙传》中记载的郑交甫遇到汉水游女的故事。

【译文】缘分所寄寓的,是一如既往的深情。老朋友恩情深重,明年的燕子依然会在雕梁搭窝筑巢。隐逸之士情深似海,把幼小的凫鸟托付给春水。倘若缘分未到,好梦就难以实现,只能是像楚怀王吹散了巫山云雨一样;倘若仙缘不合,想要探求游女的珠光,到头来也只能是像郑交甫一样一场空。

桃花水泛,晓妆宫里腻胭脂;杨柳风多,堕马结中摇翡翠。

【译文】桃花水泛起,是因为早晨梳妆的宫女倒出的胭脂水;杨柳间风多,是因为她们堕马结上的翡翠也在风中摇动。

对妆则色殊,比兰则香越。泛明彩于宵波,飞澄华于晓月。

【译文】对着梳妆则色彩不同,比兰草更加芬芳,就像黑夜里泛起明丽的彩波, 光华在晓月间飞跃。

纷弱叶而凝照, 竞新藻而抽英。

【译文】纷乱而柔弱的叶子, 得到了阳光的普照; 新的水藻竞相生长, 绽开了花朵。

手巾还欲燥, 愁眉即使开。逆想行人至, 迎前含笑来。

【译文】擦拭眼泪的手巾还没有干, 因离愁而紧缩的眉心也可以舒展开来。因为遥想着在外的游子归来, 含笑前来迎接归来的游子。

逶迤洞房, 半入宵梦。窈窕闲馆, 方增客愁。

【译文】曲折绵延的闺房里, 佳人似睡非睡渐入夜梦; 宽广的馆舍里, 羁旅他乡的客人正在为思念的愁绪所困。

悬媚子①于搔头②, 拭钗梁③于粉絮④。

【注释】①媚子: 首饰名。②搔头: 簪的别称, 古代指簪子玉搔头。③钗梁: 钗的主干部分。④粉絮: 指丝绵做成的粉扑, 用以蘸粉敷面。
【译文】把新的首饰挂在玉簪上, 用粉絮擦拭钗梁。

临风弄笛，栏杆上桂影一轮；扫雪烹茶，篱落边梅花数点。

【译文】迎风吹奏着笛子，栏杆上挂着一轮明月；扫除积雪烧水沏茶，篱笆边上落了点点梅花。

银烛轻弹，红妆笑倚，人堪惜情更堪惜；
困雨花心，垂阴柳耳，客堪怜春亦堪怜。

【译文】轻轻拨亮银台上的蜡烛，美丽的女子含笑依偎在身旁，人值得珍惜，情意更值得珍惜；花心被雨所困扰，恐被大雨所淋，柳叶被柳阴所遮盖，客人值得怜惜，春也值得怜惜。

肝胆谁怜，形影自为管鲍；唇齿相济，天涯孰是穷交。兴言及此，辄欲再广绝交之论，重作署门之句①。

【注释】①署门之句：《史记·汲郑列传》："太史公曰：始翟公为廷尉，宾客阗门。及废，门外可设雀罗。翟公复为廷尉，宾客欲往，翟公大署其门曰：'一死一生，乃知交情。一贫一富，乃知交态。一贵一贱，交情乃见。'"

【译文】一身肝胆有谁怜惜，自己的形与影相对，就像是管仲与鲍叔牙一样是知交；唇齿相依，唇亡齿寒，茫茫天涯有谁是我穷困中的至交？话说到此，就想再将绝交之论增补扩充一下，重新写下署门之句。

燕市之醉泣^①，楚帐之悲歌^②，歧路之涕零^③，穷途之恸哭^④，每一退念及此，虽在千载以后，亦感慨而兴嗟。

【注释】①燕市之醉泣：指荆轲与高渐离的故事，《史记》中载荆轲与高渐离在燕国国都饮酒，醉后高渐离击筑，荆轲和歌，"已而相泣，旁若无人"。②楚帐之悲歌：指项羽在垓下被围，四面楚歌。③歧路之涕零：《淮南子》中载"杨子见歧路而哭之，为其可以南，可以北"。④穷途之恸哭：相传阮籍经常独自驾车出游，走到没有路的地方，便大哭而归。

【译文】燕市上高渐离和荆轲酒醉后相对哭泣，项羽的楚军帐中悲歌四起，杨子面对歧路而涕零，阮籍穷途末路上的恸歌悲声，这些让我生出了很多退念，虽然已过千载之后，也还是要感慨而兴叹。

陌上繁华，两岸春风轻柳絮；闺中寂寞，一窗夜雨瘦梨花。

【译文】小路旁盛开鲜花，河流两岸的春风吹起柳絮；深闺中的寂寞，宛如一夜风雨后凋零的梨花。

芳草归迟，青骢别易，多情成恋，薄命何嗟。要亦人各有心，非关女德善怨。

【译文】心上的人儿迟迟不归，马上的人却容易分别，情意绵绵依依不舍，嗟叹命苦又有何用。只是因为人的心中怀有情意，并不是女人天生就多愁善感啊！

山水花月之际，看美人更觉多韵。非美人借韵于山水花月也，山水花月直借美人生韵耳。

【译文】在山水花月的旁边，看美人更觉得多了几分韵味。不是美人从山水花月那里借了神韵，而是山水花月借了美人才生出韵味的。

深花枝，浅花枝，深浅花枝相间时，花枝难似伊；
巫山高，巫山低，暮雨潇潇郎不归，空房独守时。

【译文】不管是深色的还是浅色的花枝，都如此美丽，但即使是深色浅色的花枝相互交错搭配的时候，其花枝的美也无法与你相比。巫山的山峰高也好，低也好，傍晚下起潇潇细雨，情郎始终没有归来，还是独守空房寂寞难耐。

青娥皓齿别吴倡，梅粉妆成半额黄。
罗屏绣幔围寒玉，帐里吹笙学凤凰。

【译文】美丽的少女告别了吴地的歌舞生活，用梅花给自己化上了半额黄的妆扮。美丽的罗屏绣幔遮掩着容貌清俊的美女，在帐幕里吹笙学着《凤律》的曲调。

初弹如珠后如缕，一声两声落花雨，
诉尽平生云水心，尽是春花秋月语。

【译文】落花时节所下的雨，刚开始打在花瓣上听来仿佛珠落玉盘，雨后更像是绵绵细线一样不肯断绝，似乎在倾诉一生如云似水的心情，听来都是良辰美时的情话。

春娇满眼睡红绡，掠削云鬟旋妆束。
飞上九天歌一声，二十五郎吹管逐。

【译文】春天里的娇女在红色的帐子中醒来，用手梳理一下头发开始打扮。一曲歌声响彻云宵，善于吹笛子的二十五郎来随和。

琵琶新曲，无待石崇①；箜篌杂引，非因曹植②。

【注释】①石崇：字季伦，西晋富豪，所作《王昭君辞》，又称《琵琶引》。②曹植：字子健，曹操三子，是三国时期曹魏著名文学家，建安文学的代表人物。
【译文】琵琶新曲，并不一定等待石崇来谱写；箜篌杂引，也不一定要曹植去谱就。

休文①腰瘦，羞惊罗带之频宽；
贾女②容销，懒照蛾眉之常锁。

【注释】①休文：即沈约，后来用腰瘦形容人的憔悴。②贾女：指西晋贾充的女儿。
【译文】佳人像沈约一样渐渐消瘦，又惊讶又羞愧地发现腰间的罗带不停地变宽。贾女面容消瘦，懒得在镜中看到蛾眉常锁的样子。

琉璃砚匣，终日随身；翡翠笔床①，无时离手。

【注释】①笔床：作为搁放毛笔的专用器物，起源较早，就像今天的文具盒。

【译文】琉璃做的砚盒，终日随身携带。翡翠做的笔床，从不离开手中。

清文满箧，非惟芍药之花；新制连篇，宁止葡萄之树。

【译文】清新俊雅的诗文装满了箱子，并非都是描写男情女爱的文字。新的作品接连不断，难道都能像葡萄酒一样令人陶醉吗？

西蜀豪家，托情穷于鲁殿；东台甲馆，流咏止于洞箫。

【译文】西蜀的富豪之家，托物寄情的诗赋超过了号称天下文章渊海的孔府；朝中的东台甲馆，吟诵歌咏却仅仅限于洞箫。

醉把杯酒，可以吞江南吴越之清风；
拂剑长啸，可以吸燕赵秦陇之劲气。

【译文】醉里把弄着酒杯，可以吞入江南吴越的清爽之风；拭着剑长啸一声，可以吸入燕赵秦陇的豪气。

林花翻洒，乍飘飖于兰皋①；山禽哢响，时弄声于乔木。

【注释】①兰皋：长兰草的涯岸。
【译文】林中的花绽放，突然飞飖在兰草旁。山中的鸟鸣婉转，不时地在乔木中弄出声响。

长将姊妹丛中避，多爱湖山僻处行。

【译文】经常跟姐妹们在花丛中一起游戏，也偏爱往山水僻静的地方走动。

未知枕上曾逢女，可认眉尖与画郎。

【译文】不知道是否在枕上梦中曾与你相逢，但从画郎的画中还是认出了你的眉尖。

苹风①未冷催鸳别，沉檀②合子留双结。
千缕愁丝只数围，一片香痕才半节。

【注释】①苹风：苹是浮于水面的水草，苹风即是吹过水面的风。②沉檀：沉香和檀木。

【译文】吹过水面的微风还没有凉，佳人就催促情人离去，沉香和檀木的盒子里留下了同心结。只剩下数围粗的千缕愁丝，和才印了一半的吻别的香痕。

那忍重看娃鬓绿①，终期一遇客衫黄②。

【注释】①娃鬓绿：娃，李娃。白行简的《李娃传》记载，长安名妓李娃与鸨母合伙欺骗并遗弃了荥阳生，但一旦悔悟之后，却竟然真诚地爱上了他，而且帮助他考中进士，成就功名，自己也被封做夫人。鬓绿，表示青春年少。②客衫黄：唐传奇《霍小玉传》载，霍小玉出身低贱，又沦为妓女，而李十郎却对他始乱终弃。霍小玉却对他一往情深，至死不渝，想再见李十郎一面而不得。长安风流之士得知，都感叹霍女的痴情而怨恨李十郎的薄情。当时有一个身着黄衫、手里挟弓的豪客，听此事心中不平，强行抱持李十郎来到小玉寓所，使小玉临终前终于得见负心郎一面。

【译文】怎么能忍心在镜子前，反复地欣赏自己那青春的容颜和乌黑靓丽的秀发，只希望能像小玉一样遇到穿着黄衫的侠士，将那负心的情郎带回。

金钱赐侍儿，暗嘱教休话。

【译文】赏赐侍仆一些金钱，暗中嘱托她不要乱说话。

薄雾几层推月出，好山无数渡江来。轮将秋动虫先觉，换得更深鸟越催。

【译文】月亮被天上的几层薄雾推了出来，夜光下无数美丽的山峰仿佛要渡江而来。刚要到秋天虫子已经先知道了，换的是夜半更深，鸟儿叫得更紧。

花飞帘外凭笺讯，雨到窗前滴梦寒。

【译文】帘外的花纷飞舞，缓缓落地，像是信笺那样飘落，天空中飘落的雨滴让人格外增加寒意。

樯标①远汉，昔时鲁氏之戈②；帆影寒沙，此夜姜家之被③。

【注释】①樯标：船上的桅杆标志，这里指军中的旌旗，后句中的帆影也含此义。②鲁氏之戈：《淮南子·冥览训》说，鲁阳公与敌战酣，时已黄昏，鲁援戈一挥，太阳退三舍。喻时光倒流。③姜家之被：《后汉书·姜肱传》载，肱与二弟俱以孝行闻。"其友爱天至，常共卧起。及各娶妻，兄弟相恋，不能别寝。以系嗣当立，乃递往就室。"后人用"姜被"来比喻兄弟或兄弟之情。

【译文】军中的旌旗远离了中土，希望能够时光倒流力挽狂澜；帆影中寂寥的沙漠，此夜幸好还有兄弟之情温暖人心。

填愁不满吴娃井，剪纸空题蜀女祠。

【译文】愁思填不满江南美女用来照影的水井，剪纸徒然贴在蜀女祠堂里。

良缘易合,红叶亦可为媒;知己难投,白璧未能获主。

【译文】好的姻缘容易结合,即使是一片红叶,也可以成为媒人,促成佳缘;逢到知己却不投缘,就算是抱着美玉,也难找到赏识它的人。

填平湘岸都栽竹^①,截住巫山不放云^②。

【注释】①填平湘岸都栽竹:用舜帝和娥皇女英典,传说舜至南方巡视,死于苍梧。二妃抱竹痛哭,泪染青竹,泪尽而死,因称"潇湘竹"或"湘妃竹"。②截住巫山不放云:用楚王和巫山之女典。

【译文】应该将湘水的两岸都填平,栽上斑竹;更应该把巫山的云都截下,永远都不放它们走。

鸭为怜香死,鸳因泥睡痴。

【译文】鸭子因为怜惜香草而死,鸳鸯因为贪睡于泥中而痴。

红印山痕春色微,珊瑚枕上见花飞。
烟鬟潦乱香云湿,疑向襄王梦里归。

【译文】晚霞山影春色渐去,珊瑚枕上只见鬓花飞动。美丽的鬓发缭乱云鬟汗湿，好像是回到了"襄王梦"里。

零乱如珠为点妆，素辉乘月湿衣裳。
只愁天酒①倾如斗，醉却环姿傍玉床。

【注释】①天酒：亦谓甘露。《神异经·西北荒经》："西北海外，有人长二千里，……但日饮天酒五斗。"张华云："天酒，甘露也。"

【译文】零乱如散开的珠串，只是为了更好地化妆；月亮洒下银辉，沾湿了衣裳。只发愁他饮酒如斗一般过量，醉后蜷起身子躺在床下。

有魂落红叶，无骨锁青鬟。

【译文】有心思的人可以红叶为媒，无骨气的只能空锁青春。

书题蜀纸愁难浣，雨歇巴山话亦陈。

【译文】用蜀纸香墨抒发情绪，心中的愁思却难以洗去；巴山的夜雨停了，说的都是旧题。

盈盈相隔愁追随，谁为解语来香帏。

【译文】一河清水相隔，愁思追随在后面；谁能为了解开心中的想法，来到香帷帐前？

斜看两鬟垂，俨似行云嫁。

【译文】斜看美女头上的两个发鬟高垂，就好像是漂浮在空中的美丽云彩要出嫁一样。

欲与梅花斗宝妆，先开娇艳逼寒香。
只愁冰骨藏珠屋，不似红衣待玉郎。

【译文】梳妆完毕，想与梅花比赛谁更美，先开的娇艳花朵发出逼人的清香。只是忧愁美人藏在漂亮的屋子里，不能像别的女子那样款待如意郎君。

从教弄酒春衫涴，别有风流上眼波。

【译文】纵然是让酒弄湿了美丽的衣服，也有别样的风流在眼波里飞动。

听风声以兴思，闻鹤唳以动怀。
企庄生之逍遥，慕尚子①之清旷。

【注释】①尚子：尚长，东汉人，隐居不仕。

【译文】听到风声就心思驰骋,听到鹤鸣就情怀感动。企望能有庄子那样的逍遥,羡慕尚子一样的旷达。

灯结细花成穗落,泪题愁字带痕红。

【译文】灯芯结出细花成穗落下,用泪写出的愁字带着泣血的泪痕。

无端饮却相思水,不信相思想杀人。

【译文】无缘无故地饮下了相思之水,不相信真会教人想念至死。

渔舟唱晚,响穷彭蠡之滨;雁阵惊寒,声断衡阳之浦。

【译文】傍晚渔船伴随着歌声缓缓摇过来,歌声响遍整个鄱阳湖畔;排成行列的大雁被寒气惊扰,叫声消失在衡阳的水边。

爽籁发而清风生,纤歌凝而白云遏。

【译文】箫管声在清风里显得更加悠扬,柔缓的歌声高高飘扬在白云上。

杏子轻纱初脱暖，梨花深院自多风。

【译文】杏子随着天气的变暖刚刚脱掉外面披着的一层轻纱，梨花盛开的院落渐渐风多了。

卷三　集峭

今天下皆妇人矣！封疆缩其地，而中庭之歌舞犹喧；战血枯其人，而满座之貂蝉①自若。我辈书生，既无诛贼讨乱之柄，而一片报国之忱，惟于寸楮②尺字间见之，使天下之须眉而妇人者，亦耸然有起色。集峭第三。

【注释】①貂蝉：古代武官帽子上的装饰，指代高官显宦。②楮：纸。

【译文】今日世间还有哪个男儿可称得上是大丈夫呢？无非都是一些妇人罢了。眼看着国土逐渐为敌人侵吞，然而厅堂中仍是一片笙歌；战士的血都因流尽而枯干了，朝廷中的官员却仿佛无事一般。我们读书人，既然没有诛平乱事讨伐贼人的权柄，空有报效国家的赤忱，就只能表现在片言只语之间，使天下枉为男子汉的人，因惊动而有所改进。因此作《卷三集峭》

忠孝吾家之宝，经史吾家之田。

【译文】忠孝的优良品质是家里的传家之宝，经史子集像家中的良田一样。

闲到白头真是拙，醉逢青眼①不知狂。

【注释】①青眼："青眼"典故出自阮籍，表示对人的欣赏、喜爱，表达自己的友好。

【译文】虚度光阴，无所事事，一直到老，这是笨拙；醉酒后碰到别人正眼相看，是不知道自己的狂妄啊。

兴之所到，不妨呕出惊人；心故不然，也须随场作戏。

【译文】兴致来了的时候，不妨说一些惊人之语；即使心中不以为然，也得逢场作戏。

放得俗人心下，方可为丈夫。放得丈夫心下，方名为仙佛。放得仙佛心下，方名为得道。

【译文】能放得下世俗之心，才能成为有作为的大丈夫；放得下大丈夫的名利之心，才能称得上成仙成佛；放得下成仙成佛之心，才能真正彻悟。

吟诗劣于讲学，骂座①恶于足恭。两而揆②之，宁为薄行狂夫，不作厚颜君子。

【注释】①骂座：辱骂同席的人。②揆：忖度，比较。

【译文】吟咏诗歌比不上讲经解史，当场辱骂同座的人比过分谦恭更可恶。两相比较，宁可做豪放的狂夫，也不愿做厚颜无耻的伪君子。

观人题壁，便识文章。

【译文】看一个人题写在墙壁上的诗文，就可以了解他的文章了。

宁为真士夫，不为假道学；宁为兰摧玉折，不作萧敷艾荣①。

【注释】①萧、艾：艾蒿，蒿草。指蒿草长得很茂盛。比喻才能低下，品行卑劣的人一时得势。比喻小人得志。

【译文】宁愿做一个真正的读书人，也不愿做一个虚伪的道学先生；宁愿洁身自好，像兰花、美玉一样被摧折，也不愿像艾蒿一样茂盛地生长着。

随口利牙，不顾天荒地老；翻肠倒肚，那管鬼哭神愁。

【译文】尖牙利嘴，随口说来，哪怕天荒地老也不会顾及；率性而为，直抒胸臆，哪管什么鬼哭神嚎。

身世浮名，余以梦蝶视之，断不受肉眼相看。

【译文】对于人生经历中的虚浮声名，我当作梦中的蝴蝶一样，只是事物变幻，而不会用世俗的眼光去看待。

达人撒手悬崖，俗子沉身苦海。

【译文】通达的人，能够在危险的时候及时放手，凡夫俗子则会沉溺其中无法自拔。

销骨口^①中，生出莲花九品^②，铄金舌上，容他鹦鹉千言。

【注释】①销骨口、铄金舌：谓众口毁谤可以销人骨骼，喻谗言毁人。②莲花九品：佛家术语，指极乐境界。

【译文】一个人口中说出谗言可以毁人，但也可以生出莲花九品这样的境界；众口难调，随便它像鹦鹉学舌一样，人云亦云。

少言语以当贵，多著述以当富，载清名以当车，咀英华以当肉。

【译文】把少言寡语当作高贵，把著书立说当作富有，把拥有好名声当作坐车一样，把品读好文章当作吃肉一样。

竹外窥莺，树外窥山，峰外窥云，难道^①我有意无意；鹤来窥人，月来窥酒，雪来窥书，却看他有情无情。

【注释】①难道：难以说明。

【译文】在竹林外看黄莺，树林外看山，在山峰外看白云，很难说清我是有意还是无意的；仙鹤出来看人，月亮前来看酒，大雪飘来观书，却要看它是有情还是无情。

体裁如何，出月隐山；情景如何，落日映屿；
气魄如何，收露敛色；议论如何，回飙拂渚。

【译文】文章的体裁怎样，要看其中显露出来的月亮和隐去的青山；情景描绘怎样，要看夕阳映照着小岛屿；气魄怎样，要看蒸发的露水和色彩的凝练；议论怎样，要看回旋的风拂过水中的小洲。

有大通必有大塞，无奇遇必无奇穷。

【译文】如果非常顺利，就必然会有非常不顺利的时候；如果一生没有奇特的际遇，就必定没有极端的困厄。

雾满杨溪，玄豹①山间偕日月；
云飞翰苑②，紫龙天外借风雷。

【注释】①玄豹：比喻隐居的人。②翰苑：文苑，文翰荟萃之处。

【译文】迷雾笼罩着杨溪，隐逸之士伴着日月住在山里；白云飞过翰苑，紫龙乘借着风雷之势从天外而来。

西山霁雪，东岳含烟。驾凤桥以高飞，登雁塔而远眺。

【译文】西山大雪初晴，东岳烟雾蒙蒙。沿着凤凰飞天的痕迹高飞，登上大雁塔远远地眺望。

一失脚①为千古恨，再回头是百年人。

【注释】①失脚：犯错误。

【译文】一时不小心犯下的错误，会造成终身的遗憾，回过头来已经是事过境迁难以挽回了。

居轩冕①之中，不可无山林的气味；
处林泉之下，须要怀廊庙的经纶。

【注释】①轩冕：古时大夫以上官员的车乘和冕服，此处代指富贵的生活。

【译文】跻身达官显贵之中，一定要有隐士那样高雅的志趣；闲居在山林泉石之间的时候，也要怀有治国安邦的韬略。

学者有段兢业的心思，又要有段潇洒的趣味。

【译文】做学问的人既要有谨慎的心思，又要有洒脱的趣味。

平民种德施惠，是无位之公卿；

仕夫贪财好货，乃有爵的乞丐。

【译文】平民百姓如果能广施恩惠，就相当于没有爵位的公卿；达官贵人如果贪财好利，就是有爵位的乞丐。

烦恼场空，身住清凉世界；营求念绝，心归自在乾坤。

【译文】看破烦恼的俗务，此身就可以处于无忧的清凉世界中；断绝功名利禄的欲求，心灵就可以回归于自由自在的天地。

觑破^①兴衰究竟，人我得失冰消；
阅尽寂寞繁华，豪杰心肠灰冷。

【注释】①觑破：看破。
【译文】看破人世间盛衰的真相，那么人我之别、得失之心就会像冰雪一样消融；看尽了冷清寂寞、奢侈繁华的景象，那么英雄豪杰的壮志梦想就会如灰烬一样慢慢冷却。

名衲^①谈禅，必执经升座，便减三分禅理。

【注释】①衲：僧衣，此处代指僧人。
【译文】高僧们讲经说法，必定要手执经书，升座宣讲，这样所讲的禅理也就减少三分。

穷通之境未遭，主持之局已定；老病之势未催，生死之关先破。求之今世，谁堪语此？

【译文】困境和逆境还没有都遭遇到，自我生命的方向就已经确定；还没有受到年老和病痛的折磨，就已经看破了生死。面对今天世上的芸芸众生，可以跟谁谈论这些问题呢？

一纸八行①，不遇寒温之句；鱼腹雁足②，空有往来之烦。是以嵇康不作③，严光口传④，豫章掷之水中⑤，陈秦挂之壁上⑥。

【注释】①一纸八行：旧时纸笺，大多一页写八行故称。②鱼腹雁足：指书信，古人有借鱼腹、雁足来传信的说法。③嵇康不作：嵇康在《与山巨源绝交书》中说："素不便书，又不喜作书。"④严光口传：据《后汉书·严光传》记载，严光曾经与光武帝刘秀一起游学，光武帝很欣赏他的才能，即位之后就派使者带上书信请严光辅佐自己。严光没有回写书信，而是派人带去口信：'君房足下：位至鼎足，甚善。怀仁辅义天下悦，阿谀顺旨要领绝。'"⑤豫章掷之水中：《世说新语·任诞》记载，殷羡，字洪乔，陈郡长平人。性耿介，曾为豫章太守，赴任时，京城许多人托他捎带书函。走到石头城的时候，他竟把所有的书函统统丢进河里，并且说："沉者自沉，浮者自浮，殷洪乔不为致书邮。"⑥陈秦挂之壁上：陈泰，字玄伯。《三国志·魏志·陈泰传》记载："正始中，徙游击将军，为并州刺史，加振威将军，使持节，护匈奴中郎将，怀柔夷民，甚有威惠。京邑贵人多寄宝货，因泰市奴婢，泰皆挂之于壁，不发其封，及征为尚书，悉以还之。"

【译文】一张纸八行的书信，不过都是些嘘寒问暖的话；书信往来，也只是白白地带来烦恼。因此嵇康不作书信，严光不写书信而只是使人口头相传，豫章郡守殷洪乔把书信都掷于水中，陈泰没有打开就挂在了墙壁上。

枝头秋叶，将落犹然恋树；檐前野鸟，除死方得离笼。人之处世，可怜如此。

【译文】树枝上的黄叶，在秋天将要落下时还依恋枝头不忍离去；屋檐下的野鸟，直到死去才能脱离关锁它的牢笼。人活在世上，也像这秋叶与野鸟般可怜。

士人有百折不回之真心，才有万变不穷之妙用。

【译文】一个人只有真正具备百折不挠的坚强意志，才能在任何变化中都有应付自如的办法。

立业建功，事事要从实地着脚，若少①慕声闻，便成伪果；讲道修德，念念要从虚处立基，若稍计功效，便落尘情。

【注释】①少：稍微，稍稍。
【译文】开创事业建立功名，每一件事都要脚踏实地扎扎实实；如果稍微有一点追求虚名的念头，就会造成华而不实的后果。探究事理修炼心性，每个念头都要在虚处打好根基；如果稍微有一点计较功利得失的思想，便落入俗套了。

执拗者福轻，而圆融之人其禄必厚；操切者寿夭，而宽厚之士其年必长。故君子不言命，养性即所以立命；亦不言天，尽人自可以回天。

【译文】性格固执的人福分微薄，而性格灵活通融的人福气大；急躁的人寿命很短，而宽容敦厚的人年寿很长。所以通达事理的君子不说命，而是通过修养性情安身立命；也不谈论天意，而是充分发挥人的能力以改变天意。

才智英敏者，宜以学问摄其躁；
气节激昂者，当以德性融其偏。

【译文】才华和智慧敏捷出色的人，应该用学问来理顺浮躁之气；志向和气节激烈昂扬的人，应当加强品性道德的修养来消融他偏激的性情。

苍蝇附骥①，捷则捷矣，难辞处后之羞；茑萝②依松，高则高矣，未免仰攀之耻。所以君子宁以风霜自挟③，毋为鱼鸟亲人。

【注释】①附骥：蚊蝇附在马尾巴上，可以远行千里，比喻依附先辈或名人而成名。②茑萝:茑即桑寄生,女萝即菟丝子,二者都是寄生于松柏的植物。③风霜自挟:风霜,比喻高洁坚贞的节操。自挟,犹自恃、自负。

【译文】苍蝇依附在马的尾巴上,前进的速度固然快了,但却难以避免依附在马屁股后的羞耻;茑萝缠绕着松树生长,高倒是高了,却免不了攀附依赖的耻辱。因此,君子宁愿以风霜傲骨自我勉励,也不愿像缸中鱼、笼中鸟一般亲附于人。

伺察以为明者,常因明而生暗,故君子以恬养智;
奋迅以求速者,多因速而致迟,故君子以重持轻。

【译文】依赖暗中观察才能明白事情原委的人,常常因为这样明白事情而偏听偏信,所以君子要依靠恬静修养来提高智慧;做事奋进急躁以求快速的人,往往因为想要迅速而最终导致缓慢,欲速则不达,因此君子做事应该举重若轻。

有面前之誉易,无背后之毁难;
有乍交之欢易,无久处之厌难。

【译文】让别人当面夸赞自己容易,不让别人背后批评诋毁自己难;让人在初相交时就产生好感容易,让别人与自己长久相处而不产生厌烦困难。

宇宙内事,要力担当,又要善摆脱。不担当,则无经世之事业；不摆脱，则无出世之襟期。

【译文】世间的事，既要能够承担重任，又要善于解脱羁绊。不能承担重任，就不能从事改造世界的事业；不善于解脱，就没有超出世间的襟怀。

待人而留有余不尽之恩，可以维系无厌之人心；御事而留有余不尽之智，可以提防不测之事变。

【译文】对待他人、给人恩惠要留有余地，这样才可以维系永远不会满足的人心；处理事情要留有余地而不是竭尽智慧，才可以提防无法预测的突然变故。

无事如有事时提防，可以弭意外之变；
有事如无事时镇定，可以销局中之危。

【译文】在平安无事时要如有事时一样，时时提防，才能消除意外发生的变故；在发生危机时要像无事时一样，保持镇定，才能平息发生的危险。

爱是万缘之根，当知割舍；识是众欲之本，要力扫除。

【译文】爱恋是人间一切缘分的根本，应该知道割舍；识见是各种欲望的根本，要尽力扫除。

舌存常见齿亡，刚强终不胜柔弱。户朽未闻枢蠹，偏执岂及圆融。

【译文】当牙齿都掉光了时，舌头还存在；可见刚强终是胜不过柔弱。门已经朽坏时，却没有听说门轴被虫所蛀蚀；可见偏执岂能比得上圆融。

荣宠傍边辱等待，不必扬扬；
困穷背后福跟随，何须戚戚。

【译文】荣耀、宠幸的旁边就有耻辱在等待，所以人不必那么自得；困厄贫穷的后面福气紧紧跟随，又何必如此伤心悲戚呢？

看破有尽身躯，万境之尘缘自息；
悟入无怀境界，一轮之心月独明。

【译文】看破了人生之有限，一切的尘世杂念自然就都熄灭了；参悟到了了无牵挂的境界，心中的月亮将永远澄明。

霜天闻鹤唳，雪夜听鸡鸣，得乾坤清绝之气；
晴空看鸟飞，活水观鱼戏，识宇宙活泼之机。

【译文】在秋霜之日听到仙鹤的唳鸣，在寒冷的雪夜听金鸡报晓，可以获得天地间的清净高雅，消除杂念的气韵；仰望晴朗的天空看鸟儿飞翔，俯观水中看鱼儿嬉戏，可以洞察宇宙中活泼的生机。

斜阳树下，闲随老衲清谈；深雪堂中，戏与骚人白战①。

【注释】①白战：空手作战，此指作诗时禁用某些较常用的字。

【译文】斜阳夕照时，闲适地在树下和老僧清谈；大雪纷飞的时节，在厅堂内与诗人文士作诗取乐。

山月江烟，铁笛数声，便成清赏；
天风海涛，扁舟一叶，大是奇观。

【译文】山中之月色一片朦胧，江上烟雾笼罩，铁笛声声，这便是清宁的欣赏；天上狂风大作，海里波涛汹涌，一叶扁舟在惊涛骇浪中穿行，这真是一大奇观。

秋风闭户，夜雨挑灯，卧读《离骚》泪下；
霁日寻芳，春宵载酒，闲歌《乐府》神怡。

【译文】秋风呼啸中关上门，夜雨连绵，挑亮油灯，在床上诵读《离骚》，不禁潸然泪下；雨后初晴，出去赏花，春夜里载酒畅饮，悠闲地唱着乐府歌曲, 令人心旷神怡。

　　云水中载酒, 松篁里煎茶, 岂必銮坡^①侍宴;

　　山林下著书, 花鸟间得句, 何须凤沼^②挥毫。

【注释】①銮坡: 唐德宗时, 曾移学士院于金銮殿旁的金銮坡上, 后世遂以"銮坡"为翰林院的别称。②凤沼: 即凤凰池。魏晋南北朝时设中书省于禁苑, 故称中书省为"凤凰池""凤沼"。

【译文】山水间载酒游玩, 松竹间汲水煎茶, 都是人生中惬意的事, 不一定非要入职翰林院侍奉皇帝宴饮; 山林中著书立说, 鸟语花香中吟诗, 都是人生中令人羡慕的事, 不用非要在中书省草拟诏旨。

　　人生不好古, 象鼎牺樽, 变为瓦缶;

　　世道不怜才, 凤毛麟角, 化作灰尘。

【译文】人生在世倘若不喜好古玩的话, 象鼎、牺樽这样珍贵的文物也就如同一般的瓦器一样; 人世间倘若不爱惜人才, 即使是像凤毛麟角一样稀少的奇才, 也终究将被视为尘土, 不被重用。

　　要做男子, 须负刚肠; 欲学古人, 当坚苦志。

【译文】要做个大丈夫, 必须有一副刚直的心肠; 要学习古人, 应当有坚定磨炼筋骨的志向。

风尘善病, 伏枕处一片青山;

岁月长吟, 操觚时千篇白雪①。

【注释】①白雪: 典出宋玉《对楚王问》, 中有 "阳春白雪" 之语, 后用来泛指高雅艺术。

【译文】一路风尘, 虽然奔波劳碌, 容易生病, 但当头躺在枕上, 所经历过的景色就会如同一片青山在眼前; 悠悠岁月, 只要能够坚持长吟, 等到写诗行文之时, 就能下笔如有神, 写就千篇《白雪》这样的名作。

亲兄弟折箸, 璧合①翻作瓜分;

士大夫爱钱, 书香化为铜臭。

【注释】①璧合: 美玉结合在一块。

【译文】亲兄弟不和睦, 就如同价值连城的一组美玉, 分散开来便失去价值; 读书人爱财, 就使浓郁的书香味转变为铜臭气息。

心为形役, 尘世马牛; 身被名牵, 樊笼鸡鹜。

【译文】如果心灵被外在的东西所驱使, 那么这个人就沦为活在人世间的牛马; 如果一个人被名声所束缚, 那他就像关在笼中的鸡鸭一样不得自由。

懒见俗人，权辞托病；怕逢尘事，诡迹逃禅。

【译文】倘若懒得接见那些世俗之人，就权且托辞生病了；假若害怕遭逢尘世之事，就隐藏行迹，逃遁世事，参禅悟道吧。

人不通古今，襟裾马牛；士不晓廉耻，衣冠狗彘。

【译文】人不通晓古今变化的道理，那就像穿着长袍短衣的牛马一样；读书人如果不知羞耻，那就是穿衣戴帽的猪狗。

道院吹笙，松风袅袅；空门洗钵，花雨纷纷。

【译文】在道院里吹笙，道院外的松林风声袅袅，与之相应和；在佛门中用食终了清洗钵盂，突然感到漫天鲜花如同下雨一样飘落。

囊无阿堵①，岂便求人；盘有水晶②，犹堪留客。

【注释】①阿堵：即钱。"阿堵"为六朝口语，犹言这个。典出《世说新语·规箴》。②水晶：即水晶人，虾的别称。
【译文】囊中羞涩，没有钱财，怎么能够求人？盘子中有虾米，尚且还可以留客。

种两顷附郭田^①，量晴校雨；寻几个知心友，弄月嘲风。

【注释】①附郭田：靠近城郭的田地，指良田。

【译文】耕种一两顷城郊的土地，预测天气的阴晴变化；寻觅几位知心的朋友，共同欣赏明月清风的景致，吟诗作赋。

著屐登山，翠微中独逢老衲；乘桴浮海，雪浪里群傍闲鸥。

【译文】脚穿草鞋攀登高山，在青翠的山色中独自行走时遇见一老僧；坐着小船泛舟海上，雪白的浪花里有成群的海鸥飞翔。

才士不妨泛驾^①，辕下驹^②吾弗愿也；
诤臣岂合模棱，殿上虎^③君无尤焉。

【注释】①泛驾：翻车，也比喻不受驾御。②辕下驹：指车辕下不惯驾车之幼马，也比喻少见世面器局不大之人，后亦作自谦之辞。③殿上虎：宋谏议大夫刘安世的绰号，后用以称颂敢于抗争的谏官。

【译文】有才能的人不妨到处悠游，像车辕下之马驹那样的生活不是我所愿意的；直言敢谏的臣子怎能说一些模棱两可的话呢？像刘安世那样的谏官君王是不会怪罪的。

荷钱榆荚^①，飞来都作青蚨^②；柔玉温香，观想可成白骨。

【注释】①荷钱榆荚:荷叶初生时,形状如钱,故称荷钱,榆荚亦称榆钱,这里指代一切金钱。②青蚨〔fú〕:传说中南方的一种虫,古代用作铜钱的别名。

【译文】一切金钱,都可以看作青蚨,来了还是会飞走;柔美香艳的女子,在想象中也不过是一堆白骨。

旅馆题蕉,一路留来魂梦谱;客途惊雁,半天寄落别离书。

【译文】在旅馆中题诗于芭蕉叶上,一路留下无数魂牵梦绕的诗谱;在旅途中突然惊起了飞雁,从半空中落下一封别离的书信。

歌儿带烟霞之致,舞女具丘壑之资,生成世外风姿,不惯尘中物色。

【译文】牧童的歌声带着烟霞缭绕的山林的韵致,舞女的舞姿具有林间田园的姿态。他们生来就带有世俗之外的风姿,不习惯尘世中的景物美色。

今古文章,只在苏东坡鼻端定优劣;
一时人品,却从阮嗣宗①眼内别雌黄。

【注释】①阮嗣宗:阮籍,字嗣宗,三国魏时诗人。

【译文】古往今来的文章，只在于苏东坡的鼻端评定优劣；一时的人品，却可以从阮籍的眼中区分出好坏。

魑魅满前，笑著阮家无鬼论^①；炎嚣阅世，愁披刘氏《北风图》^②。气夺山川，色结烟霞。

【注释】①阮家无鬼论：据载晋永嘉年间，太子舍人阮瞻一向主张无鬼论，并经常以此与人论争。有一位十分善辩之人，在与之谈论命理之时言及鬼神，阮瞻与之论争很久，依然没有被客说服，客于是说："鬼神，古今圣贤所共传，君何得独言无？即仆便是鬼。"于是就变为异形消失了。②刘氏《北风图》：刘氏即东汉人刘褒，著名的画家，据传刘褒曾经画下《云汉图》《北风图》，观览《云汉图》可以使人感觉发热，观览《北风图》，则使人发冷。

【译文】世上充满了阴险如鬼之徒，因此对阮瞻主张无鬼论觉得可笑；看着这纷乱攘攘的人世，在心中充满忧愁时观览刘褒的《北风图》，直觉得它的气势盖过了山川，墨色凝结了烟霞的绚烂。

诗思在灞陵桥上，微吟处，林岫便已浩然；
野趣在镜湖曲边，独往时，山川自相映发。

【译文】作诗的思绪在灞陵桥上，轻声吟诵，便觉得山林峰峦都充满了浩然之气；山野的幽趣在镜湖水边，独自前往观赏时，便感到山情水趣自相映发，生机盎然。

至音不合众听，故伯牙绝弦^①；至宝不同众好，故卞和泣玉^②。

【注释】①伯牙绝弦：俞伯牙、钟子期彼此为知己。钟子期死，伯牙破琴绝弦，终身不复鼓琴。②卞和泣玉：卞和得到上好美玉，就想向楚王进献，先后向厉王、武王进献，不仅没有得到重用，反而以欺骗之罪被截去双脚，这块玉其实就是闻名于后世的和氏璧。

【译文】格调最高的音乐不合一般人的口味，所以伯牙便摔断了琴弦；最珍贵的宝物不能跟一般人的喜好一样，因此卞和为宝玉而哭泣。

看文字，须如猛将用兵，直是鏖战一阵；亦如酷吏治狱，直是推勘到底，决不恕他。

【译文】欣赏文章，应该像猛将用兵打仗一样，必须鏖战一阵；又跟严酷的官吏处理狱案一样，必须探查出个究竟，绝对不能宽恕犯人。

名山乏侣，不解壁上芒鞋；好景无诗，虚携囊中锦字①。

【注释】①囊中锦字：李商隐《李贺小诗》载，李贺常常骑驴外出，带着锦囊，途中想到佳句，便书写投入囊中。

【译文】如果在知名的山川胜地，没有合意的旅伴，那么宁可将草鞋挂在墙上，也绝不出游；面对美好景致，如果没有好诗助兴，即使怀中抱着锦囊，收藏有好文字，又有什么用呢？

辽水无极，雁山参云；闺中风暖，陌上草薰。

【译文】水面宽阔，无边无际，雁门山直入云霄，闺中的风儿和煦温暖，乡间小道上的青草散发着清香。

秋露如珠，秋月如珪。明月白露，光阴往来。与子之别，思心徘徊。

【译文】秋天的露水晶莹剔透如同珍珠，皎洁明亮的月亮如同珪玉；明月白露，交相辉映，忽明忽暗。与你分别后，心中十分思念，来回徘徊。

声应气求之夫，决不在于寻行数墨之士；
风行水上之文，决不在于一字一句之奇。

【译文】意气互相呼应的好友，决不至于需要通过笔墨文章加以了解；如行云流水一样通畅美妙的好文章，决不在于一字或一句的奇特上。

借他人之酒杯，浇自己之块垒①。

【注释】①块垒：比喻郁结的愤激不平之气。
【译文】借用别人的酒杯，来浇灭自己心中的激愤、不平。

春至不知湘水深，日暮忘却巴陵道。

【译文】春天来了，一片碧绿，无法知道湘水的深浅；日暮降临，漆黑苍茫，忘记了巴陵道有多长。

奇曲雅乐，所以禁淫也；锦绣黼黻①，所以御暴也。缛②则太过，是以檀卿刺郑声③，周人伤北里④。静若清夜之列宿，动若流彗之互奔。振骏气以摆雷，飞雄光以倒电。

【注释】①黼黻：泛指礼服上所绣的华美花纹。②缛：繁多，繁重。③檀卿刺郑声：檀卿，春秋时期鲁国人檀弓。郑声，郑国的音乐，儒家认为"郑声淫"。④北里：一种萎靡粗俗的舞曲。

【译文】奇妙的曲子、高雅的音乐陶冶心灵，所以要禁止低俗的音乐；丝织刺绣精美华丽，所以要预防奢侈。极为繁琐就会太过，因此鲁人檀弓讥刺郑国的靡靡之音，周人抨击北里这样糜烂的舞曲。静就要像清凉的夜色中的那些星宿一样，动就要像疾逝而下的流星一样迅捷。振奋士气以摆脱雷声，飞出雄光以超过闪电。

停之如栖鹄，挥之如惊鸿。
飘缨蕤于轩幌①，发晖曜②于群龙。

【注释】①飘缨蕤于轩幌：缨蕤，冠上的饰物。轩幌，门帘或窗帷。

②晖曜：明亮的光芒。

【译文】停下来要像栖息的天鹅一样平静，挥舞的时候要像受惊的鸿雁一样充满力量，辕车上旗帜的饰物在随风飘动，旗帜上的群龙发出耀眼的光芒。

始缘甍①而冒栋，终开帘而入隙。
初便娟②于墀庑，末萦盈于帷席。

【注释】①甍：屋脊。②便娟：轻盈美好的样子。

【译文】光芒刚开始沿着屋脊前行，进而冲破了房屋的栋梁，最终从打开的帘子的缝隙中进来了；阳光最初映照在院落之中，后来就照耀到床帏和床席间。

云气荫于丛蓍，金精养于秋菊。落叶半床，狂花满屋。

【译文】云气荫生于蓍草丛中，甘菊生长在秋菊之中；床上半床都是落叶，满屋都是被狂风吹落的花瓣。

雨送添砚之水，竹供扫榻之风。

【译文】雨送来了砚台中需要添加的水，竹林提供了打扫床榻的风。

血三年而藏碧，魂一变而成红。

【译文】像伍员、苌弘这样忠义之臣的血珍藏三年而化成了碧玉，望帝的魂魄一变而成为杜鹃，日日悲鸣直至嘴角流血仍然不止。

举黄花而乘月艳，笼黛叶而卷云翘。

【译文】手中高举着黄花，借着明亮的月色，将鲜艳的花朵扎在头上；用手拢一下乌黑的头发，挽起像云朵一样高高耸起的发髻。

垂纶帘外，疑钩势之重悬；透影窗中，若镜光之开照。

【译文】在帘外的池子中垂钓，隔帘望去令人怀疑钩势重悬；池水透过窗中反射的影子，就像是一面镜子一样照着。

叠轻蕊而矜暖，布重泥而讶湿。迹似连珠，形如聚粒。

【译文】雪粒重重叠叠轻轻地包裹着花蕊，使花蕊看起来很温暖；落在厚厚的土地上，惊讶地发现它沾湿了土地。雪粒下落的样子就像是串起来的珠子，落下来形状像是聚在一起的沙粒。

霄光分晓，出虚窦以双飞；微阴合暝，舞低檐而并入。

【译文】天刚蒙蒙亮的时候，鸟儿就从虚掩着的巢中成双成对地飞出；夜晚即将来临的时候，鸟儿又在屋檐下飞舞着一同归巢。

任他极有见识，看得假认不得真；
随你极有聪明，卖得巧藏不得拙。

【译文】无论他的见识有多么高深，却往往看得到假处看不到真处；随你多么聪明，却只能表现出巧妙之处，而掩藏不住其中的笨拙。

伤心之事，即懦夫亦动怒发；快心之举，虽愁人亦开笑颜。

【译文】遇到伤心的事情，即使是懦弱的人也会怒气勃发；遇到大快人心的事情，即使忧愁之人也会笑逐颜开。

论官府不如论帝王，以佐史臣之不逮；
谈闺阃不如谈艳丽，以补风人之见遗。

【译文】谈论官府的事不如谈论帝王之事，来补充史官的不足；谈论闺阁之事不如谈谈风流艳丽的事，来补充采风诗人的遗漏。

是技皆可成名天下，唯无技之人最苦；
片技即足自立天下，唯多技之人最劳。

【译文】只要有专门的技艺，就可以在世间成名，只有那些没有一技之长的人才最苦；一种技艺就可以自立于天下，那些精通多种技能的人活得最辛苦。

傲骨、侠骨、媚骨，即枯骨可致千金[1]；
冷语、隽语、韵语，即片语亦重九鼎[2]。

【注释】[1]枯骨可致千金：即"千金买马骨"的故事，《战国策》载，古时一君王以千金求千里马，得一死马，仍用五百金买马首，后不出一年，得到三匹千里马。[2]片语亦重九鼎：即"一言九鼎"的故事，出自《史记·平原君虞卿列传》：秦国围困邯郸，毛遂自荐随平原君赴楚求救，成功后平原君赞道："毛先生一至楚而使赵重于九鼎大吕。"
【译文】狂傲之骨、侠义之骨、忠贞之骨，即使是枯骨也可以价值千金；冷语、隽语、韵语，即使是只言片语也可以一言九鼎。

议生草莽无轻重，论到家庭无是非。

【译文】民间百姓议论国家大事，再怎么热闹也无足轻重，家庭琐事没什么是非可言。

圣贤不白之衷[1]，托之日月；天地不平之气，托之风雷。

【注释】[1]不白之衷：无法表白的心迹。
【译文】圣贤无法表露的心迹，就托付于日月共鉴；天地间因不公平而产生的怒气，表现在风声雷鸣中。

风流易荡，佯狂易颠。

【译文】风流不羁容易走向放荡，佯装狂放容易使人疯癫。

书载茂先①三十乘，便可移家；
囊无子美②一文钱，尽堪结客。

【注释】①茂先：张华，字茂先，西晋政治家、文学家，历任中书令、尚书、司空等职，以"博物洽闻"著名于世。《晋书·张华传》载："（张华）雅爱书籍，身死之日，家无余财，惟有文史溢于机箧。尝徙居，载书三十乘。"②子美：杜甫，字子美，唐代伟大诗人。杜甫晚年生活贫困。其《空囊》诗中有句："囊空恐羞涩，留得一钱看。"

【译文】像文学家张华那样藏书丰富，便可以搬家了；像杜甫那样囊中没有一文钱，仍然可以结交宾客。

有作用者，器宇定是不凡；
有受用者，才情决然不露。
夫人有短，所以见长。

【译文】有所作为的人，必定是气宇不凡；能真正受益的人，必然是怀有才情却深藏不露。人有所短，必定也有所长。

松枝自是幽人笔，竹叶常浮野客杯。
且与少年饮美酒，往来射猎西山头。

【译文】松枝自然会充当幽居隐士的笔，竹叶常常飘在山野之人的杯中。姑且与少年一起饮用美酒，然后到西山头打猎。

好山当户天呈画，古寺为邻僧报钟。

【译文】美丽的青山正对门户，天边呈现出一幅美丽的图画，与清幽的古寺相邻，每天都能听到僧人敲钟报时。

瑶草与芳兰而并茂，苍松齐古柏以增龄。

【译文】瑶草与芳兰都十分茂盛，苍松与古柏共同生长。

群鸿戏海，野鹤游天。

【译文】成群的大雁一起在大海上嬉戏，成群的野鹤一起在蓝天上翱翔。

卷四　集灵

天下有一言之微，而千古如新，一字之义，而百世如见者，安可泯灭之？故风雷雨露，天之灵；山川民物，地之灵；语言文字，人之灵；毕三才之用，无非一灵以神其间，而又何可泯灭之？集灵第四。

【译文】天下有那么微小的一句话，而千百年之后读来仍有新意；有那么一个字的意义，在百世之后读到它还如亲眼所见一般，怎么可以让这些字句消失呢？风雷雨露，是天的灵气；山川民物，是地的灵气；语言文字，是人的灵气。天、地、人三才所呈现出来的种种现象，无非是"灵"使得它们神妙难尽，而又怎么能让这个灵性消失泯灭呢？因此编成《卷四集灵》。

投刺①空劳，原非生计；曳裾自屈，岂是交游。

【注释】①投刺：投递名帖。
【译文】呈递自己的名刺前去拜访别人，也只是徒劳，没有结果，这原本也不是谋生之道；提着裙裾卑屈地奔走于权贵之门，这怎么会是正常的交际往来呢？

事遇快意处当转，言遇快意处当住。

【译文】做事舒心快乐的时候应当调整转移，说话到了快意之时就应该打住。

俭为贤德，不可着意求贤；贫是美称，只是难居其美。

【译文】俭朴是贤良美好的品德，但不可着意去求取这贤的名声；安贫往往为人所赞美，只是能安于贫穷的人很少。

志要高华，趣要淡泊。

【译文】志向应该远大具有光辉，志趣应该淡泊恬静。

眼里无点灰尘，方可读书千卷；
胸中没些渣滓，才能处世一番。

【译文】眼中没有一点偏见，才可以博览群书；胸中没有无端的糟粕，才可以处世圆融练达。

眉上几分愁，且去观棋酌酒；

心中多少乐，只来种竹浇花。

【译文】如果眉梢带有几分忧愁，就姑且去观人下棋或者小酌饮酒；心中的快乐，只需在种竹浇花中便可充分获得。

茅屋竹窗，贫中之趣，何须脚到李侯①门；

草帖画谱，闲里所需，直凭心游杨子②宅。

【注释】①李侯：指东汉李膺，字元礼，颍川襄城人（今属河南），东汉著名学者，政治家，党锢之祸受害者。李膺生性高傲，交结不广，只是和同郡荀淑、陈寔等师友往来。②扬子：指西汉扬雄，字子云，西汉蜀郡成都（今四川成都郫县友爱镇）人。少好学，为人口吃，博览群书，长于辞赋，有《太玄》、《法言》、《方言》、《训纂篇》。

【译文】茅草屋和竹窗，是清贫生活中的幽趣，何必要高攀李膺那样的名门；草书字帖和画谱，是清闲生活的必需品，只有随着心意去想象游览扬雄那样的书香门第。

好香用以熏德，好纸用以垂世，好笔用以生花，

好墨用以焕彩，好茶用以涤烦，好酒用以消忧。

【译文】好香用来熏陶自己的品德，好纸用来写传世不朽的文字，好笔用来写下美好的篇章，好墨用来描绘光彩夺目的图画，好茶

用来涤除心灵的烦闷，好酒则用来化解心中的忧愁。

> 声色娱情，何若净几明窗，一坐息顷；
> 利荣驰念，何若名山胜景，一登临时。

【译文】在声色娱乐中去求得心灵愉快，哪里比得上在洁净的书桌和明亮的窗前，陶醉在宁静中的快乐；为荣华富贵而思前想后，哪里比得上登高望远赏名山美景来得真实。

> 竹篱茅舍，石屋花轩，松柏群吟，藤萝翳景；流水绕户，飞泉挂檐；烟霞欲栖，林壑将暝。中处野叟山翁四五，予以闲身，作此中主人。坐沉红烛，看遍青山，消我情肠，任他冷眼。

【注释】①新刍：指新酿的酒。
【译文】竹子篱笆，茅草屋舍，石头屋，开满鲜花的长廊，风吹松柏，发出呼啸之声，藤萝密密麻麻遮蔽了阴翳；流水绕过门前，如同飞泉挂在屋檐；烟霞好像要在此栖息一样，林壑将要笼罩在晦暗之中。居住在山间的野老山翁四五个人相聚，我悠闲无事，做此山中的主人。坐看红烛燃烧，遍览青山，排遣我心中的情怀，任凭别人的冷眼。

> 问妇索酿，瓮有新刍①；呼童煮茶，门临好客。花前解佩，湖上停桡，弄月放歌，采莲高醉；晴云微舒，渔笛沧浪，华句一垂，江山共峙。

【译文】花前幽会，解下玉佩相赠，湖上泛舟，停下船桨徜徉；观赏月色，放声高歌，江上采莲归来，高仰卧大醉；晴天白云，微风袅袅，渔笛悠扬，江水澄澈；美丽的鱼钩垂下，江水与青山相对。向妇人索要酿酒喝，瓮中正好有刚刚酿造好的；呼唤童子煮茶，家中有好友相访。

胸中有灵丹一粒，方能点化俗情，摆脱世故。

【译文】胸中有一颗明净的心，才能点化心中的世俗之情，摆脱人世间的机巧心计。

独坐丹房，潇然无事，烹茶一壶，烧香一炷，看《达摩面壁图》。垂帘少顷，不觉心净神清，气柔息定，濛濛然如混沌境界，意者揖达摩与之乘槎而见麻姑也。

【译文】独自在炼丹房打坐，身心清爽而无所事事，煮一壶茶，燃一炷香，观看《达摩面壁图》。垂下眼帘一会儿，不知不觉内心变得十分平静，神智也异常清醒，气息柔和而稳定，恍惚之间，仿佛回到了天地初开的混沌境界，甚至想拱手礼拜达摩祖师，然后一同乘木筏渡水去拜见仙人麻姑。

无端妖冶，终成泉下骷髅；有分功名，自是梦中蝴蝶。

【译文】那些无缘无故打扮得妖艳妩媚的人，终将成为九泉之下的一堆骷髅；那些有功名利禄的人，也无非是庄周梦中的蝴蝶，终成梦幻泡影。

累月独处，一室萧条；取云霞为伴侣，引青松为心知。或稚子老翁，闲中来过，浊酒一壶，蹲鸱一盂，相共开笑口，所谈浮生闲话，绝不及市朝。客去关门，了无报谢，如是毕余生足矣。

【译文】在连续几个月的独居生活中，虽然满屋子萧条冷清，但常将浮云彩霞视作伴侣，将青松引为知己；有时候老翁带幼童过来拜访，这时以一壶浊酒、一盘大芋招待客人，谈着一些家常话，会心地开口大笑，绝不谈及市肆朝廷方面的俗事。客人离开便关门，不需要起身送客或言谢。能这样过一辈子我就很满足了。

半坞白云耕不尽，一潭明月钓无痕。

【译文】半个山坞白云缭绕，即使像耕田一样地耕除，也无法除去这片片白云；一潭静水映照着天上的明月，即使来此垂钓，湖水、明月依旧如如不动，寂然常照。

茅檐外，忽闻犬吠鸡鸣，恍似云中世界；
竹窗下，唯有蝉吟鹊噪，方知静里乾坤。

【译文】茅草编织的门帘外，忽然传来几声鸡鸣狗吠，让人仿佛生活在远离尘世的高远世界中；竹窗下的蝉鸣鹊唱，令人感觉到静中的天地如此之大。

如今休去便休去，若觅了时无了时。若能行乐，即今便好快活。身上无病，心上无事，春鸟是笙歌，春花是粉黛。闲得一刻，即为一刻之乐，何必情欲乃为乐耶？

【译文】只要现在能够停止，一切便终止了；如果想要等到事情都了时，那么终究没有了尽的时候。若能行乐，立刻就可以获得快乐。身体无病，心中也无事牵挂，春天的鸟鸣是动听的乐曲，春天的花朵是最美丽的装饰。有一刻空闲，就能享受一刻的欢乐，为什么一定要在情欲中寻求感官刺激，才是快乐呢？

开眼便觉天地阔，挝鼓非狂①；林卧不知寒暑，上床空②算。

【注释】①挝鼓非狂：取自东汉祢衡裸身击鼓辱曹的典故。②上床空算：指功名利禄等皆是空算。化用陈登的典故，陈登，字元龙，三国时期人，据《三国志·魏书·陈登传》记载：许汜见陈登，陈登也不和许汜说话，自己睡在大床上，让许汜睡在下床。许汜告之刘备，刘备曰："君有国士之名，今天下大乱，帝主失所。望君忧国忘家，有救世之意，而君求田问舍，言无可采，是元龙所讳也，何缘当与君语汜如小人，欲卧百尺楼上，卧君于地，何但上下床之间邪？"

【译文】张开眼睛就会觉得天地十分广阔，即使是像祢衡击鼓当面辱骂曹操之举也不是狂；卧居山林之中不知道天气时节，即使是像陈登那样的忧国忘家、怀有救世之意的人也只能是白白筹算。

惟俭可以助廉，惟恕可以成德。

【译文】只有节俭可以助长廉洁，惟有宽恕可以成就德行。

山泽未必有异士，异士未必在山泽。

【译文】山林川泽不一定就住有超凡奇异的人才，同样，才智超凡的人才也未必都会住在山林川泽。

业净六根成慧眼，身无一物到茅庵。

【译文】遮蔽佛性的业障一旦清除了，眼耳鼻舌身意六根就会成为澈照世间万物的慧眼。身心不被任何外物所牵累，就如同在深山茅庵里修行一样清净。

人生莫如闲，太闲反生恶业；人生莫如清，太清反类俗情。

【译文】人生没有什么比清闲更好的享受了，但太过清闲反而容易造种种恶业。人生没有比清更高尚的情操了，但太过清高反而会矫情作态，与世俗之人同类。

不是一番寒彻骨, 怎得梅花扑鼻香。念头稍缓时, 便宜庄诵一遍。

【译文】倘若没有一番透骨的寒冷, 怎么能有梅花的清香扑鼻而来呢?每当这种念头稍微迟缓一些的时候, 就应该庄重地朗诵一遍。

梦以昨日为前身, 可以今夕为来世。

【译文】倘若梦中把昨天当做前身的话, 那么也可以把今天晚上称为来世。

读史要耐讹字, 正如登山耐仄路, 蹈雪耐危桥, 闲居耐俗汉, 看花耐恶酒, 此方得力。

【译文】读史书要忍受得了错误的字, 就像登山要忍耐山间的隘路, 踏雪要忍耐危桥, 闲暇生活中要忍耐得了俗人, 看花时要忍耐得了劣酒一样, 这样才能进入史书佳境中。

世外交情, 惟山而已。须有大观眼①, 济胜具②, 久住缘, 方许与之莫逆。

【注释】①大观眼: 洞察万物的慧眼。②济胜具: 登临山川名胜的强健躯体。具, 躯体。出自《世说新语·栖逸》:"许掾好游山水, 而体便登陟。时人云：'许非徒有胜情，实有济胜之具。'"

【译文】俗世之外的交情，只有山而已。必须有能够洞察一切的慧眼，能够周游山川名胜的强健体魄，能够久居山中的缘分，这样才可以与山成为莫逆之交。

九山^①散樵，浪迹俗间，徜徉自肆，遇佳山水处，盘礴箕踞，四顾无人，则划然长啸，声振林木；有客造榻与语，对曰："余方游华胥^②，接羲皇^③，未暇理君语。"客之去留，萧然不以为意。

【注释】①九山：一说泛指天下的名山，一说为实指的九座名山，会稽山、太山、王屋山、首山、太华山、岐山、太行山、羊肠山、孟门山。②华胥：据《列子·黄帝》记载，黄帝"昼寝，梦游华胥之国"，其国无君主，人民无欲望。后指梦境、理想国。③羲皇：即是伏羲氏。

【译文】九州之名山都散布着我采樵的足迹，在俗世间肆意徜徉，遇到好山好水，就两腿前伸舒服地坐下，四下张望，没人的话就会对天长啸，声音在树林间回荡；每当有客人登门拜访与我谈论，我就会说："我正在周游华胥之国，与伏羲氏畅谈，没有时间理会你的话。"客人的去留，全然不挂在心上。

择池纳凉，不若先除热恼；执鞭求富，何如急遣穷愁。

【译文】选择池塘旁边的树荫下乘凉，不如先消除心中的焦灼苦恼；驾车四处奔波以求经商致富，怎么比得上快快将穷困的愁思丢掉。

万壑疏风清, 两耳闻世语, 急须敲玉磬三声;
九天凉月净, 初心诵其经, 胜似撞金钟百下。

【译文】千山万壑之中, 吹来舒朗而明快的风, 两耳听到人世间的话语, 这时须赶紧敲击几声玉磬, 来摄定心神; 九天之上悬挂着清凉而洁净的明月, 这时怀着最初那颗虔诚的心来读诵佛经, 胜过敲金钟百下。

无事而忧, 对景不乐, 即自家亦不知是何缘故, 这便是一座活地狱, 更说甚么铜床铁柱, 剑树刀山也。

【译文】没什么事却烦忧不已, 面对美景也不快乐, 就是自己也不知道这是什么缘故, 这就像活在地狱中一样, 更不必说什么地狱中的热铜床、烧铁柱, 以及插满剑的树和插满刀的山了。

烦恼之场, 何种不有, 以法眼照之, 奚啻蝎蹈空花。

【译文】在人间这个烦恼场中, 什么样的烦恼都有, 但以清净智慧法眼来观照, 这些都只不过是像蝎子攀附在虚幻的鲜花上, 皆是梦幻泡影。

上高山，入深林，穷回溪，幽泉怪石，无远不到；到则拂草而坐，倾壶而醉，醉则更相枕以卧，意亦甚适，梦亦同趣。

【译文】登上高山，进入幽深的树林，穷尽曲折的溪流，幽静清凉的泉水，奇形怪状的岩石，无论多远的地方都可以到达。到达目的后就拨开草丛席地而坐，倾尽壶中的美酒，畅饮至醉，醉后相互以身体为枕头纵横而卧。每个人都很惬意，连做梦都有着相同的情趣。

闭门阅佛书，开门接佳客，出门寻山水，此人生三乐。

【译文】关起门来阅读佛经，开门迎接佳客，出门游赏山川景色，这是人生三大乐事。

客散门扃，风微日落，碧月皎皎当空，花阴徐徐满地；近檐鸟宿，远寺钟鸣，茶铛初熟，酒瓮乍开；不成八韵新诗，毕竟一个俗气。

【译文】宾客散了之后，关闭大门，微风习习，夕阳已落，晴朗的天空悬挂着皎洁的明月，花儿的影子撒了一地；临近的屋檐下鸟儿已经栖息，远处传来寺院的钟声，茶炉中刚刚煮好清茶，酒瓮中的美酒刚刚启封；在此种情韵景致下，不能写出八韵新诗，毕竟还是俗气。

不作风波于世上，自无冰炭到胸中。

【译文】不为世间的欲望兴风作浪，自然没有寒冷如冰或焦灼如火的感觉。

秋月当天，纤云都净，露坐空阔去处，清光冷浸，此身如在水晶宫里，令人心胆澄澈。

【译文】秋月悬挂在晴空之中，没有一丝云彩，十分澄净，迎着露水坐在空阔的地方，清凉的月色侵入骨髓，带来阵阵寒意，就好像身在水晶宫中一样，使人的心胆都变得十分澄净清澈。

遗子黄金满箧，不如教子一经。

【译文】给子孙们留下满箧的黄金，还比不上教授给子孙们一部经书。

凡醉各有所宜。醉花宜昼，袭其光也；醉雪宜夜，清其思也；醉得意宜唱，宣其和也；醉将离宜击钵，壮其神也；醉文人宜谨节奏，畏其侮也；醉俊人宜益觥盂加旗帜，助其怒也；醉楼宜暑，资其清也；醉水宜秋，泛其爽也。此皆审其宜，考其景，反此则失饮矣。

【译文】大凡醉酒都需要有具体的情景与之相适应。赏花醉酒适合在白昼，可以借助于白昼的光线；赏雪醉酒适宜在夜里，可以整理思绪;因得意而醉酒时适合高歌,可以宣泄兴奋之情达致和谐;因即将离别而醉酒适宜击钵,可以增强其神色;文人吟诗醉酒适宜对节奏格外谨慎,可以避免不必要的侮辱;俊杰之士醉酒适宜增加酒杯旗帜,可以助长豪放之气氛;在楼上醉倒适宜在酷暑,可以使清爽之感更强烈;观赏湖水而醉酒适宜在秋季,可以更为凉爽。这些都是审时度势,根据具体情况,考虑到具体情景而提出的,与此背道而驰,就会失去饮酒的乐趣。

竹风一阵,飘飏茶灶疏烟,梅月半湾,掩映书窗残雪。

【译文】竹林中吹来一阵清风,飘来了茶灶的几缕稀疏的青烟;梅花开放,明月映照半湾村落,与书窗外的残雪相掩映。

厨冷分山翠,楼空入水烟。

【译文】厨房冷清,使得青山更为苍翠;楼阁空落,掩映在水面上的烟雾之中。

闲疏滞叶通邻水;拟典荒居作小山。

【译文】悠闲的时候就疏通阻滞水流的积叶,以使附近的溪流畅通。还打算典当这座荒凉的住宅,建成一座供游玩的小山。

聪明而修洁，上帝固录清虚；

文墨而贪残，冥官不受词赋。

【译文】为人既聪慧又有高洁的操行，上天自然就会录用他到清虚之所；擅长行诗作文却贪婪凶残，即使是阴曹地府的判官也不会接受他的辞赋。

破除烦恼，二更山寺木鱼声；见彻性灵，一点云堂优钵影。

【注释】①木鱼：佛教的法器，念经时常常敲击，用以警戒自己。②云堂：禅宗僧侣们坐禅修行之所。优钵：梵语，指青莲花。

【译文】要想破除心中的烦恼，只要聆听二更时山中寺庙的木鱼声即可；要想对人性和智慧得到透彻的领悟，只要看佛堂里的青莲花即可。

兴来醉倒落花前，天地即为衾枕；

机息①坐忘磐石上，古今尽属蜉蝣②。

【注释】①机息：机心止息，犹忘机。②蜉蝣：昆虫的一种，寿命非常短促。常用来形容人生之短暂。

【译文】兴致来的时候，在落花之前醉倒，天地就是我的棉被和枕头。放下机心，坐在大石上将一切忘怀，古今的一切纷扰，看来都像蜉蝣的生命一般短暂。

老树着花，更觉生机郁勃；秋禽弄舌，转令幽兴潇疏。

【译文】老树开花，更觉得富有生机；秋天的禽鸟鸣叫，反而使得幽静之意趣减少。

完得心上之本来，方可言了心；
尽得世间之常道，才堪论出世。

【译文】完全认识到自己本来的面目，才算是明了心的本体。理解透世间不变的道理，才足以谈论出世之道。

雪后寻梅，霜前访菊，雨际护兰，风外听竹；
固野客之闲情，实文人之深趣。

【译文】在大雪之后寻找梅花，在秋霜来临之前寻访菊花，在大雨降临之际呵护兰花，在大风之外聆听风吹竹叶之声；这原本是闲居山野之客的闲情，实际上也是文人墨客的雅趣。

结一草堂，南洞庭月，北峨眉雪，东泰岱松，西潇湘竹；中具晋高僧支法，八尺沉香床。浴罢温泉，投床鼾睡，以此避暑，讵不乐也？

【译文】搭建一草堂，南有洞庭水可以观赏洞庭月色，北有峨眉山可以赏峨眉雪景，东面种上泰山之青松，西面种上潇湘之竹。中间摆置晋代高僧的支法，摆放一张八尺长的沉香床。在温泉中洗浴之后，躺在床上酣睡。这样避暑，怎能不快乐呢？

人有一字不识，而多诗意；一偈不参，而多禅意；一勺不濡，而多酒意；一石不晓，而多画意；淡宕故也。

【译文】有的人不认识一个字，却富有诗意；一句佛偈都不参悟，却很有禅意；一滴酒也不沾，却满怀酒趣；一块石头也不把玩，却满眼画意。这是因为他淡泊而无拘无束的缘故。

以看世人青白眼^①，转而看书，则圣贤之真见识；
以议论人雌黄口，转而论史，则左狐^②之真是非。

【注释】①青白眼：化用阮籍见嵇喜、嵇康，阮籍分别以白眼、青眼相待的典故，详见前文所注。②左狐：即左丘明、董狐，二人分别是春秋时期鲁国和晋国的史官，记载史实秉笔直书，是难得的良史。

【译文】用看待世人的青眼与白眼来看书，就会具备圣人贤士的真知灼见；用议论他人是非的雌黄之口来评论历史，就会具有像左丘明、董狐这样的良史的是非观。

事到全美处，怨我者不能开指摘之端；
行到至污处，爱我者不能施掩护之法。

【译文】做事做得极为完美的境地，即使是怨恨我的人也找不到指摘我的借口；行事达到了极为污秽的境地，即使是爱我的人也不能对我实施掩护的方法。

必出世者，方能入世，不则世缘易堕；
必入世者，方能出世，不则空趣难持。

【译文】一定要有出世的襟怀，才能游刃于世间而不被世间事捆，不然就容易被世缘牵绊而无法自拔。一定要入世经历人世间的种种磨炼，才能有看淡世事的胸怀与襟度。不然就难以长久的保持空灵的境界。

调性之法，急则佩韦，缓则佩弦；
谐情之法，水则从舟，陆则从车。

【译文】调适性情的方法，性急的人就佩戴上熟皮，以随时提醒自己不可过于急躁；性缓的人就佩戴上弓弦，以随时警告自己要积极行动。调试性情的方法则要像水上乘船、路上乘车一样自然，顺从其天性。

才人之行多放，当以正敛之；正人之行多板，当以趣通之。

【译文】有才气的人，行为大多狂放不羁，当以端庄正直来引导其收敛。正直的人往往呆板不知变通，应以情理意趣来引导其灵活通融。

人有不及，可以情恕；非义相干，可以理遣。佩此两言，足以游世。

【译文】人有做不到或不足之处，从情理上可以宽恕；如果不是关系到义的大是大非上，可以用道理来谴责他，认识到这两句话，便可以在人世间立足了。

冬起欲迟，夏起欲早；春睡欲足，午睡欲少。

【译文】冬天起床要晚一些，夏天起床要早，春天睡眠要充足，午间的睡眠要减少。

无事当学白乐天①之嗒然，有客宜仿李建勋之击磬②。

【注释】①白乐天：即中唐诗人白居易，字乐天。嗒然：指物我两忘的心境。②李建勋之击磬：李建勋，唐末五代时期人，《玉壶清话》记载李建勋有一玉磬，用沉香节为其安柄，敲击声十分清越。每当有客人谈到猥俗之事时，他就会在耳边敲击几声玉磬，有人问他原因，他回答说是要用玉磬声洗耳。

【译文】没事的时候应该学学白居易物我两忘的心境，有客人来访谈到猥俗之事的时候应该仿效李建勋以击磬声洗耳。

郊居，诛茅结屋，云霞栖梁栋之间，竹树在汀洲之外；与二三之同调①，望衡对宇，联接巷陌；风天雪夜，买酒相呼；此时觉曲生②气味，十倍市饮。

【注释】①同调：志趣相投。②曲生：即酒，据唐代郑綮《开天传信记》记载，叶法善宴饮宾客，有一个人自称是"曲秀才"，与众多宾客进行论辩，话语十分犀利。叶法善怀疑他是鬼魅，就用剑行刺，结果"曲秀才"竟然化成一瓶浓酒，味道极佳。叶法善于是对着酒瓶作揖，说道："曲生风味，不可忘也"，之后"曲生"就成为了酒的代称。

【译文】居住在郊外山野，修剪茅草搭建茅屋，栋梁之间云霞缭绕，在汀洲之外栽种竹林；与两三个志趣相投的朋友，门户房屋相对，小道巷陌相连接；在狂风大雪的天气，买来美酒，呼喊朋友，一起畅饮；此时就会感觉酒味要比市井酒肆里的好上十倍。

万事皆易满足，惟读书终身无尽；人何不以不知足一念加之书。又云：读书如服药，药多力自行。

【译文】世间万事都容易满足，只有读书苦读一生也没有止境；人为什么不把不知道满足的念头用来读书呢？又有人说："读书就像是喝药一样，药喝得多了药力自然就增强了。"

醉后辄作草书十数行，便觉酒气拂拂，从十指出也。

【译文】喝醉酒之后写下数十行草书，就会觉得酒气上涌升腾，从十指中透出，渗入到字体之中。

书引藤为架，人将薜作衣。

【译文】书应该放在用藤条编制的书架之中，隐士应该穿薜萝制成的衣服。

从江干溪畔，箕踞①石上，听水声浩浩潺潺，粼粼泠泠，恰似一部天然之乐韵，疑有湘灵②在水中鼓瑟也。

【注释】①箕踞：两腿叉开前伸，席地而坐，姿态与簸箕相似，在古人看来这是一种很不雅的表现，在此指很惬意地没有约束地坐着。②湘灵：湘水之神，又称为湘君，屈原《楚辞·远游》中有"使湘灵鼓瑟兮，令海若舞冯夷"，"使湘灵鼓瑟兮，被薜荔兮带女萝"等诗句。

【译文】在江岸或小溪边的石上两腿前伸而坐，聆听着水声，时而潺潺流水声势浩大，时而浅吟低唱粼粼细波，时而却沉默寂静，恰似一部大自然的旋律。我不禁怀疑是否有湘水的女神，在水中弹琴。

鸿中叠石，未论高下，但有木阴水气，便自超绝。

【译文】在洪水中垒石头，不论其上下高低，但只要有树荫水气，便自然超凡绝伦。

段由夫携瑟,就松风涧响之间,曰三者皆自然之声,正合类聚。高卧闲窗,绿阴清昼,天地何其寥廓也。

【译文】段由夫携带者琴瑟,来到松风呼啸,涧水潺潺的地方弹奏,他说:"琴瑟,松风和涧水三者都是自然的声音,正符合物以类聚的原理。悠闲地高卧在窗下,绿树成荫,白日也很清凉,让人感到天地是如此的辽阔啊!

少学琴书,偶爱清净,开卷有得,便欣然忘食;见树木交映,时鸟变声,亦复欢然有喜。常言:五六月,卧北窗下,遇凉风暂至,自谓羲皇上人。

【译文】少年时学习弹琴、书法,偶尔喜欢清静,每当读书有了心得时,便非常高兴,常常忘记吃饭,看见绿荫树木互相交映,应时的鸟儿穿行其间,变换声音鸣叫,婉转动听,也不禁欣喜非常。常说,五六月份的盛夏暑天,躺在北窗之下,遇到徐徐凉风吹来,沁人心脾,真是平生乐事,自以为可以赶上无忧无虑的上古之人。

空山听雨,是人生如意事。听雨必于空山破寺中,寒雨围炉,可以烧败叶,烹鲜笋。

【译文】在幽静的深山之中倾听雨声,是人生舒心快意之事。倾听雨声一定要在幽静深山中的荒凉的寺院里。在寒冷的雨天,围着火炉，燃烧落在地上的枯叶，烹煮鲜嫩的竹笋，这样才能体会其中的意味。

鸟啼花落，欣然有会于心。遣小奴，挈瘿樽①，酤白酒，釂一梨花瓷盏②；急取诗卷，快读一过以咽之，萧然不知其在尘埃间也。

【注释】①瘿樽：瘿形的盛酒的容器。②盏：杯。

【译文】听到鸟儿鸣叫，见到花儿飘落，心中有所领悟而由衷欣喜，便教小僮带着酒瓮买回白酒，以梨花瓷盏饮下一杯酒，并马上取来诗卷，快读一遍以助酒兴，这时胸中清爽快意，仿佛离开了凡俗的人间。

闭门即是深山，读书随处净土。

【译文】关起门就如同住在深山中一样；能够读书就觉得处处都是净土。

千岩竞秀，万壑争流，草木蒙笼其上，若云兴霞蔚。

【译文】成千上万的高岩山峰竞展秀姿，成千上万的沟壑溪流竞相流淌，草木繁茂，朦朦胧胧，就好像是白云彩霞升腾飘荡一样。

从山阴道上行，山川自相映发，使人应接不暇；若秋冬之际，犹难为怀。

【译文】从树木成阴的山间小道上行走，自然会发现青山白川相互辉映，让人感觉到美景应接不暇；倘若是在秋冬季节，更是让人不能忘怀。

欲见圣人气象，须于自己胸中洁净时观之。

【译文】想要领略圣人的气象风采，必需要在自己心地纯洁，没有丝毫杂念时，用心领会。

执笔惟凭于手熟，为文每事于口占。

【译文】执笔写文章，只凭借着手头已非常熟练，作诗往往要通过口头吟诵而成。

箕踞于斑竹林中，徙①倚于青矶石上；所有道笈梵书②，或校雠③四五字，或参讽④一两章。茶不甚精，壶亦不燥，香不甚良，灰亦不死；短琴无曲而有弦，长讴无腔而有音。激气发于林樾，好风逆之水涯，若非羲皇⑤以上，定亦嵇、阮⑥之间。

【注释】①徙：迁徙。②道笈梵书：道家和佛家的经书。③雠：错误。

④参讽：参悟评议。⑤羲皇：即上古时期的伏羲氏。⑥嵇阮：嵇康、阮籍。嵇康，字叔夜，好老庄之说，崇尚自然、养生之道。阮籍，字嗣宗，曾任步兵校尉，世称阮步兵。二人皆崇奉老庄之学，与山涛、向秀、刘伶、王戎及阮咸并称为"竹林七贤"。

【译文】两腿前伸肆意舒展地坐在斑竹林中，然后走过去靠在青矾石上；任意翻阅一些道家佛家的经书，或者校对四五个错字，或者参悟评议其中的一两章经文。所饮之茶不需要多么好，茶壶也不一定要很烫，焚烧的香不需要太好，只要香火不断香灰不冷就好；弹奏短琴不需要按照固定的曲调，只要优美就好，放声高歌不需要规范的腔调，只要是心灵之音就行。树林中激荡着意气，和煦的清风吹拂着水面，倘若不是伏羲氏这样的上古圣人，就必定是嵇康、阮籍这样的魏晋贤人。

闻人善则疑之，闻人恶则信之，此满腔杀机也。

【译文】听说别人做了善事，却对此事抱怀疑态度；听到别人做了坏事，却相信此事。这是心中充满敌意和恶念的表现。

士君子尽心利济①，使海内少他不得，则天亦自然少他不得，即此便是立命。

【注释】①利济：造福接济。
【译文】一个有知识有修养的君子，尽自己的心意帮助他人，使世间需要他，那么，上天自然也需要他，这样便是确立了自己生命的意义和价值。

读书不独变气质，且能养精神，盖理义收摄故也。

【译文】读书，不仅仅会改变人的气质，这还能培养人的精神修养，大概是因为读书可以使人以理义收摄心志、消除杂念的缘故。

周旋人事后，当诵一部清静经；
吊丧问疾后，当念一通扯淡歌。

【注释】①吊丧问疾：悼念丧事，探问病人。
【译文】周旋于人事、应酬之间，应当诵读一部使人心灵清净的"清静经"；悼念丧事，探问病人之后，应当念一通"扯淡歌"。

卧石不嫌于斜，立石不嫌于细，倚石不嫌于薄，盆石不嫌于巧，山石不嫌于拙。

【译文】平躺着的石头不嫌倾斜，竖立的石头不嫌细小，倚靠着的石头不嫌太薄，盆中的石头不嫌小巧，山中的石头不嫌笨拙。

雨过生凉境闲情，适邻家笛韵，与晴云断雨逐听之，声声入肺肠。

【译文】雨过之后生出层层凉意，环境清幽闲适，情趣盎然，适逢邻家牧童笛儿声声，与初晴后天空飘浮的云彩、断断续续的雨相应和，细细听来，声声使人断肠。

不惜费，必至于空乏而求人；不受享，无怪乎守财而遗诮。

【译文】如果不节省生活开销，那么必定会落到穷困潦倒而求人施舍。如果家里的财富从不舍得享受，也会被视为守财奴而成为别人讥笑的话柄。

园亭若无一段山林景况，只以壮丽相炫，便觉俗气扑人。

【译文】园林亭台的建设，如果没有一点山林泉石的自然景色，而只是建筑的宏伟壮丽相炫耀，就会使人感到俗气扑面而来，不堪忍耐。

餐霞吸露，聊驻红颜；弄月嘲风，闲销白日。

【译文】以云霞为餐，以甘露为饮，以此来保持自己美丽的容貌，使青春永驻；玩赏月色，调笑清风，以此来打发日复一日的时间。

清之品有五：睹标致①，发厌俗之心，见精洁，动出尘②之想，名曰清兴；知蓄书史，能亲笔砚，布景物有趣，种花木有方, 名曰清致; 纸裹中窥钱, 瓦瓶中藏粟, 困顿于荒野, 摈弃乎血属③, 名曰清苦; 指幽僻之耽, 夸以为高, 好言动之异, 标以为放, 名曰清狂; 博极今古, 适情泉石, 文韵带烟霞, 行事绝尘俗, 名曰清奇。

【注释】①标致: 美好。②出尘: 脱离尘世。③血属: 亲属, 亲人。

【译文】"清"这一品性包含五种境界: 目睹标致美丽之物, 产生厌恶世俗之心, 看到景致简洁之物, 萌生出世的想法, 这称之为"清兴"; 知道收藏经书史书, 能够亲近笔砚, 景物的设置富有情趣, 栽种花木有好的方法, 这称之为"清致"; 在废纸之中窥探钱币, 在碎瓦旧瓶之后储藏米粟, 困顿地生活在荒野之中, 被亲人所屏弃, 这称之为"清苦"; 把爱好清幽僻静这种癖好夸称为高雅, 把说话做事喜欢标新立异的癖好标榜为狂放不羁, 这称之为"清狂"; 博古通今, 适情于泉水幽石, 诗词带有烟霞之韵致, 行事超凡脱俗, 这称之为"清奇"。

对棋不若观棋, 观棋不若弹瑟, 弹瑟不若听琴。古云: "但识琴中趣, 何劳弦上音。"斯言信然。

【译文】与人下棋不如在旁观人下棋, 看别人下棋不如自己弹瑟, 自己弹瑟又不如听人弹琴。古人说: "只要能体味到琴中的趣味, 又何必一定要有琴音呢!"这句话是很值得相信的。

奕秋往矣，伯牙往矣，千百世之下，止存遗谱，似不能尽有益于人。唯诗文字画，足为传世之珍，垂名不朽。总之身后名，不若生前酒耳。

【译文】奕秋早已成为过去，伯牙也故去千年，从而使千百年后的今天，只留下残存的棋谱和琴曲。似乎已不能完全有益于后人。只有诗文、字画才足以作为传世的珍宝，留下不朽的声名。总的来说，身后的浮名不如生前的美酒。

君子虽不过信人，君子断不过疑人。

【译文】君子虽然不会过度地相信人，但也绝不会过度地怀疑人。

人只把不如我者较量，则自知足。

【译文】人只要和不如自己的人比较一下，就自然会感到知足了。

折胶①铄石②，虽累变于岁时；热恼清凉，原只在于心境。所以佛国都无寒暑，仙都长似三春。

【注释】①折胶：形容天气极其寒冷。②铄石：形容天气酷热异常。
【译文】清冷的秋天和炎热的夏天，虽然是随着季节的变化而循环产生，但焦灼烦恼与清净凉爽的境地，原本都只是随心境的变化而变化。所以说，佛的国度没有寒暑的变化，仙人居住的地方也常年好似春天。

鸟栖高枝，弹射难加；
鱼潜深渊，网钓不及；
士隐岩穴，祸患焉至。

【译文】鸟儿栖息在最高的树枝上，弹弓就都难以打到它；鱼儿潜到水深的地方，鱼网也都难以捕获它；有学问的人隐居在岩窟里，祸害又怎么会降临到他的身上呢？

于射而得楫让，于碁而得征诛；
于忙而得伊、周，于闲而得巢、许；
于醉而得瞿昙，于病而得老庄，
于饮食衣服、出作入息，而得孔子。

【译文】从射礼中学到谦恭礼让，从弈棋中领会征讨诛伐，从忙碌中理解伊尹和周公，从闲适中体会巢许和许由，从疾病中体会老庄道家学说，从饮食起居，服装及日常行为中体会孔子的儒家学说。

前人云："昼短苦夜长，何不秉烛游？"不当草草看过。

【译文】前人说过：白昼短暂，长夜漫长难熬，那么为什么不秉烛夜读呢? 这句话意味很深, 不应只是随便的看过。

优人代古人语, 代古人笑, 代古人愤, 今文人为文似之。优人登台肖古人, 下台还优人, 今文人为文又似之。假令古人见今文人, 当何如愤, 何如笑, 何如语?

【译文】古代唱戏的常扮成古人, 代替古人讲话, 代替古人笑, 甚至替古人生气, 现在的读书人写文章跟这很相似。唱戏的伶人在戏台上很像古人, 但是一下了戏台, 又恢复伶人的身分了, 现在的读书人写文章又和这点很相似。假使让古人见到现在读书人的言行, 真不知到他们要如何生气, 如何笑, 如何讲话了。

看书只要理路通透, 不可拘泥旧说, 更不可附会新说。

【译文】读书只要通彻透悟其中精神道理即可, 不可一味拘泥于陈旧传统的说法, 更不可附会标新立异的说法。

简傲不可谓高, 谄谀不可谓谦,
刻薄不可谓严明, 阘茸不可谓宽大。

【译文】不可把轻视、慢误为高明, 也不可将阿谀谄媚视为谦让, 待人吝啬、苛刻不能称之为严明, 也不能视庸碌无能为心胸宽大。

作诗能把眼前光景，胸中情趣，一笔写出，便是作手，不必说唐说宋。

【译文】作诗，只要把眼前的自然景色，胸中所含的各种情趣，一起表达出来，便可称得上是诗的妙手，不必一定要拘泥于唐宋词章的传统。

少年休笑老年颠，及到老时颠一般，
只怕不到颠时老，老年何暇笑少年。

【译文】年轻人不要嘲笑老年人的糊涂，等到自己老了以后，也是一样的糊涂。怕的是还活不到到糊涂的老年，老年人又哪里有时间去嘲笑这些年轻人呢？

饥寒困苦福将至已，饱饫宴游祸将生焉。

【译文】饥寒交迫，穷苦潦倒的时候，预示着福报很快就会降临了，而饱食终日，贪图安逸游乐，不思进取，那么离灾祸的降临也就不远了。

打透①生死关，生来也罢，死来也罢；
参破②名利场，得了也好，失了也好。

【注释】①打透：打通。②参破：参悟透。

【译文】能够看透生与死的界限，那么活着也是如此，死了也是如此；看破了名利争逐的虚妄，得到了也好，失去了也无所谓。

混迹尘中，高视物外^①；
陶情杯酒，寄兴篇咏；
藏名^②一时，尚友千古。

【注释】①高视物外：超出世间的物累。②藏名：隐藏名声。

【译文】立足于尘世中，眼光高远超出世间的物累；在酒杯中陶冶自己的情趣，在诗篇歌咏中寄托了自己的意趣；暂且隐匿自己的声名，还能够在精神上与古人为友。

痴矣狂客，酷好^①宾朋；贤哉细君^②，无违夫子^③。醉人盈座^④，簪裾^⑤半尽；酒家食客满堂，瓶瓮不离米肆。灯烛荧荧，且耽^⑥夜酌；爨烟^⑦寂寂，安问晨炊。生来不解攒眉^⑧，老去弥堪鼓腹。

【注释】①酷好：十分喜爱。②细君：本为诸侯对自己妻子的称呼，后来范围扩大，泛指妻子。③夫子：丈夫。④盈座：满座。⑤簪裾：头饰、衣衫。簪，代指头饰。⑥耽：沉迷，沉醉。⑦爨烟：炊烟。⑧攒眉：皱眉头，代指发愁。⑨鼓腹：鼓起肚子，指生活很安逸。化用《庄子·马蹄》之典故："夫赫胥氏之时，民居不知所为，行不知所之，含哺而熙，鼓腹而游。"

【译文】痴迷狂放的人，往往特别喜欢结交宾客；贤惠的妇人，从来不会违背丈夫。满座都是喝醉酒的人,头饰衣襟都半开着;酒店客人满堂,装米的瓶瓮一直没有离开过米肆。在昏暗的烛光下,依然暂时沉醉在夜饮之中。炊烟没有升起一丝,为何非要询问早餐呢?生来就不懂攒眉发愁是什么滋味,老了更应该悠闲舒适地生活。

皮囊速坏,神识常存,杀万命以养皮囊②,罪卒归于神识②。佛性无边,经书有限,穷万卷以求佛性,得不属于经书。

【注释】①皮囊:身体。②神识:佛教中的第八识即阿赖耶识,它能够在人死后保存人的身体、言语、意念,使人在转世轮回中接受前生的因果报应。

【译文】人的身体会很快朽坏,但是神识却永远存在,杀死各种动物的生命来供养身体,罪业终究收纳到神识中;人的悟性是无边无际的,而经书中的文字有限,用穷究万卷经书之法来获得了悟,悟性得来却不属于经书。

人胜我无害,彼无蓄怨之心;我胜人非福,恐有不测之祸。

【译文】他人胜过我并没有什么害处,这样他便不会在心中积下对我的妒恨;我胜过他人不见得是福气,也许会有难以预测的灾祸发生。

书屋前,列曲槛①栽花,凿方池浸月,引活水②养鱼;小窗下,焚清香读书,设净几^③鼓琴,卷疏帘看鹤,登高楼饮酒。

【注释】①曲槛:即曲栏,弯曲的栅栏。②活水:流动的泉水。③几:几案。

【译文】在书屋的前面,设置弯曲的栅栏以栽种花草,凿出一片方形的池塘,让月亮的倒影浸入其中,引来泉水养些小鱼;坐在小窗下,在焚烧着清香的屋子中读书,设置洁净的几案弹琴,卷起稀疏的帘子看窗外的野鹤,登上高楼迎风饮酒。

人人爱睡,知其味者甚鲜^①;睡则双眼一合,百事俱忘,肢体皆适,尘劳尽消,即黄粱南柯^②,特余事已耳。静修诗云:"书外论交睡最贤。"旨哉言也。

【注释】①鲜:少。②黄粱南柯:分别出自唐代李泌的《枕中记》和唐代李公佐的《南柯记》,黄粱,指贫困书生卢生未求得功名,在邯郸遇到一道士,就向其抱怨倾诉自己的不得志。道人就拿出一枕头,声称能够消除烦恼,实现心中所愿,于是卢生枕上此枕睡觉。当时旅店正在做黄粱饭,卢生在梦中享尽了荣华富贵,醒来之时旅店的黄粱饭还未做好,故称"一枕黄粱"。南柯,淳于棼在梦中梦到自己到了槐安国,娶了公主;并被封为南柯太守,生活极为奢华,后来因行军作战不利,公主也死去,就被遣回。③静修:元代诗人、思想家刘因,号静修。

【译文】每个人都爱睡觉,可是知道其中妙韵的却很少;睡觉就闭上双眼,忘记了世间一切事情,伸展四肢使之十分舒适,尘世的疲劳全部都消除了,至于做一下像黄粱、南柯这样的美梦,那倒是其次。静修先生有诗云："除了书本以外，就是睡觉的交情和我最好了。"这真是高论。

过份求福，适以速祸；安分远祸，将自得福。

【译文】过分地追求福分，很容易促使祸事降临；安然面对突如其来的祸事，自然能转祸为福。

倚势而凌人者，势败而人凌；
恃财而侮人者，财散而人侮。此循环之道。

【译文】仗势欺人的人，一旦失去势力必定被人欺凌；仰仗自己的钱财而凌辱别人的人，一旦钱财散尽必定被人凌辱。这是自然循环之道。

我争者，人必争，虽极力争之，未必得；
我让者，人必让，虽极力让之，未必失。

【译文】我想要争取的，别人必定也会想要争取，虽然尽力争取它，最终却不一定会得到；我谦让的，别人必定也会谦让，虽然竭力谦让，未必就会失去。

贫不能享客，而好结客；老不能徇①世，而好维②世；穷不能买书,而好读奇书。

【注释】①徇:依徇,顺从。②维:维持。

【译文】贫困之人不能款待客人,使之尽情享受,但是却往往喜好结交朋友;老人不能依顺世事新潮,却往往喜好维持世间原本的秩序;穷人买不起书,但是却往往特别喜欢读奇书。

沧海①日,赤城②霞;峨眉雪,巫峡云;洞庭月,潇湘雨;彭蠡③烟,广凌④涛;庐山瀑布,合宇宙奇观,绘吾斋壁。少陵⑤诗,摩诘⑥画;左传文,马迁史;薛涛⑦笺,右军⑧帖;南华经⑨,相如赋;屈子离骚,收古今绝艺,置我山窗。

【注释】①沧海:即东海。②赤城:山名,因土为赤色,因此得名,位于今浙江天台山南门。③彭蠡:即鄱阳湖。④广陵:即扬州。⑤少陵:即唐代诗人杜甫,人称“诗圣”,因其自号少陵野老,故世人又称其为杜少陵。⑥摩诘:即唐代诗人王维,擅长行诗作画。⑦薛涛:唐代女诗人,曾让匠人造出彩色的纸笺,世人称为薛涛笺。⑧右军:晋代大书法家王羲之,曾做过右军将军,在此以官职代指其人。⑨南华经:《庄子》一书又名《南华经》。

【译文】沧海的日出,赤城的红霞;峨眉山的积雪,巫峡的白云;洞庭湖的明月,潇湘的雨;彭蠡的烟雾,广陵的波涛;庐山的瀑布,集合了天地间所有的美景奇观,来描绘我书斋的墙壁。杜甫的诗、王维的画;左丘明的《左传》,司马迁的史书;薛涛的诗笺,王羲之的书帖;庄子的《南华经》,司马相如的赋;屈原的《离骚》,收罗古今绝妙的艺术,放置在我山居的窗前。

偶饭淮阴，定万古英雄之眼；醉题便殿，生千秋风雅之光。

【注释】①淮阴：即指淮阴侯韩信，韩信年少之时十分贫困，有一次在城外河边遇到一群洗衣的妇女，其中有位漂母见其饥饿之状，就施舍他饭食几十天。韩信曾声言他日富贵后必定回报，漂母很生气地说并非是为了他的回报而施舍。后来，韩信衣锦还乡时果然赠给漂母千金。②醉题便殿：据史书记载李白曾经在便殿为唐明皇撰写诏书文诰，当时天气大寒，笔被冻上，写不成字，明皇就派十个宫嫔，各自拿着笔呵热气，呵热后再让李白使用。

【译文】漂母偶然间施舍饭于韩信之时，已经具备了识别万古英雄的慧眼；李白醉酒之后在便殿题写诗文，生成了千秋的风雅之光。

清闲无事，坐卧随心，虽粗衣淡食，自有一段真趣；
纷扰不宁，忧患缠身，虽锦衣厚味，只觉万状愁苦。

【译文】清闲自在，要坐要躺随自己的心意，虽然穿的是粗布做的衣服，吃的是没有佐料的淡饭，却觉得有滋有味。至于那些忧愁烦恼而患得患失的人，虽然穿的是锦衣，吃的是美味，却觉得万事皆苦。

我如为善，虽一介寒士，有人服其德；
我如为恶，虽位极人臣，有人议其过。

【译文】我如果做好事，虽然是一介贫寒的读书人，也会有人敬佩和赞赏我的德行。我如果做坏事，纵然是地位极高的权臣将相，也会有人议论和指责我的过错。

　　读理义书，学法帖字；澄心静坐，益友清谈；小酌半醺，浇花种竹；听琴玩鹤，焚香煮茶；泛舟观山，寓意奕棋。虽有他乐，吾不易矣。

　　【译文】读诵理义之书，临摹有法度的字帖，端正内心来静坐，和知心的朋友自在地聊天，浅斟低酌至半醉，然后去浇灌花卉，栽培竹子，听人弹琴，观赏鹤舞，焚一柱清香，煮一壶好茶，乘一叶扁舟观赏湖光山色，专心与人下棋，这些都是难得的乐趣，虽然还有其他快乐的事，我也不愿意与之相换。

　　成名每在穷苦日，败事多因得志时。

　　【译文】一个人成名往往是在身处逆境，穷困潦倒的时候而多在春风得意的时候遭遇失败。

　　宠辱不惊，肝木①自宁；动静以敬，心火自定；饮食有节，脾土不泄；调息寡言，肺金自全；怡神寡欲，肾水自足。

　　【注释】①肝木：按照中医学说，人体的五脏是与阴阳五行相对应的，肝与木相对，心与火相对，脾与土相对，肺与金相对，肾与水相对，因此称肝木、心火、脾土、肺金、肾水。

【译文】受到恩宠、遭到侮辱都不惊慌，肝木自然就会安宁；无论做事还是静处都以一种恭敬之心对待，心中之火自然会平和；饮食有一定的节制，脾土自然就不会泄露；调养气息少说话，肺金自然就会保全；怡情悦性，清心寡欲，肾水自然就会充足。

让[①]利精于取利，逃名巧[②]于邀名。

【注释】①让：推让，转让。②巧：聪慧，智慧。

【译文】让利于人比争取利益更精明，逃避名声比争夺名声更明智。

彩笔描空，笔不落色，而空亦不受染[①]；

利刀[②]割水，刀不损锷，而水亦不留痕。

【注释】①染：染色。②利刀：锋利的刀。

【译文】用彩笔在空中描绘，笔没有着色，空气也不会染色；用锋利的刀割断水面，刀刃不会被磨损，水也不会留下什么痕迹。

唾面自干，娄师德不失为雅量；

睚眦必报，郭象玄未免为祸胎。

【注释】①"唾面自干"两句：典出《新唐书·娄师德传》，娄师德的弟弟驻守代州，辞官，娄师德教导弟弟要学会忍耐，其弟曰："人有唾面，洁之乃已。"娄师德却说："未也，洁之，是违其怒；正使自干耳。"②"睚眦必报"
两句：汉末董卓的两位部下郭汜〔字象玄〕、李催因为一点小事留下嫌隙而相
互攻讨。

【译文】被人唾吐到脸上不擦掉，任其自然风干，娄师德这样很
有雅量；一点点的嫌隙必定也要报复，像郭象玄这样的做法不免为
日后种下祸根。

天下可爱的人，都是可怜人；天下可恶的人，都是可惜人。

【译文】天下值得去爱的人，往往都十分令人同情；而那些人
人厌恶的人，往往令人十分惋惜。

事业文章，随身销毁，而精神万古如新；
功名富贵，逐世转移，而气节千载①一日。

【注释】①千载一日：千年如同一天，指名节不会随着岁月的流逝而消
失改变。

【译文】事业、文章随着身体的毁灭也都将毁灭，但是人的精
神却可以万古如新；功名利禄、荣华富贵，随着时势的变化而转移，
但是人的气节却可以千年不变。

读书到快目处，起一切沉沦之色；
说话到洞心处，破一切暧昧之私。

【译文】读书读到赏心悦目处，就能一扫满脸抑郁消沉之色，说话说到倘开心扉，无话不谈的地步，就能打破一切内心的暧昧私念。

谐臣媚子，极天下聪颖之人；秉正嫉邪，作世间忠直之气。

【译文】能言善变的奸佞之人和妖媚迷人的美女，都是极尽天下聪明智巧的人，还是要做坚持正义，嫉恶如仇，拥有世间中正刚直之气的人。

隐逸林中无荣辱，道义路上无炎凉。

【译文】一个退隐林泉之中与世隔绝的人，对于红尘俗世的一切是是非非可以完全忘怀而不存荣辱之别；一个讲求仁义道德而又心存济世救民的人，对于世俗的贫贱富贵，人情世故都看得很淡而无厚此薄彼之分。

闻谤而怒者，谗之囮；见誉而喜者，佞之媒。

【译文】听到诽谤的言语就发怒的人，进谗言的人就有机可乘；听到赞美恭维的话就沾沾自喜的人，谄媚的人就乘机而入。

摊烛作画，正如隔帘看月，隔水看花，意在远近之间，亦文章法也。

【译文】在滩头以浊水画画，就好像是隔着窗帘看月亮，隔着水看花，意境在于远近之间，这也是写文章的法则。

藏锦于心，藏绣于口；藏珠玉于咳唾，藏珍奇于笔墨；得时则藏于册府^①，不得则藏于名山。

【注释】①册府：国家编纂收藏史书的地方。

【译文】锦绣般的好文章藏在心间、口中，珠玉珍奇般的语句藏于吟咏之间，藏在笔端；倘若时机成熟，就写出来收藏在册府之中，倘若不合时宜，就写出来藏在名山之中。

读一篇轩快之书，宛见山青水白；
听几句伶俐之语，如看岳立川行。

【译文】朗读一篇晓畅轻快的文章，就好像是见到青山绿水一样，使人心情愉悦；听到几句伶俐精辟的言语，就如同是看到静立的山岳、流淌的溪水一样，使人精神振奋。

读书如竹外溪流，洒然而往；
咏诗如苹末风起，勃焉而扬。

【译文】读书就好像是竹林外的溪流一样，非常洒脱地前行；吟咏诗歌就好像是青萍之末的风一样，瞬间勃发激扬飘荡。

子弟①排场，有举止而谢飞扬，难博缠头之锦；

主宾御席，务廉隅而少蕴藉，终成泥塑之人。

【注释】①子弟：梨园子弟，指唱戏的人。②缠头之锦：古代的歌舞演员都要用锦包缠头部，表演深受赞赏之时，宾客往往会以罗锦相赠。③御席：入席。④廉隅：神情庄重、行为端庄。蕴藉：和谐融洽。

【译文】梨园子弟开场，要行为举止得体而不张扬夸张，否则很难赢得缠头的罗锦；主要的宾客入席，一定要神情庄重、行为端庄，没有了和谐融洽的氛围，终究会成为泥偶一样的人。

取凉于箑，不若清风之徐来；激水于槔，不若甘雨之时降。

【译文】用扇子扇风求得凉爽，不如清风慢慢吹拂；在井中汲水，不如上天降下及时雨。

有快捷之才，而无所建用，势必乘愤激之处，一逞雄风；有纵横之论①，而无所发明，势必乘簧鼓②之场，一恣余力。

【注释】①纵横之论：本指战国时期的合纵连横之说，后代指经世治国的宏论。②簧鼓：古代笙竽之类的乐器都有簧，吹奏鼓动发声，常常用其喻指搬弄是非。

【译文】怀有快捷之才，却没有什么用武之地，势必会借愤激之处，一逞雄风；怀有经世的纵横之才，却没有施展宏论之地，势必会乘借时机场合竭尽全力巧舌如簧地搬弄是非。

月榭凭栏，飞凌缥缈；云房启户，坐看氤氲。

【译文】皎洁的月光下，倚靠着高台的栏杆，心思早已飞向那恍惚无有之境。打开山居的门扉，坐看山间弥漫无尽的云烟变幻。

发端无绪，归结还自支离；入门一差，进步终成恍惚。

【译文】事情一开始就没有头绪，那么终究还是杂乱无章、支离破碎；学问在入门一步没有走好，那么再向前进步终究会恍惚不清。

李纳①性辨急，酷尚②奕棋，每下子，安详极于宽缓。有时躁怒，家人辈则密以棋具陈于前，纳睹便欣然改容，取子布算，都忘其恚③。

【注释】①李纳：唐朝人，曾为检校右仆射、司空、同中书门下平章事，并被封为陇西郡王，酷爱下棋。②酷尚：十分喜爱。③恚：愤怒。
【译文】唐代的李纳性情非常急躁，但十分喜欢下棋，下棋时每落一个子，神态都极为安详，动作舒缓。有时急躁想要发怒的时候，家里人就赶快悄悄地把棋放在他面前，李纳看到了棋就会变得高兴起来，脸色也会变得平缓，拿着棋子布局谋划，什么烦恼愤怒都忘记了。

竹里登楼，远窥韵士，聆其谈名理于坐上，而人我之相可忘；花间扫石，时候棋师，观其应危劫于枰间，而胜负之机早决。

【译文】在翠竹林中登上高楼，远远地望着优雅的士人，聆听他们在座席间畅谈辨析事物的道理，引人入胜，以致忘记了别人和自己的存在。在万花丛中打扫石阶，有时等候着棋师的到来，观看他们在棋盘上不停地应对危机，然而胜负其实早已分出来了。

六经为庖厨，百家为异馔；三坟为瑚琏，诸子为鼓吹；自奉得无大奢，请客未必能享。

【译文】以儒家的六经为厨师，以百家争鸣的学说当做美味的菜肴，以上古传说时代的经典三坟当做礼仪重器，以先秦诸子学派当做乐器合奏，这样自己享用未免太过奢侈，而以此待客，客人也未必能享受得了。

说得一句好言，此怀庶几才好。
揽了一分闲事，此身永不得闲。

【译文】说了一句好话，内心或许才会好一些；揽了一件闲事，自身将永远不得安逸。

古人特爱松风，庭院皆植松，每闻其响，欣然往其下，曰："此可浣尽十年尘胃。"

【译文】古时候的人特别喜爱苍松的风骨，庭院里都栽上了松树，每当听到松风阵阵响起，便高兴的来到树下聆听松涛，说道："这松风简直可以使十年来为尘俗所污染的脾胃彻底清洗干净。"

凡名①易居，只有清名难居；凡福易享，只有清福难享。

【注释】①凡名：尘世间的声名。

【译文】世间的凡俗声名容易获取，惟有清雅之名难以获取；世间的福气容易享受到，只有清福很难享受到。

贺兰山外虚兮怨，无定河边破镜愁。

【译文】戍边到了贺兰山外，归期和生死都难以预测，空留无限幽怨。出征前往无定河边，从此夫妻离别，破镜很难再重圆。

有书癖而无剪裁，徒号书厨；惟名饮而少酝藉，终非名饮。

【译文】有喜欢读书的癖好，却不加选择，只能称作书橱，号称饮酒的专家，但却缺乏涵养，终究不是酒中里手。

飞泉数点雨非雨，空翠几重山又山。

【译文】飞流直下，数点水雾似雨非雨；放眼望去，几重苍翠，山外有山。

夜者日之余，雨者月之余，冬者岁之余。当此三余，人事稍疏，正可一意问学。

【译文】夜晚是一天所剩余的时间，下雨天是一月所剩余的时间，冬天则是一年所剩余的时间，在这三种剩余的时间里，人事来往较不频繁，正好能用来专心一意地读书。

树影横床，诗思平凌枕外；云华满纸，字意隐跃行间。

【译文】树影横映在床上，使人诗兴大发，诗意充满脑海，满纸都是精妙的奇文，诗情画意充溢于字里行间。

耳目宽①则天地窄，争务短②则日月长。

【注释】①耳目宽：指耳目之欲极多。②争务短：指减少名利欲望。
【译文】耳目之欲太多，便会觉得天地间很狭隘；而少争名夺利，日子就会过的清闲而悠长。

　　秋老洞庭，霜清彭泽。

　　【译文】深秋使洞庭湖呈现出一派衰老肃杀之气，寒霜使鄱阳湖显得非常清澈寒冷。

　　听静夜之钟声，唤醒梦中之梦；
　　观澄潭之月影，窥见身外之身。

　　【译文】夜深人静，听到远远传来嘹亮的钟声，可以惊醒人们虚妄中的梦幻；从清澈的潭水中观看明亮的月夜倒影，可以发现我们肉身以外的品德、灵性。

　　事有急之不白者，宽之或自明，毋躁急以速其忿；
　　人有操之不从者，纵之或自化，毋操切以益其顽。

　　【译文】事情有非常紧急却又不能表白时，不妨先宽缓下来，听其自然，也许事情就会澄清；不要太急于辩解，否则，会使对方更加气愤。有的人，你愈劝他，他愈是不听，这时，稍为放纵他，不要逼得太紧，也许他自己逐渐会改正过来；不要太急切强迫他遵从，反而会使他更为顽劣。

士君子贫不能济物者，遇人痴迷处，出一言提醒之；遇人急难处，出一言解救之，亦是无量功德。

【译文】明理达义的君子，虽然家贫不能用财物来救助他人，可当遇到有人感到迷惑而不知如何解决时，能从旁边指点一番，使他有所领悟，或者遇到急难事故能从旁边说几句公道话来解救他的危难，也算是一种很大的善行。

处父兄骨肉之变，宜从容，不宜激烈；遇朋友交游之失，宜剀切，不宜优游。

【译文】当你遇到骨肉至亲之间发生家庭纠纷时，你应该忍住悲痛，保持沉着，不可感情冲动，言行激烈；你万一遇到朋友犯了什么过失，你应该很亲切诚恳地规劝他，不能因为怕得罪他而眼看着他继续错下去。

问祖宗之德泽，吾身所享者，是当念其积累之难；问子孙之福祉，吾身所贻者，是要思其倾覆之易。

【译文】假如要问祖先是否给我们留有恩惠，我们现在生活所能享受的东西就是祖先所累积下的恩德，我们要感谢祖先当年留下的这些德泽的不易；假如我们要问子孙将来是否能生活幸福，就必须先看看自己给子孙留下的德泽究竟有多少，假如留下的福德很少，就要想到子孙势必无法守成而容易使家业衰败。

韶光去矣，叹眼前岁月无多，可惜年华如疾马；长啸归与①，知身外功名是假，好将姓字任呼牛②。

【注释】①归与：即归去。②呼牛：指毁誉由人，顺其自然。

【译文】青春年华一去而不返了，感慨眼前时光不多，而可惜光阴犹如快马一样飞驰；长啸一声归去了，方知身外之物的功名富贵都是虚假的，于是一切超脱，任凭别人将姓名呼作牛马，毁誉随人，不加计较。

意慕①古，先存古，未敢反古；心持②世，外厌世，未能离世。

【注释】①慕：模仿。②持：维持。

【译文】立志要模仿古人，就应先保存古人的特点，不敢反对古人；心中想要保持当世之道，外表却表现出对世间的厌弃，就会无法出世。

苦恼世上，度①不尽许多痴迷汉，人对之肠热，我对之心冷；嗜欲②场中，唤不醒许多伶俐人，人对之心冷，我对之肠热。

【注释】①度：普度，超度。②嗜欲：爱好利欲。

【译文】在充满苦恼烦闷的世间，普度不完那么多痴迷于此的人，人们以一副热心肠相待，我却以冷心肠相待；利欲场中，唤不醒那么多怀有小聪明的糊涂人，人们冷血相待，我却以热心肠相待。

自古及今，山之胜多妙于天成，每坏于人造。

【译文】古今的名山胜景，其绝妙之处大多在于天然形成，却往往被人造的景观所破坏。

画家之妙，皆在运笔之先，运思之际；一经点染便减机神。

【译文】画家的灵妙之处，全在下笔之前构思的时候。此时如果有一点点杂念，便无法将神妙之处，淋漓尽致地表现出来。

长于笔者，文章即如言语；长于舌者，言语即成文章。昔人谓"丹青乃无言之诗，诗句乃有言之画"；余则欲丹青似诗，诗句无言，方许各臻妙境。

【译文】善于写文章的人，他的文章便是最美妙的言语；善于讲话的人，他所讲的话便是最美好的文章。古人说，画就是无声的诗，诗则是有声的画；我认为，最好的画如同诗一般，能无穷地展现而不着一字。如此，诗和画才算达到了神妙的境界。

舞蝶游蜂，忙中之闲，闲中之忙；落花飞絮，景中之情，情中之景。

【译文】蝴蝶款款地飞，蜜蜂急急地舞，它们在忙碌中都有着闲情，在闲情中又显得十分忙碌。花落了，柳絮也随风飞扬，在这样的景色中有着难言的情意，这难言的情意又隐藏在这样的景色之中。

五夜鸡鸣，唤起窗前明月；一觉睡起，看破梦里当年。

【译文】五更天将亮时，鸡啼声将睡梦中的人唤醒，只见一轮明月高挂在窗外。我由睡梦中醒来，醒悟到当年种种，就像梦幻一般消失无踪。

想到非非想^①，茫然天际白云；明至无无明^②，浑矣台中明月。

【注释】①非非想：佛教术语，指脱离实际的离奇空想。②无无明：佛教术语，指大彻大悟，心中非常澄明。

【译文】处于脱离实际、离奇空想的境地，就好像是茫茫宇宙间漂浮不定的白云；达到大彻大悟、心境澄明的境界，就好像是镜中明月，已融为一体。

逃暑^①深林，南风逗树；脱帽露顶，沉李浮瓜^②；火宅炎宫^③，莲花^④忽迸；较之陶潜卧北窗下，自称羲皇上人，此乐过半矣。

【注释】①逃暑：逃避酷暑。②沉李浮瓜：出自魏文帝曹丕《与朝歌令吴质书》:"浮干瓜于清泉,沉朱李于寒水。"指夏日之景。③火宅炎宫:佛教往往以此比喻充满烦恼忧愁的尘世。④莲花:佛往往以莲花为坐台,因此其象征着佛境。

【译文】躲避酷暑来到深山树林之中,南风撩面,挑逗着树木;取下帽子露出头顶,溪水中漂浮着瓜果;这种感觉就好像是在烦恼的世界中,突然看到佛境一样;比起陶渊明卧在北窗之下,自称为伏羲氏这样的上古哲人,我的乐趣已经超过他了。

霜飞空而漫雾,雁照月而猜弦。

【译文】空中飞来秋霜就好像大雾弥漫,大雁在月光下飞翔就好像在猜度月亮的弦角。

既景华而凋彩,亦密照而疏明;
若春隰①之扬花,似秋汉之含星。

【注释】①春隰:湿润的春天。
【译文】不仅景色太华丽往往会使色彩黯淡,阳光太密集也会使光线疏朗;就好像温润的春天中飘扬的花朵,又好像秋夜天空中的星星。

景澄则岩岫开镜,风生则芳树流芬。

【译文】景色澄明,山洞好像打开的镜子,透出光亮;微风吹拂, 树木散发出芬芳的馨香。

　　类君子之有道, 入暗室而不欺;
　　同至人之无迹, 怀明义以应时。

　　【译文】像君子一样处事有原则: 入暗室而不欺侮人, 与人一同到达不张扬显示, 怀深明大义以应对时事。

　　一翻一覆兮如掌, 一死一生兮如轮。

　　【译文】一翻一覆就像手掌一样, 一死一生就像车轮转动。

卷五　集素

　　袁石公①云: 长安风雪夜, 古庙冷铺中, 乞儿丐僧, 齁齁②如雷吼; 而白髭③老贵人, 拥锦下帏, 求一合眼不得。呜呼! 松间明月, 槛外青山, 未尝拒人, 而人人自拒者何哉? 集素第五。

　　【注释】①袁石公: 字中郎, 号石公, 湖广公安人, 明代文学 "公安派" 代表人物, 提出 "独抒性灵, 不拘格套" 的性灵说, 与兄袁宗道、弟袁中道并有才名, 合称 "公安三袁"。②齁齁: 熟睡时的鼻息声。③髭: 嘴唇上边的短须。

　　【译文】袁宏道说: 在长安风雪交加的夜晚, 古旧的寺庙和凄冷的店铺中, 有行乞的小孩和行脚的僧人, 熟睡打鼾, 声如雷吼; 然而白须的显贵老人, 盖着锦绣的被子, 放下悬挂的帷帘, 想要合眼休息一会儿也做不到。哎呀! 松间的明月, 门外的青山, 未曾拒绝人欣赏其幽美景致, 然而世人却为何自己拒绝享受自然之美, 拒绝让自己处于安心自在的境界之中呢? 因此编纂了第五卷 "素"。

　　田园有真乐, 不潇洒终为忙人; 诵读有真趣, 不玩味终为鄙夫; 山水有真赏, 不领会终为漫游①; 吟咏有真得, 不解脱终为套语②。

【注释】①漫游：随意地游玩。②套语：流入俗套的言语。

【译文】田园之中有真正的乐趣，但如果不能悠然洒脱，终究还是个碌碌之人；诵读诗书有真正的义趣，但如果不能领悟玩味，终究还是个鄙陋之人；山水之间有真正的游赏价值，但如果不能潜心体会，终究变成了走马观花；吟咏诗词有真正的心得，但如果不能卓然透脱，终究会落入俗套。

居处寄吾生，但得其地，不在高广；衣服被吾体，但顺其时，不在纨绮①；饮食充吾腹，但适其可，不在膏粱②；燕乐③修吾好，但致其诚，不在浮靡。

【注释】①纨绮：精美的丝织品。②膏粱：肥肉和细粮，泛指肥美的食物。③燕乐：宴饮欢乐。

【译文】居所是寄居自己生命的地方，只要地方适宜，不求其高大宽广；衣服是遮蔽自己身体的东西，只要穿着顺应时令，不求其为丝绸绮缎；饮食是充饥饱腹的原料，只要适度就好，不求其肥美甘腴；宴饮游乐是为了交好亲友，只要表达诚意即可，不求其浮华奢靡。

披卷有余闲，留客坐残良夜月；
褰帷无别务，呼童耕破远山云。

【注释】①褰帷：撩起帷幔。

【译文】开卷读书有空闲的时候，就留客小坐畅谈，直到良宵将尽、夜月已残；早晨撩起帷幔没有余事，只是呼唤童子去深山之中耕犁田地。

琴觞自对，鹿豕为群，任彼世态之炎凉，从他人情之反覆。

【译文】独自弹琴复饮酒，野鹿山猪为我伍，任凭他世态炎凉冷暖，哪管他人情反复无常。

家居苦事物之扰，惟田舍园亭，别是一番活计①。焚香煮茗，把酒吟诗，不许胸中生冰炭②。客寓多风雨之怀，独禅林道院，转添几种生机。染翰挥毫，翻经问偈，肯教眼底逐风尘？

【注释】①活计：情趣景致。②冰炭：冰块和炭火，比喻时冷时热，变幻不定。

【译文】居住在家，苦于事务纷繁扰乱心神，只有田间茅舍、园中亭台，别有一番情趣。燃香烹茶，把酒吟诗，不让自己心胸中生出冷暖无常之意。客居他乡，多让人生发凄风冷雨之情，只有寄居在禅林道院之中，反而能平添几分别样生机。执笔蘸墨，挥毫落纸，翻遍经书，探问偈语，怎么能让双眼追逐世间风尘？

茅斋独坐茶频煮，七碗①后气爽神清。竹榻斜眠书漫抛，一枕余心闲梦稳。

【注释】①七碗：语出唐卢仝《走笔谢孟谏议寄新茶》："七碗吃不得也，唯觉两腋习习清风生"，言饮茶不须七碗即"通仙灵"，极赞茶之妙用，后即以"七碗茶"作为称颂饮茶的典实。

【译文】在茅屋中独自静坐，炉上有好茶一直在烹煮，饮过七碗茶后，不觉神清气爽。在竹榻上斜靠着入眠，书卷抛得到处都是，一席美梦之余，心思安闲，梦境也平稳。

带雨①有时种竹，关门无事锄花。
拈笔闲删旧句，汲泉几试新茶。

【注释】①带雨：冒雨之意。

【译文】即使下雨，有时也会冒雨种竹子；关起门来，无事就去锄锄花草。拈起笔墨，闲适地删改旧日辞作；汲取泉水，每每烹煮新制的好茶。

余尝净一室，置一几，陈几种快意①书，放一本旧法帖②，古鼎焚香，素麈②挥尘。意思小倦，暂休竹榻；饷时而起，则啜苦茗。信手写汉书③几行，随意观古画数幅，心目间觉洒空灵，面上尘当亦扑去三寸。

【注释】①快意：称心如意。②法帖：名家书法的范本。②麈：原指似鹿的一类的动物，其尾可做拂尘。③汉书：汉代书法，汉隶。

【译文】我曾经将一个房间收拾洁净，在里面放一张书桌，上面摆放几种称心快意的书籍，再放一本古旧的书法字帖，用古雅的鼎炉燃上名香，用洁白的麈尾拂去灰尘。略有倦意的时候，就暂时在竹榻上休憩；吃饭的时候起来，就喝些味苦的浓茶。信手写几行汉隶书法，随意赏玩几幅古画，眼下心中顿时觉得洒脱空灵，脸上的灰尘也好像扑落了三寸一样。

但看花开落，不言人是非。

【译文】只看花开花落，不论人我是非。

莫恋浮名，梦幻泡影有限；且寻乐事，风花雪月无穷。

【译文】不要贪恋浮世虚名，它就像梦幻泡影一样终会破灭；姑且去寻求清平乐事，就如这风花雪月四时之景，自是意趣无穷。

白云在天，明月在地，焚香煮茗，阅偈翻经，俗念都捐①，尘心顿洗。

【注释】①捐：舍弃，抛弃。
【译文】白云飘浮天上，明月普照大地，燃香煮茶，翻阅经书，俗世的杂念全都摒除在外，红尘的机心顿时洗濯清净。

暑中尝嘿坐①，澄心闭目，作水观②久之，觉肌发洒洒，几阁③间似有凉气飞来。

【注释】①嘿坐：静坐，"嘿"同"默"。②水观：佛教一种入定之术，指坐禅时观遍一切处水而得正定。③几阁：亦作"几格"，橱架。

【译文】曾经在暑天静坐，澄清自心，闭目养神，修习水观禅定良久，感觉身上发间自在洒脱，仿佛橱架之间有丝丝凉气飞来。

胸中只摆脱一恋字，便十分爽净，十分自在。人生最苦处，只是此心，沾泥带水，明是知得，不能割断耳。

【译文】心中只要摆脱这个"恋"字的束缚，就会感到十分清爽干净，十分惬意自在。人生最苦的地方，只是自己这颗"恋"心，拖泥带水，明明知道应该舍离，却还不能割断罢了。

无事以当贵，早寝以当富，缓步以当车，晚食以当肉，此巧于处贫者。

【译文】把清闲无事当做贵，把及早安寝当做富，把舒缓散步当做乘车，把推迟吃饭当做吃肉，这是在清贫中安处的巧妙之法。

三月茶笋①初肥，梅风②未困；九月莼鲈③正美，秫酒④新香。胜友晴窗，出古人法书名画，焚香评赏，无过此时。

【注释】①茶笋：茶芽和竹笋。②梅风：梅雨时节的风。③莼鲈：莼菜和鲈鱼。④秫酒：用黏高粱酿造的酒。

【译文】三月茶芽初嫩，竹笋方肥，梅雨时节风来不绝；九月莼菜正鲜，鲈鱼才美，新酿秫酒飘香四方。挚交良友，坐在晴朗的窗下，拿出古人的书帖名画，燃上名香，评点赏玩，再没有比此时更安恬惬意的时候了。

高枕丘中，逃名世外，耕稼以输王税，采樵以奉亲颜。新谷既升，田家大洽，肥羜①烹以享神，枯鱼燔②以召友。蓑笠在户，桔槔③空悬，浊酒相命，击缶长歌，野人④之乐足矣。

【注释】①肥羜：肥嫩的羊羔。②鱼燔：烤熟的鱼肉。③桔槔：亦作"桔皋"，一种井上汲水的工具。④野人：山野之人，隐逸者。

【译文】高枕无忧在丘谷之间，逃避声名在尘世之外，耕种庄稼以缴纳赋税，砍柴打樵以事奉亲人。每年新收的谷物入仓后，是农家最和洽的时光，用烹煮肥嫩的羊羔以祭祀神灵，用烤熟干香的鱼肉来招待朋友。蓑衣和斗笠挂在门下，汲水的桔槔在空中悬着，大家浊酒杯杯，应答酬对，敲击缶片，放声长歌，这山野之人的乐趣充足万分。

为市井草莽之臣，早输国课①；作泉石烟霞之主，日远俗情。

【注释】①国课：国赋。

【译文】作市井草莽之间的臣子百姓，就要尽早缴纳国家赋税；

作泉石烟霞之中的隐逸之士，就会日渐远离尘俗凡情。

覆雨翻云何险也，论人情只合杜门①；
吟风弄月忽颓然，全天真且须对酒。

【注释】①杜门：闭门。

【译文】翻云覆雨，浮沉得失，人世何其艰险，若论人情，只应闭门谢客；吟风弄月，风流偶傥，一日忽然衰颓，保全天真，就须对酒当歌。

春初玉树①参差，冰花错落，琼台奇望，恍坐玄圃罗浮②。若非黄昏月下，携琴吟赏，杯酒留连，则暗香浮动、疏影横斜③之趣，何能有实际④？

【注释】①玉树：白雪覆盖的树。②玄圃罗浮：玄圃，传说中昆仑山顶的神仙居处，中有奇花异石。罗浮，山名，在广东东江北岸，风景优美，为粤中游览胜地。③暗香浮动、疏影横斜：出自宋林逋《山园小梅》："疏影横斜水清浅，暗香浮动月黄昏。"④实际：佛教语，指真如、法性境界，犹言实相。

【译文】初春之时，落雪下的树木参差不齐，冰凝而成的花儿错落有致，登上琼台楼阁远望风景，恍惚之间如若坐在玄圃仙境和罗浮仙山之中。如果不是在黄昏的月下，带琴吟咏游赏，流连杯酒之间，那么暗香浮动、疏影横斜的意趣，怎么能让人契入法性真如的实际境界之中呢？

性不堪虚，天渊亦受鸢鱼之扰；
心能会境，风尘还结烟霞之娱。

【译文】如果是秉性不适应虚灵空寂之境，那么即使身在天空或深渊也会被飞鹰和游鱼所扰；如果自心能契合本然境界，那么即使身在俗世风尘也能有烟火霞光的出世乐趣。

身外有身，捉麈尾矢口①，闲谈真如画饼；
窍中有窍，向蒲团回心②，究竟方是力田③。

【注释】①矢口：开口，随口。②回心：反观自心。③力田：努力耕田，此指努力下功夫。

【译文】身外有身，手执拂尘信口而说，闲谈碎语就像画饼充饥；窍中有窍，去蒲团上反观自心，探求究竟才是禅家功夫。

山中有三乐：薜荔①可衣，不羡绣裳；蕨薇②可食，不贪粱肉；箕踞③散发，可以逍遥。

【注释】①薜荔：又称凉粉子、木莲，常绿藤本，蔓生。②蕨薇：蕨菜和巢菜，泛指野蔬。③箕踞：两腿随意张开坐着，形似簸箕。

【译文】山居有三种乐趣：薜荔可以做衣服，所以不羡慕锦绣衣裳；蕨菜和巢菜可以食用，所以不贪图美味佳肴；伸腿而坐，披散长发，可以逍遥自在，与山水同乐。

终南当户，鸡峰如碧笋左蔟，退食时秀色纷纷堕盘。山泉绕窗入厨，孤枕梦回，惊闻雨声也。

【译文】终南山正对门前，鸡峰从左侧簇拥而来，就好像碧绿的竹笋，回去吃饭时也感觉这清秀景致纷纷落入盘中。山间的泉水绕过窗户，可引入厨房。独自入眠，梦终而归，却惊闻雨声潺潺。

世上有一种痴人，所食闲茶冷饭，何名高致^①？

【注释】①高致：高雅的情致格调。

【译文】这世上有一种愚痴的人，凡事喜欢效仿于人，附庸风雅，也只是吃别人剩下的残茶冷饭罢了，哪里称得上情致高雅呢？

桑林麦陇，高下竞秀。风摇碧浪层层，雨过绿云绕绕。雉雊^①春阳，鸠呼^②朝雨。竹篱茅舍，间以红桃白李，燕紫莺黄。寓日色相^③，自多村家闲逸之想，令人便忘艳俗。

【注释】①雉雊：雉鸣叫，泛称鸟鸣叫。②鸠呼：鸠鸟呼叫。③色相：佛教术语，指事物的外在表现形式。

【译文】桑林麦田，高低起伏，竞秀风姿。微风拂过，只见碧浪层层；时雨下过，恰若绿云环绕。春日阳光之下，雉鸡在欢鸣；清晨新雨之后，鸠鸟在呼叫。竹子做的篱笆和茅草搭的小屋之间，有殷红的桃花和馨白的李花，还有紫燕和黄莺在其中飞来掠去。过目的景色，自然有浓厚的闲适安逸的农家风情，让人情不自禁就忘记了世俗的浓艳之美。

白云满谷，月照长空，洗足收衣，正是宴安①时节。

【注释】①宴安：安逸自得。

【译文】白云盈满山谷，明月普照长空，洗过脚收了衣服，这正是安逸悠闲的时刻。

眉公居山中，有客问山中何景最奇，曰：雨后露前，花朝雪夜。又问何事最奇，曰：钓因鹤守，果遣猿收。

【译文】陈继儒住在山中，有客人问他山中什么景色最奇特，他说：下雨之后、露出之前，花开清晨、雪落深夜。客人又问山中什么事情最奇特，他回答说：钓鱼时有仙鹤守在身边，野果成熟就派猿猴去摘取。

古今我爱陶元亮①，乡里人称马子才②。

【注释】①陶元亮：陶渊明，字元亮。②马子才：马存，字子才，乐平人，宋代文人。

【译文】古今的人物，我最喜欢陶渊明；乡里的人物，人们都称杨马子才。

嗜酒好睡，往往闭门；俯仰进趋，随意所在。

【译文】嗜好饮酒，喜欢酣睡，往往闭门谢客；一俯一仰，或进或退，常常随心恣意。

霜水①澄定，凡悬崖峭壁，古木垂萝，与片云纤月，一山映在波中。策杖②临之，心境俱清绝。

【注释】①霜水：秋水。②策杖：拄杖。
【译文】秋天的水澄净宁定，凡是悬崖峭壁之上，有参天古木和垂壁的藤萝，还有片片白云、一弯新月，与一整座山都倒映在水波之中。拄着手杖来到其中，自心和环境都清净幽绝、融为一体了。

亲不抬饭①，虽大宾②不宰牲，匪③直戒奢侈而可久，亦将免烦劳以安身。

【注释】①抬饭：提高饭菜标准。②大宾：古乡饮礼，推举年高德劭者一人为"大宾"。③匪：同"非"。
【译文】亲人来了也不提高饭菜标准，即使是年高德劭的贵客来了也不宰杀牲畜，这不仅仅是戒除奢侈之习而使家风流传长久，也可以免除世间劳烦之事而使自身安定从容。

饥生阳火炼阴精，食饱伤神气不升。

【译文】饥饿之时,体内阳火生发,可以炼化阴精;吃饭过饱,人的精神虚损,元气不能上升。

心苟无事,则息自调;念苟无欲,则中自守。

【译文】心中如果清净无事,气息自然就会调节平和;意念如果没有欲望,中道自然可以守持不失。

文章之妙,语快令人舞,语悲令人泣,语幽令人冷,语怜令人惜,语险令人危,语慎令人密,语怒令人按剑,语激令人投笔,语高令人入云,语低令人下石。

【译文】文章的妙处在于:言语畅快能让人手舞足蹈,言语悲哀能让人涕泣落泪,言语幽邃能让人感到清冷,言语矜怜能让人心生悯惜,言语险厉能让人惊觉危机,言语审慎能让人看出严密,言语愤怒能让人按剑待发,言语激越能让人掷笔而起,言语高远能让人如入云霄,言语低沉能让人如落巨石。

溪响松声,清听自远;竹冠兰佩,物色俱闲。

【译文】溪水潺潺,松声阵阵,这种清透的音声传得悠远;头戴竹制帽子,随衣佩戴兰草,这些物品和景色都让人感到闲适安逸。

鄙吝一销，白云亦可赠客；渣滓尽化，明月自来照人。

【译文】鄙陋吝啬的心念一旦消除，白云也可以拿来馈赠宾客；心中的糟糠杂质全都融化，明月自然就来分辉于人。

存心有意无意之妙，微云淡河汉；
应世不即不离之法，疏雨滴梧桐。

【译文】存心若有意无意的妙处，就好像片片微云漂浮在银河之间；处事用不即不离的方法，就好像滴滴疏雨洒落在梧桐树上。

肝胆相照，欲与天下共分秋月；
意气相许，欲与天下共坐春风。

【译文】肝胆相照，想和天下人共同欣赏这秋月之美；意气相投，想和天下人共沐这春风之煦。

堂中设木榻四，素屏二，古琴一张，儒道佛书各数卷。乐天①既来为主，仰观山，俯听水，傍睨②竹树云石，自辰至酉，应接不暇。俄而物诱气和，外适内舒。一宿体宁，再宿心恬，三宿后颓然嗒然③，不知其然而然。

【注释】①乐天：白居易，字乐天。②傍睨：详察，遍览。"傍"同

"旁"。③嗒然：形容身心俱遣、物我两忘的神态。

【译文】厅堂中陈设了四个木榻，两张白色屏风，一把古琴，还有儒道佛的书籍各有几卷。白居易来到这里作主之后，仰头观望高山，低头聆听流水，遍览竹林奇树、白云怪石，从辰时到酉时，四处游赏，应接不暇。一会儿就醉心于山水景物之间，心平气和，身心安适。在这里睡了一晚感到身体安宁，睡了两晚感到心中恬静，睡了三晚后就达到祥和寂定、物我两忘的境界了，不知其所以然，而一切本然如是。

偶坐蒲团，纸窗上月光渐满，树影参差，所见非色非空。此时虽名衲敲门，山童且勿报也。

【译文】偶尔在蒲团上静坐，看到纸窗上渐渐映满月光，树影参差，错落摇曳，自己所见的，不是色相也不是空相。这个时候，即使有名僧大德前来敲门，守山童子也不要向我通报。

会心处不必在远，翳然林水，便自有濠濮间想，不觉鸟兽禽鱼自来亲人①。

【注释】①此句出自《世说新语·言语》。濠濮间想，指庄子与惠子同游濠梁之上，辩论鱼之乐的典故。翳，遮盖。濠、濮，皆为河流名称。亲人，亲近于人。

【译文】让人悠然心会的地方不必很远，在林木成荫、溪水潺潺的地方，自然就会让人如同置身濠梁水上，与庄子、惠子一起论辩鱼之乐否, 不知不觉间, 飞鸟走兽、野禽游鱼也来与人亲近。

茶欲白, 墨欲黑; 茶欲重, 墨欲轻; 茶欲新, 墨欲旧。[①]

【注释】①此句出自《高斋漫录》, 为司马光与苏轼谈论茶墨时语。原文"旧"作"陈"。

【译文】茶的色泽要白, 墨的色泽要黑; 茶的分量要沉, 墨的分量要轻; 茶的品质要新, 墨的品质要陈。

馥喷五木之香[①], 色冷冰蚕之锦[②]。

【注释】①段成式《酉阳杂俎》有"一木五香"说, 即"根旃檀, 节沉香, 花鸡舌, 叶藿, 胶熏陆"。②王嘉《拾遗记》:"有冰蚕长七寸, 黑色, 有角有鳞。以霜雪覆之, 然后作茧, 长一尺, 其色五彩。织为文锦, 入水不濡。以之投火, 经宿不燎。"

【译文】芳香馥郁, 如五木发出的香味; 色调冰冷, 如冰蚕织成的文锦。

筑凤台[①]以思避, 构仙阁而入圆[②]。

【注释】①凤台: 古台名。刘向《列仙传》载: 萧史善吹箫, 作凤鸣, 秦穆公女弄玉嫁之为妻。建筑凤台, 感凤来集, 夫妇一同仙去。②圆: 指天。

【译文】建筑凤台以远避尘世, 构造仙阁而得道升天。

客过草堂，问：何感慨而甘栖遁？余倦于对，但拈古句答曰：得闲多事外，知足少年中。问：是何功课？曰：种花春扫雪，看箓①夜焚香。问：是何利养？曰：砚田②无恶岁，酒国③有长春。问：是何还往？曰：有客来相访，通名是伏羲。

【注释】①箓：道教的秘文，或预言吉凶得失的簿册。②砚田：砚台，谓靠笔墨维持生计。③酒国：酒乡。

【译文】有客人路过我的草堂来拜访，问我：心中生出了怎样的感慨，才会甘于到这里来隐居？我厌倦于回答，就只拈了一句古诗作为回答：得闲多事外，知足少年中。客人又问：每日必定要做的事有哪些呢？我回答道：种花春扫雪，看箓夜焚香。客人又问：怎么样来保养身体呢？我回答道：砚田无恶岁，酒国有长春。客人再问：与什么的人相往来呢？我回答道：有客来相访，通名是伏羲。

山居胜于城市，盖有八德：不责苛礼，不见生客，不混酒肉，不竞田产，不闻炎凉，不闹曲直，不征文逋①，不谈士籍②。

【注释】①文逋：文字债，指友人之间应答酬唱的诗文。②士籍：南北朝时指门阀士族的名籍谱系，明朝指太学中记载进士名籍的簿册。

【译文】居住山林胜于居住城市，因为有八种好处：不讲究严苛的礼法，不会见陌生的宾客，不混迹于酒肉之间，不竞争于田地家产，不听世态炎凉，不论是非曲直，不催征酬唱诗文，不谈论出身名籍。

采茶欲精，藏茶欲燥，烹茶欲洁①。

【注释】①此句出自明代张源《茶录》。

【译文】采摘茶叶时要精挑细选，贮藏茶叶时要保持干燥，烹煮茶叶时要清洁干净。

茶见日而夺味，墨见日而色灰。

【译文】茶叶受到日光照晒，滋味就会减退；墨块受日光照晒，颜色就会发灰。

磨墨如病儿，把笔如壮夫。

【译文】磨墨的时候要像患病的小儿，轻缓有度；执笔的时候要像健壮的匹夫，刚劲有力。

园中不能办奇花异石，惟一片树阴，半庭藓迹，差可会心忘形。友来，或促膝剧论，或鼓掌欢笑，或彼谈我听，或彼默我喧，而宾主两忘。

【译文】园林之中不能置办奇花异石，只有一片树木之阴，半院苔藓之迹，尚可让人悠然会心。不拘形迹的友人来访，或一起促膝长谈，或相与鼓掌欢笑，或他谈论我来倾听，或他沉默我却喧哗，此时谁是宾客、谁为主人，二者早已忘之一空。

尘缘割断，烦恼何处安身；世虑潜消，清虚向此中立脚。

【译文】尘俗的因缘如果割断，烦恼还能在哪里安身？世间的思虑默默消除，清虚就能在心中立足。

檐前绿蕉黄葵，老少叶①，鸡冠花，布满阶砌。移榻对之，或枕石高眠，或捉麈清话，门外车马之尘滚滚，了不相关。

【注释】①老少叶：又名三色苋、老少年、雁来红等，一年生草本。
【译文】房檐之前，有翠绿的芭蕉，金黄的葵花，还有雁来红、鸡冠花，遍布台阶。搬出木榻面对着这些景物，有时头枕奇石酣然入睡，有时手执拂尘清谈雅论，此时门外车水马龙、滚滚红尘，与自己毫不相关。

夜寒坐小室中，拥炉闲话。渴则敲冰煮茗，饥则拨火煨芋。

【译文】寒冷的夜晚，与朋友坐在一间小屋内，围着火炉闲聊。渴了就敲些冰块来煮茶水，饿了就拨动火苗来烤山芋。

阿衡五就①，那如莘野②躬耕；
诸葛七擒③，争似南阳④抱膝？

【注释】①阿衡五就：商汤五次延聘，伊尹才去就任。阿衡，伊尹小名。②莘野：古国名，亦称有莘、有侁，后引申为指隐居之所。③诸葛七擒：诸葛亮出兵七次，擒拿孟获。

【译文】伊尹受商汤五次延聘才去就任，这怎么比得上与他在莘野弯腰耕地的那份安逸闲适？诸葛亮七次擒拿孟获，这怎么比得上他在南阳抱膝长吟的那份自在洒脱？

饭后黑甜①，日中薄醉，别是洞天②；
茶铛③酒臼④，轻案绳床⑤，寻常福地。

【注释】①黑甜：酣睡。②洞天：与"福地"同为道家所称神仙居处。③茶铛：煎茶用的釜。④酒臼：酒坛。⑤绳床：一种可以折叠的轻便坐具，又称胡床、交床。

【译文】吃完饭后酣然入睡，正午饮酒微醉，真是别有一番洞天；茶釜酒坛，轻桌绳床，也是日常生活的福地。

翠竹碧梧，高僧对弈；苍苔红叶，童子煎茶。

【译文】青青翠竹，郁郁梧桐，有两位高僧正在对弈；青苔满阶，红叶遍地，有个童子正在煎茶。

久坐神疲，焚香仰卧，偶得佳句，即令毛颖君①就枕掌记②，不则展转失去。

【注释】①毛颖君：指毛笔。古时笔以兔毫制成，有峰颖，故又称毛颖。②掌记：备忘的记事纸片或便签、小本。

【译文】久坐使人精神疲倦，燃上一支香，舒身仰卧，偶然心悟，得获佳句，就用毛笔在床边随记下来，不然辗转反侧之间，就会忘失。

和雪嚼梅花，羡道人之铁脚①；
烧丹染香履，称先生之醉吟②。

【注释】①道人之铁脚：明代周应治《霞外麈谈》："铁脚道人，虬髯玉貌，尝爱赤脚走雪中，兴发则朗诵南华《秋水篇》，又爱嚼梅花满口，和雪咽之，曰：吾欲寒香沁入肺腑。"②先生之醉吟：白居易，又号醉吟先生。唐代冯贽《云仙杂记》："白乐天烧丹于庐山草堂，作飞云履，玄绫为质，四面以素绢作云朵，染以四选香，振履则如烟雾。"

【译文】和着雪咀嚼梅花，美慕铁脚道人的不羁；烧丹砂熏染香鞋，称扬醉吟先生的逍遥。

灯下玩花，帘内看月，雨后观景，醉里题诗，梦中闻书声，皆有别趣。

【译文】灯烛下赏花，垂帘内望月，新雨后观景，醉酒中题诗，梦里听到读书声，都是别有一番情趣。

王思远①扫客坐留，不若杜门；
孙仲益②浮白③俗谈，足当洗耳。

【注释】①王思远：琅琊临沂人，南齐官员，据传只与衣服整洁之人交谈，且客走后让两仆人反复清理客坐处。②孙仲益：孙觌，字仲益，号鸿庆居士，宋常州晋陵人，善诗文。③浮白：原指罚饮一满杯酒，后亦称满饮或畅饮酒。

【译文】王思远在客人走后扫洒其坐处，还不如闭门谢客；孙仲益开怀畅饮之时的凡俗言论，足以洗除人的耳垢。

铁笛吹残，长啸数声，空山答响；

胡麻饭罢，高眠一觉，茂树屯阴。

【译文】将铁笛吹起，悠然长啸几声，空旷的山谷发出回声；吃完胡麻饭，高枕酣睡一觉，茂盛的树木洒下阴凉。

编茅为屋，叠石为阶，何处风尘可到？

据梧而吟，烹茶而话，此中幽兴偏长。

【译文】编织茅草搭建小屋，铺叠石板构成台阶，哪里的风尘可以落到这里？倚靠梧桐吟咏诗文，烹煮香茶闲话古今，其中的幽雅之趣悠长不绝。

皂囊白简①，被人描尽半生；黄帽青鞋②，任我逍遥一世。

【注释】①皂囊白简：皂囊，汉制，群臣上章奏如事涉秘密，则以皂囊封之。白简，弹劾官员的奏章。②黄帽青鞋：皆为平民服饰。青鞋，草鞋。

【译文】身居朝堂,皂囊密奏,白简弹劾,怎奈沉浮半生;人在乡野,头戴黄冠,脚蹬草鞋,任我逍遥一世。

清闲之人,不可惰其四肢,又须以闲人做闲事。临古人帖,温昔年书,拂几微尘,洗砚宿墨,灌园中花,扫林中叶。觉体少倦,放身匡床①上,暂息半响可也。

【注释】①匡床:安适的床,一说方正的床。

【译文】清闲的人,不可使自己身体怠惰,而要以闲人之身做悠闲之事。或者临摹古人的字帖,或者温习以前的旧书,或者拂去案上的微尘,或者清洗砚台上的残墨,或者浇灌园林中的花朵,或者清扫树林中的落叶。感到身体稍有疲倦的时候,就展身躺在方正安适的床上,暂且休息一会儿,也是可以的。

待客当洁不当侈。无论不能继,亦非所以惜福。

【译文】款待宾客应当洁净,不应当讲究奢侈。且不论讲究奢侈难以长久,这也不是珍惜福分之道。

葆真莫如少思,寡过莫如省事,
善应①莫如收心,解谬②莫如澹志。

【注释】①善应:善于应事。②解谬:消除烦恼。

【译文】要常葆纯真，莫过于减少思虑；要少犯错误，莫过于不去多事；要善于应事，莫过于收心内视；要解除烦恼，莫过于淡泊心志。

世味浓，不求忙而忙自至；世味淡，不偷闲而闲自来。

【译文】世间情味浓重，即使不求繁忙，繁忙也自会来到；世间情味淡薄，即使不去偷闲，安闲也自会到来。

盘餐一菜，永绝腥膻，饭僧宴客，何须六甲^①行厨？
茆屋三楹，仅蔽风雨，扫地焚香，安用数童缚帚？

【注释】①六甲：道教中指供天帝驱使的阳神。

【译文】盘中之菜只有一种，永远杜绝腥膻之物，招待僧道，宴请宾客，哪里需要六甲阳神帮忙下厨？茅草之屋仅有三间，只是用以遮风避雨，清扫道路，燃上名香，哪里需要几个童仆专门服侍？

以俭胜贫，贫忘；以施代侈，侈化；
以省去累，累消；以逆炼心，心定。

【译文】以俭朴克服贫穷，就会忘记贫穷；以施舍代替奢侈，奢侈就会转化；以少事去除劳累，劳累就会消退；以逆境磨炼自心，自心就能安定。

净几明窗，一轴画，一囊琴，一只鹤，一瓯茶，一炉香，一部法帖；小园幽径，几丛花，几群鸟，几区亭，几拳石，几池水，几片闲云。

【译文】窗明几净的房间里，陈设着一幅画，一把琴，一只鹤，一杯茶，一炉香，一本字帖；小巧园林的幽深小径边，有几丛花，几群鸟，几座亭，几块石，几池水，几片闲云。

花前无烛，松叶堪燃；石畔欲眠，琴囊可枕。

【译文】百花之前如果没有灯烛，那么松叶也可燃烧照明；奇石旁边如果想要小眠，那么琴囊也可用作枕头。

流年不复记，但见花开为春，花落为秋；
终岁无所营，惟知日出而作，日入而息。

【译文】山中隐居，岁月已经不再记得，只看到花开就知道是春天，看到花落就知道是秋天；一整年也没有别的营生，只知道日出而作，日落而息。

脱巾露顶，斑文①竹箨之冠②；倚枕焚香，半臂华山之服③。

【注释】①斑文：杂色纹理。②竹箨之冠：用竹皮制成的帽子，相传为汉高祖所创。③华山之服：道士或仙人的服饰，因华山道教兴盛，故称。

【译文】取下头巾，露出头顶，好像戴着杂色纹理的竹皮制成的帽子；斜倚枕边，焚上好香，仿佛半边臂膀都穿上了仙道的华山之服。

谷雨前后，为和凝汤社①，双井白芽②，湖州紫笋③，扫臼涤铛，征泉选火，以王濛为品司④，卢仝为执权⑤，李赞皇为博士⑥，陆鸿渐为都统⑦。聊消渴吻⑧，敢讳水淫；差取婴汤⑩，以供茗战。

【注释】①和凝汤社：和凝，字成绩，郓州须昌人，五代时文学家、法医学家。汤社，聚会饮茶之称。②双井白芽：产于江西修水，宋代名茶，贡茶之一。③湖州紫笋：产于浙江湖州，唐朝起定为贡茶。④王濛为品司：王濛，字仲祖，太原晋阳人，东晋名士，善品评茶道。品司，品茶之司。⑤卢仝为执权：卢仝，唐代诗人，号玉川子，韩孟诗派重要人物，著有《茶谱》，被尊称为"茶仙"。执权：执掌权柄。⑤李赞皇为博士：李赞皇，李德裕，字文饶，赵郡赞皇人，唐代政治家、文学家，嗜好品茶，尤喜惠山泉。博士，博学之士。⑦陆鸿渐为都统：陆羽，字鸿渐，复州竟陵人，唐代著名的茶学家，著有《茶经》，被誉为"茶仙"，尊为"茶圣"，祀为"茶神"。都统，统领，总领。⑧渴吻：谓唇干思饮。婴汤：⑨水淫：水过多，水灾。⑩婴汤：茶水刚煮沸时的嫩汤。

【译文】谷雨前后，正是新茶刚嫩的时候，像和凝那样成立一个茶社，选取双井白芽、湖州紫笋等上等名茶，扫净杵臼，清洗茶釜，引来山泉，控制火候，以王濛作为茶社的品司，以卢仝作为茶社的执权，以李德裕作为茶社的博士，以陆羽作为茶社的都统。以茶会友，聊以解渴，避谈水多成灾；派人取来茶水初沸的嫩汤，以供大家斗茶之趣。

窗前落月，户外垂萝，石畔草根，桥头树影。可立可卧，可坐可吟。

【译文】窗前明月缓缓下落，门外藤萝缕缕低垂，石边草根青青如玉，桥头树影摇曳生姿。置身其中，可以站立也可以卧着，可以小坐也可以吟咏，无不随心自在。

亵狎易契①，日流于放荡；庄厉②难亲，日进于规矩。

【注释】①契：相合，相投。②庄厉：庄重严肃。

【译文】亲亵狎昵容易与之相投，然而日渐让人流于轻浮放荡；庄重严肃难以与之亲近，然而日渐让人安于守持规矩。

甜苦备尝好丢手①，世味浑如嚼蜡；
生死事大急回头，年光②疾如跳丸③。

【注释】①丢手：放手，撒手不管。②年光：年华，岁月。③跳丸：古代百戏之一，以掷丸上下挥舞为戏，也常比喻时光飞逝。

【译文】人生甜苦都已尝过，才好撒手，世间情味如同嚼蜡；生死之事最为重大，要急回头，年华飞逝如同跳丸。

若富贵，由我力取，则造物无权；
若毁誉，随人脚跟，则谗夫得志。

【译文】如果富贵是通过我个人的努力取得的，那么造物主就没有什么权利了；如果毁谤赞誉是随人的立足点而改变，那么谗邪的小人就能得志。

清事不可着迹，若衣冠必求奇古，器用必求精良，饮食必求异巧，此乃清中之浊，吾以为清事之一蠹①。

【注释】①蠹：蛀虫，引申为损害。

【译文】清高的风范不可拘泥于事物的行迹之上，如果衣帽一定要求奇特古雅，器具一定要求精致优良，饮食一定要求新奇巧妙，这就是清高中的污浊，我认为是对清高风范的败害。

吾之一身，尝有少不同壮，壮不同老；吾之身后，焉有子能肖父，孙能肖祖？如此期必，尽属妄想，所可尽者，惟留好样与儿孙而已。

【译文】我这一生，曾有少年与壮年不同、壮年与老年不同的时候；我过世后，怎么能要求儿子像父亲、孙子像祖父？这样的期望，全都是妄想，能够尽力去做的，只有给儿孙留个好榜样罢了。

若想钱而钱来，何故不想；若愁米而米至，人固当愁。晓起依旧贫穷，夜来徒多烦恼。

【译文】如果想钱钱就到来，为什么不去想呢？如果无米发愁米就到来，人本应该发愁。妄想忧愁都是徒劳，早晨起来依旧贫穷，夜里睡下徒增烦恼。

半窗一几，远兴闲思，天地何其寥阔也！
清晨端起，亭午①高眠，胸襟何其洗涤也！

【注释】①亭午：正午，中午。
【译文】半扇窗户微掩，一条长几在侧，隔空远眺，兴致悠远，思绪安闲，天地间是多么寥阔！清晨时分端身而起，正午方到高枕入眠，胸襟被洗涤得多么澄静！

行合道义，不卜自吉；行悖道义，纵卜亦凶。
人当自卜，不必问卜。

【译文】行为如果合乎道义，不用去占卜结果自然是吉；行为如果违背道义，纵然去占卜结果也会是凶。人应该根据自己的行为占卜，不必去别处问卦占卜。

奔走于权幸之门，自视不胜其荣，人窃以为辱；

经营于利名之场，操心不胜其苦，己反以为乐。

【译文】在权贵门下奔走往来，自己觉得无比荣耀，别人则私以为耻辱；于名利场中周旋经营，心机算尽苦不堪言，自己反而以为快乐。

宇宙以来，有治世法，有傲世法，有维世法，有出世法，有垂世法。唐虞垂衣①，商周秉钺②，是谓治世；巢父洗耳③，裘公瞋目④，是谓傲世；首阳轻周⑤，桐江重汉⑥，是谓维世；青牛度关⑦，白鹤翔云⑧，是谓出世。若乃鲁儒一人⑨，邹传七篇⑩，始为垂世。

【注释】①唐虞垂衣：尧帝陶唐氏与舜帝有虞氏创制衣服，开礼仪源流。②商周秉钺：商周两代执掌礼乐重器。秉钺，持斧，象征掌握权力。③巢父洗耳：巢父，尧帝时隐士，传说许由听到尧帝任命他为九州长的消息后，去颍水边洗耳，巢父正在这牵牛饮水，责怪他洗耳污了牛口，就牵牛去河的上游饮水。④裘公瞋目：披裘公，吴国人。相传延陵季子出游，在路上看到有丢失的金子，就让一位身披皮袄肩背柴的过路人拾起，反而遭到这位"披裘公"怒目训斥。⑤首阳轻周：首阳，山名，一称雷首山。伯夷、叔齐为商末孤竹国君的儿子，周灭商后，二人耻为周民，去首阳山隐居，不食周粟，终至饿死。⑥桐江重汉：严光，字子陵，东汉著名隐士，他归隐桐江后，屡次拒绝光武帝的征召之命。⑦青牛度关：取老子西游，乘青牛而出关之典故。⑧白鹤翔云：传说西汉辽东人丁令威曾学道于灵墟山，成仙后化为仙鹤，飞回故里，站在一华表上高声唱诗，劝人修道。⑨鲁儒一人：鲁地一位儒者，指孔子。⑩邹传七篇：孟子为战国时邹人，又《孟子》一书包含七篇，故称。

【译文】天地开辟、宇宙生成以来，有治理天下的典范，有维持安定的典范，有傲骨化人的典范，有超尘出世的典范，有言教垂世的典范。尧舜二帝制衣以示礼法，商周两代执掌礼乐重器，这都是治理天下的典范；许由洗耳巢父斥其污水，披裘公怒视延陵季子，这都是傲骨化人的典范；伯夷叔齐隐居首阳不食周粟，严光退归桐江屡拒光武征召，这都是维持安定的典范。老子乘青牛西游出关，丁令威成仙化鹤翔空，这都是超尘出世的典范。而像鲁地至圣先儒孔子，邹人孟子所传七篇，这都是言教垂世的典范。

书室中修行法：心闲手懒，则观法帖，以其可逐字放置也；手闲心懒，则治迁事①，以其可作可止也；心手俱闲，则写字作诗文，以其可以兼济也；心手俱懒，则坐睡，以其不强役于神也；心不甚定，宜看诗及杂短故事，以其易于见意，不滞于久也；心闲无事，宜看长篇文字，或经注，或史传，或古人文集，此又甚宜风雨之际及寒夜也。又曰：手冗心闲则思，心冗手闲则卧，心手俱闲则著作书字，心手俱冗则思早毕其事，以宁吾神。

【注释】①迁事：宽缓之事，无关紧要之事。
【译文】书房中修养身心的方法：心闲手懒的时候，就观赏名家字帖，因为它是逐字设置的；手闲心懒的时候，就做些宽缓不急的事，因为这种事可干也可停；心手都闲的时候，就写字作些诗文，因为可以兼顾书法和文学；心手都懒的时候，就静坐或入睡，因为这样就不会劳心费神了；心不是很安定的时候，适合看些诗词和杂而精短的故事，因为这些作品容易理解，不必停滞其中思考良久；心中安闲无事的时候，适合看长篇文章，或经书注解，或史书传记，或古人文集，这又非常适合在风雨交加和严寒长夜之时阅读。此外：手忙心闲时要思考，心忙手闲时要躺卧，心手都闲时要撰文写字，心手都忙时要考虑尽早做完眼下之事，以使自己的心神安宁。

片时清畅，即享片时；半景幽雅，即娱半景。不必更起姑待之心。

【译文】只要有片刻清宁晓畅的时光，就享受这片刻的时光；只要有半点幽美风雅的景致，就赏玩这半点的景致。不必再生起"姑且暂等"的心思。

室经行①，贤于九衢②奔走；六时③礼佛，清于五夜④朝天。

【注释】①经行：佛教修行者调节身心的一种修行方法，旋回往返于一定之地。②九衢：纵横交叉的大道。③六时：佛教分一昼夜为六时：晨朝、日中、日没、初夜、中夜、后夜。④五夜：一夜分为甲夜、乙夜、丙夜、丁夜、戊夜五更。

【译文】在一室之内来回经行，比在纵横大道间奔波往来更贤德；昼夜六时礼敬佛陀，比彻夜五更祷拜上天更清寂。

会意不求多，数幅晴光摩诘①画；

知心能有几，百篇野趣少陵②诗。

【注释】①摩诘：王维，字摩诘。②少陵：杜甫，自号少陵野老。

【译文】心领神会之事不求甚多，几幅晴日光华的王维画作就够了；知心达意之物能有几个，百篇野趣横生的杜甫诗作就够了。

醇醪①百斛，不如一味太和之汤②；

良药千包，不如一服清凉之散。

【注释】①醇醪：味厚美酒。②太和之汤：热汤，即沸水，《本草纲目》载其有"助阳气，行经络，促发汗"之效。

【译文】百斛香醇的美酒，也不如一味太和热汤；千包精良的药材，也不如一服清凉之散。

闲暇时，取古人快意文章，朗朗读之，则心神超逸，须眉开张。

【译文】闲暇之时，取来古人所作的称心快意的文章，朗声诵读，就会感到心神超然，游于物外，须眉舒展，颜色和悦。

修净土①者，自净其心，方寸②居然莲界③；

学禅坐者，达禅之理，大地尽作蒲团。

【注释】①净土：佛教指诸佛以誓愿功德力建立的清净庄严的世界。佛教净土宗，专以修行往生阿弥陀佛的西方净土为目标。②方寸：指心。③莲界：莲花世界，指诸佛净土，亦专指西方净土。

【译文】修行净土法门的人，要使自心清净，才知方寸心田居然含容西方净土；学习禅定功夫的人，要能通达禅理，方明山河大地何处不是座下蒲团？

衡门①之下，有琴有书。载弹载咏，爰②得我娱。岂无他好，乐是幽居。朝为灌园，夕偃③蓬庐。

【注释】①衡门：横木为门，指简陋的房屋，借指隐者所居。②爰：于是。③偃：仰卧。

【译文】隐居的简陋房屋中，有古琴也有书卷。一边弹奏古琴，一边吟咏诗文，于是自得其中雅趣。难道我没有其他的爱好吗？不是，只是我喜欢这样幽雅的居处。每天早晨去浇灌园圃，晚上就仰卧在茅庐之中。

因葺旧庐，疏渠引泉，周以花木，日哦①其间。故人过逢，瀹茗②弈棋，杯酒淋浪③，其乐殆非尘中有也。

【注释】①哦：吟咏。②瀹茗：煮茶。③淋浪：尽情畅饮貌。

【译文】因为要修葺旧茅庐，就疏通水道引来山泉，在周围种上花草树木，每天在其中吟咏诗文。有老友路过，就一起煮茶下棋，畅饮美酒，其中的乐趣是尘世中没有的。

逢人不说人间事，便是人间无事人。

【译文】遇到他人从不说人间的事，这就变成了人间无事的人。

闲居之趣，快活有五：不与交接，免拜送之礼，一也；终日观书鼓琴，二也；睡起随意，无有拘碍，三也；不闻炎凉嚣杂，四也；能课子耕读，五也。

【译文】闲居的乐趣，在于有五种快活之事：不用与人交际往来，免除了拜访送别等礼数，这是其一；可以整日读书弹琴，这是其二；睡觉起床可以随心而为，没有拘束障碍，这是其三；听不到世间的炎凉喧嚣，这是其四；能督导子弟务农读书，这是其五。

虽无丝竹管弦之盛，一觞一咏，亦足以畅叙幽情。①

【注释】①此句出自东晋王羲之《兰亭集序》。丝竹管弦，琴瑟箫笛等乐器的总称。丝，指弦乐器；竹：指管乐器。

【译文】虽然没有多种管弦乐器一起演奏的盛大场景，但是一边举杯畅饮，一边吟诗咏赋，这样也可以畅快地表达幽雅的情怀。

独卧林泉，旷然自适，无利无营，少思寡欲，修身出世法也。

【译文】独自卧在林间泉下，心中旷达，恬然自适，不必追逐名利，不必苦心经营，思虑少而欲望淡，这是修身养性、出离尘世的方法。

茅屋三间，木榻一枕，烧清香，啜苦茗，读数行书，懒倦便高卧松梧之下，或科头^①行吟。日常以苦茗代肉食，以松石代珍奇，以琴书代益友，以著述代功业，此亦乐事。

【注释】①科头：谓不戴冠帽，裸露头髻。

【译文】有茅草小屋三间，木质床榻一张，燃上清香，品味苦茶，读几行书，懒散疲倦时就高高卧在松树和梧桐树下，或者不戴冠帽，裸露头髻，一边漫游，一边吟咏。平日生活常常以苦茶代替肉食，以松树奇石代替珍玩，以古琴书籍代替益友，以撰述文章代替建功立业，这也是快乐之事。

挟怀朴素，不乐权荣^①，栖迟^②僻陋，忽略利名，葆守恬淡，希时安宁，晏然闲居，时抚瑶琴^③。

【注释】①权荣：有权势享荣华之人。②栖迟：游息，停留。③瑶琴：用玉装饰的琴。

【译文】胸怀质朴洁净，不喜好权势荣华，定居在偏远简陋之处，抛弃了利禄功名，涵养着恬静淡泊，希望能时时安宁，闲适地隐居，偶尔弹一弹玉饰古琴。

人生自古七十少，前除幼年后除老，中间光景不多时，又有阴晴与烦恼。到了中秋月倍明，到了清明花更好，花前月下得高歌，急须漫把金樽倒。世上财多赚不尽，朝里官多做不了，官大钱多身转劳，落得自家头白早。请君细看眼前人，年年一分埋青草，草里多多少少坟，一年一半无人扫。

【译文】自古以来，人生到了七十岁就去日无多，前边除去幼年，后边除去老年，中间所剩的青壮年岁月没有多少，更何况还有阴晴圆缺和忧悲烦恼掺杂其中？到了中秋之时月亮分外明亮，到了清明时分百花分外艳美，花丛之前、月光之下就要放声高歌，急把酒杯盏盏斟满，开快畅饮莫要停止。世间金钱再多，却是赚不完的；朝堂官员再多，也是做不完的，官大钱多转而劳心费神，落得个自己头发早白的结果。请您仔细观察眼前这些世人，一年年地死去而身埋黄土，来年坟地已是青草一片，这青草里的座座坟墓，每年清明节有一半都无人来祭扫。

饥乃加餐，菜食美于珍味；倦然后睡，草蓐①胜似重裀②。

【注释】①草蓐：草席，草垫子。②重裀：又作"重茵"，双层的坐卧垫褥。
【译文】饿了就加餐，野菜比珍味更加鲜美；困了就入睡，草席比双层坐垫更舒适。

流水相忘游鱼，游鱼相忘流水，即此便是天机；
太空不碍浮云，浮云不碍太空，何处别有佛性？

【译文】流水自流，忘却了其中游鱼；游鱼自游，忘却了身边流水，这个意境就是天机妙意所在。天空自广，并不碍于片片浮云；浮云自移，也不碍于无边天空，除此哪里还有真如佛性呢？

丹山碧水之乡，月涧云龛①之品，涤烦消渴，功诚不在芝术②下。

【注释】①云龛：云雾笼罩下的窟室。②芝术：药草名。

【译文】在丹山屹屹、碧水涟涟的地方，品赏着明月落入幽涧、云雾笼罩壁龛的奇景，其荡涤烦恼、消除干渴的功效，确实不在芝草之下。

颇怀古人之风，愧无素屏之赐，则青山白云，何在非我枕屏？

【注释】①枕屏：枕前屏风。

【译文】我非常怀慕古人的风度，惭愧的是没人赠送我白色屏风，那么青郁的远山和洁白的云朵，哪个不在我的枕前屏风之上呢？

江山风月，本无常主，闲者便是主人。

【译文】江河山川，清风明月，本来就没有一定的主人，只要闲逸旷达，游心其中，就是其中的主人。

入室许清风，对饮惟明月。

【译文】进入房间，只觉清风徐徐；对饮美酒，只有天上明月。

被衲持钵①，作发僧行径，以鸡鸣当檀越②，以枯管当筇杖③，以饭颗④当祇园⑤，以岩云野鹤当伴侣，以背锦奚奴⑥当行脚头陀⑦，忘探六六奇峰⑧，三三曲水⑨。

【注释】①被衲持钵：身披衲衣，手持钵盂。衲，僧衣。钵，僧人食器。②檀越：梵语音译，施主。③筇杖：筇竹手杖。④饭颗：饭颗山，相传在唐代长安附近。⑤祇园：祇树给孤独园略称，又称祇园精舍，释迦牟尼在舍卫国讲经说法的主要地点。⑥背锦奚奴：身背锦囊的书童。⑦行脚头陀：乞食游方的苦行僧人。⑧六六奇峰：武夷山三十六座奇峰。⑨三三曲水：武夷山九曲溪。

【译文】身披衲衣，手持钵盂，像剃发的僧人一样举止，把鸡鸣当作施主，把枯竹竿当作筇竹杖，把饭颗山当作祇园精舍，把山云野鹤当作同行伴侣，把背负锦囊的书童当做游方乞食的苦行僧，都忘记了去探游武夷山三十六奇峰和九曲溪水。

山房置一钟，每于清晨良宵之下，用以节歌①，令人朝夕清心，动念和平。李秃②谓：有杂想，一击遂忘；有愁思，一撞遂扫。知音哉！

【注释】①节歌：以节拍伴和歌咏。②李秃：不详，或说为李贽。

【译文】在山间的房中放置一口钟，每当清晨和良宵之时，就击钟当作歌唱吟咏的节拍，令人早晚都感到清心自在，念起都是安和平顺。李秀说：人有杂芜之想，击钟一声就已忘却脑后；人有忧愁之思，撞钟一回就已一扫无余。他真是我的知音啊！

潭涧之间，清流注泻，千岩竞秀，万壑争流，却自胸无宿物。漱清流，令人濯濯①清虚，日来非惟使人情开涤，可谓一往②有深情。

【注释】①濯濯：清新，明净。②一往：一时。

【译文】山涧碧潭之间，清澈的流水流泻而下，远方有千座岩峰竞秀奇丽，万条河水争相奔流，然而此时此景，自己胸中却空旷放达，了无旧物。在清澈的水流中漱洗，令人身心清新明净，渐渐进入清寂虚灵的境界，这不但是使人荡涤净尽了世俗凡情，也可说让人一时醉心于这山水深情之中。

林泉之浒①，风飘万点，清露晨流，新桐初引。萧然②无事，闲扫落花，足散人怀。

【注释】①浒：水边。②萧然：萧洒，悠闲。

【译文】林间山泉水之畔，清风飘来点点花絮，这个时节，正当清湛的露水在早晨滚落，新生的桐树刚抽出绿芽。人也安闲无事，就随意扫扫地上的片片落花，也足以兴思遣怀了。

浮云出岫①，绝壁天悬，日月清朗，不无微云点缀，看云飞轩轩②霞举，踞胡床与友人咏谑③，不复滓秽④太清⑤。

【注释】①岫：山峰，峰顶。②轩轩：舞动、飞扬貌。③咏谑：吟咏谈笑。④滓秽：污浊。⑤太清：本指宇宙元气之清者，亦指天道、自然。

【译文】浮动的云朵从山峰间飘出，孤绝的峭壁好像从天上悬下，日月清明朗耀，有几片浅浅的云点缀其中，观望那灿烂云霞翻飞涌动，坐在胡床上和友人吟咏谈笑，不可再污染了这天道自然的清宁。

山房之磬①，虽非绿玉，沉明轻清之韵，尽可节清歌、洗俗耳。

【注释】①磬：古代打击乐器，形状像曲尺，用玉、石制成，可悬挂。

【译文】山间房屋中有一块磬，虽然不是绿玉制成，击打起来却有轻快清新的韵味，尽可以拿来为清歌伴奏，洗除尘俗之气了。

山居之乐，颇惬冷趣。煨落叶为红炉，况负暄①于岩户。土鼓②催梅，荻灰③暖地，虽潜凛④以萧索，见素柯⑤之凌岁⑥。同云⑦不流，舞雪如醉，野因旷而冷舒，山以静而不晦。枯鱼在悬，浊酒已注，朋徒我从，寒盟⑧可固，不惊岁暮于天涯，即是挟纩⑨于孤屿。

【注释】①负暄：冬天受日光曝晒取暖。②土鼓：古打击乐器。③荻灰：荻草的灰烬。荻，生水边，叶似芦苇。④潜凛：指暗暗袭来的寒气。⑤素柯：落雪呈白色的草木枝茎。⑥凌岁：逼近岁末。⑦同云：云色相同。⑧寒盟：背弃或忘记盟约。⑨纩：絮衣服的新丝绵。

【译文】隐居山中的乐处，在于幽冷之趣十分让人惬意。燃烧地上的落叶，可以当作火炉来取暖；再如在岩洞门口曝晒太阳，也可以生阳驱寒。声声土鼓，催促梅花绽放笑颜；荻草为灰，亦令地面生起暖意。虽然寒气暗暗袭来，一切凋零萧索，然而白雪压枝覆茎，宣告一年将尽。天空云色一致而不迁流，雪花飘舞，如痴如醉，山野因为空旷而显得清冷舒放，山峦因为寂静而并不显得昏暗。晾干的鱼肉悬挂在门外，浊酒杯杯已经斟满，朋友能随我一起对谈畅饮，那么即使废弃的盟约也可重新修固，不必在四方天涯惊叹一年将尽，只要给孤岛之人带去些新絮的丝绵。

　　步障①锦千层，氍毹②紫万叠，何似编叶成帏，聚茵③为褥。绿阴流影清入神，香气氤氲彻人骨。坐来天地一时宽，闲放风流晓清福。

【注释】①步障：古代一种用来遮挡风尘与视线的屏幕。②氍毹：一种毛织或数种材料混织的毯子。③茵：衬垫，褥子。

【译文】千层锦绣做成的帷帐，万叠紫线织成的毛毯，怎么比得上树叶编织的帷幕和绿草如茵的褥垫呢？绿色的树阴下，光影迁流，清凉沁入心神；四处的香气，氤氲弥散，甘醇彻透肌骨。安坐其中，天地一时间变得无比广阔；风流飘逸，才明白尘世哪有这种清福可享?

送春而血泪满腮，悲秋而红颜①惨目②。

【注释】①红颜：年轻人的红润脸色。②惨目：惨不忍睹。

【译文】送别春色，唯有血泪滴滴，挂满腮侧；伤悲秋凉，但见红颜憔悴，不堪睹目。

翠羽①欲流，碧云为飏②。

【注释】①翠羽：比喻青葱的树叶。②飏：飞举，飘扬。

【译文】树叶青翠，绿意好像要流出来；云彩碧洁，自在地在空中飘荡。

郊中野坐，固可班荆①；径里闲谈，最宜拂石②。侵云烟而独冷，移开清啸胡床；借草木以成幽，撤去庄严莲界。况乃枕琴夜奏，逸韵更扬；置局③午敲，清声甚远。洵④幽栖之胜事，野客之虚位⑤也。

【注释】①班荆：铺荆于地，坐而论事。②拂石：除去石子。③局：棋局。④洵：确实，实在。⑤虚位：空缺之位，比喻期待到来。

【译文】在山郊野外小坐，固然可以铺荆于地；在曲径小道中闲谈，最适合拂拭路边的奇石。云雾侵来，身体独感清冷，就移开可以清啸长歌的胡床；借来草木，处处生起幽情，就撤去清净庄严的极乐净土。何况头枕古琴，在夜晚弹奏，飘逸的韵味更加悠扬；设好棋局，在正午对弈，落子的清脆之声传扬辽远。这确实是幽居山野的盛美之事，也是恭候隐士游赏的绝佳体验。

饮酒不可认真，认真则大醉，大醉则神魂昏乱。在《书》为"沉湎"①，在《诗》为"童羖"②，在《礼》为"豢豕"③，在《史》为"狂药"④。何如但取半酣，与风月为侣。

【注释】①在《书》为"沉湎"：《尚书·泰誓》："沉湎冒色，敢行暴虐。"沉湎，嗜酒成性，耽于饮酒。②在《诗》为"童羖"：《诗经·小雅》："由醉之言，俾出童羖。"童羖，无角公羊，喻绝不存在之事物。③在《礼》为"豢豕"：《礼记·乐记》："夫豢豕为酒，非以为祸也。"豢豕，养猪。④在《史》为"狂药"：《晋书·裴楷传》："足下饮人狂药，责人正礼，不亦乖乎？"狂药，使人癫狂之药，此指酒。

【译文】饮酒不可以过于认真，过于认真就会酩酊大醉，大醉之后就会神志昏乱。谈到醉酒的事，在《尚书》中有"沉湎"之说，在《诗经》中有"童羖"之说，在《礼记》中有"豢豕"之说，在《晋书》中有"狂药"之说。不如只饮酒半醉，与清风明月相对吟咏，与之为伴。

家鸳鸯湖滨，饶蒹葭①凫鹥②，水月潋荡③之观。客啸渔歌，风帆烟艇④，虚无出没，半落几上。呼野衲而泛斜阳，无过此矣。

【注释】①蒹葭：芦荻、芦苇一类的植物。②凫鹥：野鸭和鸥，泛指水鸟。③淡荡：水迂回缓流貌。④烟艇：烟波中的小舟。

【译文】家住在鸳鸯湖边，芦苇荻草丰茂，野鸭鸥鸟成群，夜晚月光倒映在水中，形成波光涟涟、缥缈悠远的景观。山客长啸，渔家当歌，清风吹动船帆，烟波弥漫小舟，在其中出没无影、来去无踪，似乎又要跃窗而入，落在几案之上。招呼游方的僧人一起泛舟，正值夕阳西斜，再没有能超过这种意境的时候了。

雨后卷帘看霁色，却疑苔影上花来。

【译文】雨过之后，卷起帘幕观赏初晴的景色，却怀疑是青苔的影子映在花朵之上。

月夜焚香，古桐①三弄，便觉万虑都忘，妄想尽绝。试看香是何味，烟是何色，穿窗之白是何影，指下之余是何音，恬然乐之而悠然忘之者是何趣，不可思量处是何境。

【注释】①古桐：古琴。

【译文】月光之夜，焚上清香，抚几曲古琴，就觉得万千思虑都忘却了，妄想杂念全消失了。且试着体味看看：香是什么味道，云烟是什么颜色，穿过窗户的白光是什么光影，手指之下弹出的是什么音符，让人恬然心乐又悠然忘怀的是什么幽趣，不可思量卜度的是什么境界。

贝叶①之歌无碍，莲花之心不染。

【注释】①贝叶：古印度用以书写佛经的树叶，亦指代佛经。

【译文】贝叶上的歌咏传唱无碍，莲花似的真心清净无染。

河边共指星为客，花里空瞻月是卿。

【译文】星空之下，在河边一起指着星星，把它们作为宾客；花丛之中，隔空望着明月，把它当作朋友。

人之交友，不出趣味两字，有以趣胜者，有以味胜者。然宁饶于味，而无饶于趣。

【译文】人结交朋友的道理，不出趣、味这两个字，有的因志趣而往来，有的因情味而交游。然而我宁愿多一点情味，也不愿多一点志趣。

守恬淡以养道，处卑下以养德，
去嗔怒以养性，薄滋味以养气。

【译文】安守恬淡心境以葆养天道，处事谦卑有礼以涵养德行，除去嗔怒之心以长养自性，淡薄饮食滋味以养育元气。

吾本薄福人，宜行惜福事；吾本薄德人，宜行厚德事。

【译文】我本来是福分浅薄的人，就应该做些珍惜福分的事；我本来是德行浅薄的人，就应该做些增厚德行的事。

知天地皆逆旅①，不必更求顺境；
视众生皆眷属，所以转成冤家。

【注释】①逆旅：客舍，旅店，常用以比喻人生匆遽短促。
【译文】知道天地也不过如一间旅店，不可久留，所以不必强求顺境；看待众生都如同自家眷属，亲近过度，所以转而又成冤家。

只宜于着意处写意①，不可向真景处点景②。

【注释】①写意：中国画的一种画法，不求工细形似，只求以精练之笔勾勒景物的神态，抒发作者的情趣。②点景：点缀，装饰。
【译文】只应该在心力集中之处描绘写意，不可以在真实景观之上点缀润饰。

只愁名字有人知，涧边幽草；
若问清盟谁可托，沙上闲鸥。

【译文】只为自己名字有人知道而忧愁，就像山涧边幽淑的小草；如果要问清雅的盟约可以托付给谁，只有沙滩上悠闲的鸥鸟。

山童率草木之性, 与鹤同眠; 奚奴领歌咏之情, 检韵而至。

【译文】山间童子拥有草木的秉性, 与仙鹤一同入眠; 自家小奴领会歌咏的情趣, 和着韵律到来。

闭户读书, 绝胜入山修道; 逢人说法, 全输兀坐①扪心。

【注释】①兀坐: 危坐, 端坐。

【译文】闭门静读诗书, 绝对胜过入山修行仙道; 逢人论经说法, 全都不如端坐扪心自悟。

砚田登大有①, 虽千仓珠粟, 不输两税②之征;
文锦运机抒③, 纵万轴龙文④, 不犯九重之禁⑤。

【注释】①大有: 许多, 丰收。②两税: 夏税和秋税的合称。③机抒: 织布机, 比喻诗文的构思和布局另辟途径, 能够创新。④龙文: 龙形的花纹, 比喻雄健的文笔。⑤九重之禁: 指皇帝有九重宫禁。

【译文】笔砚如田, 耕耘不辍, 丰收可获, 即使有千仓的珠玉粮食, 也不必缴纳夏秋的赋税; 锦绣文章, 如机织布, 布局奇巧, 纵然是万轴的龙形文采, 也不会违犯九重的宫禁。

步明月于天衢①, 揽锦云于江阁。

【注释】①天衢: 天空广阔, 任意通行, 如世之广衢, 故称天衢。

【译文】从天空之路走向皎皎明月，在江中阁子揽入锦绣彩云。

幽人清课，讵①但啜茗焚香？雅士高盟，不在题诗挥翰。

【注释】①讵：岂，难道。

【译文】幽居之人的清静的功课，难道只有饮茶焚香？文人雅士的高雅聚会，也不仅是题诗作文。

以养花之情自养，则风情日闲；
以调鹤之性自调，则真性自美。

【译文】以养花的情调来自我涵养，精神风貌就会逐渐闲逸；以养鹤的性情来自我调适，真纯本性就会自然美好。

热汤如沸，茶不胜酒；幽韵如云，酒不胜茶。茶类隐，酒类侠。酒固道广，茶亦德素。

【译文】滚烫的茶汤如沸水，这一点茶不如酒；幽雅的韵味如彩云，这一点酒不如茶。茶好比隐士，酒好比侠客。酒的效用固然广博，茶的品性也很高洁。

老去自觉万缘都尽，那管人是人非；春来倘有一事关心，只在花开花谢。

【译文】年老之时，自己觉得世间万种尘缘都尽了，哪里还管什么人我是非；春天来临，倘若自己心中还有一件关心的事，那就只有花开花落了。

是非场里，出入逍遥；顺逆境中，纵横自在。竹密何妨水过，山高不碍云飞。

【译文】在是非场所里，出入来去逍遥快活；在顺境逆境中，纵横驰骋自在无碍。竹林茂密，何曾妨碍流水经过；山峰高峻，不会阻挡白云翻飞。

口中不设雌黄^①，眉端不挂烦恼，可称烟火神仙；
随意而栽花柳，适性以养禽鱼，此是山林经济^②。

【注释】①雌黄：古人用雌黄来涂改文字，因此称乱改文字、乱发议论为妄下雌黄。②经济：经世济民。
【译文】口中从不出狂妄言语，眉间也毫无烦恼之色，真可称为烟火神仙；随心地栽种些花草杨柳，适意地养育些禽鸟游鱼，这是山林中经世济民的方法。

午睡欲来，颓然自废，身世庶几浑忘；
晚炊既收，寂然无营，烟火听其更举。

【译文】正午睡意生起，困倦之至，倒头而睡，连自己的身世差不多都忘了；晚饭后收拾停当，清虚寂静，无事可做，任凭烟火自己又生起来。

花开花落春不管，拂意事休对人言；
水暖水寒鱼自知，会心处还期独赏。

【译文】花开花落，春天自然不去管它，不顺心如意的事不要对人说；水暖水寒，其中游鱼自然知道，悠然心会的地方还需要独自欣赏。

心地上无风涛，随在皆青山绿水；
性天①中有化育，触处见鱼跃鸢飞。

【注释】①性天：犹天性，谓人得之于自然的本性。
【译文】心地之上没有风浪波涛，随意所在都是青山绿水；本性之中自有造化之机，触目所见都是鱼跃鹰飞。

宠辱不惊，闲看庭前花开花落；
去留无意，漫随天外云卷云舒。

【译文】荣宠或耻辱，心平不惊，闲适地看着庭院前边花开又花落；离去或留下，毫不在意，惬意地随着天空之外云卷或云舒。

斗室中万虑都捐,说甚画栋飞云、珠帘卷雨^①?

三杯后一真自得,谁知素弦^②横月、短笛吟风?

【注释】①画栋飞云、珠帘卷雨:王勃《滕王阁诗》:"画栋朝飞南浦云,珠帘暮卷西山雨。"②素弦:无装饰之琴。

【译文】狭小房室之中万千思虑都抛之脑后,还说什么雕梁画栋上翻飞云霞,珠玉帷帘间卷起细雨?三杯美酒下肚之后真让人悠然自得,又有谁知无华古琴横对空中明月,短巧风笛吟咏山间清风?

得趣不在多,盆池^①拳石^②间,烟霞具足;

会景不在远,蓬窗竹屋下,风月自赊^③。

【注释】①盆池:埋盆于地,引水灌注而成的小池,用以种植供观赏的水生花草。②拳石:园林假山。③赊:长,远。

【译文】得到的雅趣不在于多,在花草小池和园林假山之间,风烟云霞之景就已然具足;游赏的景致不在远处,在蓬草窗户和竹编小屋之下,清风明月之韵就自然悠远。

会得个中趣,五湖之烟月尽入寸裹;

破得眼前机,千古之英雄都归掌握。

【译文】领会到了其中的意趣,那么五湖四海的烟霞风月都可进入自己的方寸之心;看破了眼前的天机,那么名垂千古的英雄豪杰都在自己掌握之中。

细雨闲开卷, 微风独弄琴。

【译文】丝丝细雨之中, 闲适地打开书卷阅读; 缕缕微风之中, 独自抚弄古琴弹奏。

水流任意景常静, 花落虽频心自闲。

【译文】溪水任意流走而风景常保宁静, 花瓣频频飘落而心中自然安闲。

残曛①供白醉②, 傲他附热之蛾;
一枕余黑甜, 输却分香之蝶。

【注释】①曛: 落日的余光。②白醉: 酣饮而醉。
【译文】在夕阳余光中酣饮而醉, 傲视那些趋附光热的飞蛾; 在白昼之时一枕美梦, 败给那些四处分香的蝴蝶。

闲为水竹云山主, 静得风花雪月权。

【译文】闲适自得, 作碧水翠竹、烟云山川之主; 宁静悠远, 得清风妍花、落雪明月之权。

半幅花笺入手, 剪裁就腊雪春冰;

一条竹杖随身, 收拾尽燕云楚水。

【译文】半幅精美的笺纸一入手中, 就剪裁出腊月白雪、初春薄冰; 一枝竹制的手杖随身携带, 就游赏尽燕山彩云、楚江秀水。

心与竹俱空, 问是非何处安脚?

貌偕松共瘦, 知忧喜无由上眉。

【译文】自心和竹子一样空虚, 试问人我是非从何处立下脚跟? 仪貌和松树一样清瘦, 便知忧愁欢喜无因由挂上眉梢。

芳菲林圃看蜂忙, 觑破几多尘情世态;

寂寞衡茅①观燕寝, 发起一种冷趣幽思。

【注释】①衡茅: 衡门茅屋, 简陋的居室。
【译文】花草芳美的林间园圃中观看蜜蜂忙碌, 看破了多少尘世间的人情伪态; 孤寂落寞的衡木茅屋中凝望飞燕夜寝, 生出了一种幽冷的意趣情思。

何地非真境? 何物非真机? 芳园半亩, 便是旧金谷①; 流水一湾, 便是小桃源②。林中野鸟数声, 便是一部清鼓吹③; 溪上闲云几片，便是一幅真画图。

【注释】①金谷：指晋代石崇所建的"金谷园"，在今洛阳。②桃源：指东晋陶渊明《桃花源记》中所载的世外仙境。③鼓吹：演奏乐曲。

【译文】什么地方不是真实之境？什么事物没有真实之机？半亩芳菲的园圃，就是从前的金谷园；一湾浅浅的流水，就是缩小的桃花源。山林中野鸟的几声鸣叫，就是一场清雅的乐曲奏演；溪水上悠闲游走的几片云朵，就是一副真纯的绘画创作。

人在病中，百念灰冷，虽有富贵，欲享不可，反羡贫贱而健者。是故人能于无事时常作病想，一切名利之心，自然扫去。

【译文】人在疾病之中，万念俱灰，即使拥有富贵，想要享受也不可能，因此反而会美慕那些贫贱却健康的人。因此人如果能在闲而无事的时候常常设想生病的情状，那么一切趋名附利之心自然会一扫无余。

竹影入帘，蕉阴荫槛，取蒲团一卧，不知身在冰壶鲛室①。

【注释】①冰壶鲛室：盛冰的玉壶和鲛人的居室，比喻清凉幽美之地。

【译文】几枝竹树的影子斜映在帷帘上，一片芭蕉的树阴遮蔽了那门槛，取来蒲团卧身在上，不知道自己是否在盛冰玉壶或是鲛人宫室之中。

万壑松涛^①，乔柯^②飞颖^③，风来鼓飓，谡谡^④有秋江八月声，迢递^⑤幽岩之下。披襟^⑥当之，不知是羲皇上人^⑦。

【注释】①松涛：风撼松林，声如波涛，因称松涛。②乔柯：高枝。③颖：植物末端尖锐部分，此指松针。④谡谡：劲风声。⑤迢递：曲折悠远貌。⑥披襟：敞开衣襟，多喻舒畅心怀。⑦羲皇上人：伏羲氏以前的人，即太古的人。比喻无忧无虑、生活闲适的人。

【译文】万千山谷中，风撼松林，声如波涛，高枝上舞动着松针，强大气流鼓荡起飓风，朔朔之声仿佛初秋八月江水的奔流的声音，宛转悠远地传到山间幽谧的岩石之中。敞开衣襟迎风肃立，不知自己是否也变成了伏羲之前惬然自适的古人。

霜降木落时，入疏林深处，坐树根上，飘飘叶点衣袖，而野鸟从梢飞来窥人。荒凉之地，殊有清旷之致。

【译文】在霜降叶落的时节，走入萧疏树林的深处，坐在一个树根上，飘飘的落叶点缀在衣袖之上，而野鸟从树梢飞过来窥视着人。在这荒芜清冷的地方，别有一番清远旷达的情致。

明窗之下，罗列图史琴尊^①以自娱，有兴则泛小舟，吟啸览古于江山之间。渚^②茶野酿，足以消忧；莼鲈稻蟹，足以适口。又多高僧隐士，佛庙绝胜，家有园林，珍花奇石，曲沼^③高台，鱼鸟流连，不觉日暮。

【注释】①图史琴尊：图书、史籍、古琴、酒樽。"尊"同"樽"。②渚：水中小洲。③曲沼：曲池，曲折迂回的池塘。

【译文】明亮的窗户之下，罗列着图书、史籍、古琴、酒樽以自娱自乐，有兴致就泛起小舟，在江河山川之间吟咏长啸访览古迹。小洲的茶、山野的酒，足以消除心中忧愁；莼菜鲈鱼、稻米河蟹，足以满足口腹之欲。这里又有很多高僧隐士、佛寺名胜，而家中有园林，奇花异石、曲池高亭，在游鱼和飞鸟之间流连忘返，不知不觉已到黄昏日落时分。

山中莳①花种草，足以自娱，而地朴人荒，泉石都无，丝竹绝响，奇士雅客，亦不复过，未免寂寞度日。然泉石以水竹代，丝竹以莺舌蛙吹代，奇士雅客以蠹简②代，亦略相当。

【注释】①莳：栽种。②蠹简：被虫蛀坏的书，泛指破旧书籍。

【译文】在山中栽花种草，足以用来自娱其情，然而这里土地荒芜、人烟稀少，山泉奇石都看不见，丝竹乐声也听不到，奇士雅客也不再经过，未免让人寂寞度日。然而如果以清水翠竹代替山泉奇石，以莺啼蛙叫代替丝竹乐声，以古旧书籍代替奇士雅客，也大致上是差不多的。

闲中觅伴书为上，身外无求睡最安。

【译文】清闲之中寻觅伴侣，书籍是最上等的；一身之外无欲无求，睡眠是最安稳的。

栽花种竹，未必果出闲人；对酒当歌，难道便称侠士？

【译文】栽花种竹的人，未必就是清闲之人；对酒长歌的人，难道就叫豪侠之士？

虚堂留烛，抄书尚存老眼；有客到门，挥麈但说青山。

【译文】虚静的堂中留一支蜡烛，抄书之时还存有这一双阅尽世事的老眼；有客人来到自家门上，挥动麈尾只谈论些青山绿水的自然之趣。

千人亦见，百人亦见，斯为拔萃出类之英雄；
三日不举火，十年不制衣，殆是乐道安贫之贤士。

【译文】一千人也能辨出，一百人也能辨出，这是出类拔萃的英雄豪杰；三天不生火，十年不做衣，才是安贫乐道的贤良之士。

帝子之望巫阳①，远山过雨；王孙之别南浦②，芳草连天。

【注释】①帝子之望巫阳：取楚怀王与巫山神女的典故。②南浦：南面的水边，后常用称送别之地。

【译文】帝家之子凝望巫山之阳，远处的山峦刚被雨洗过；王公子弟在南浦之地送别，芳美的香草接连天际。

室距桃源①，晨夕恒滋兰茝②；门开杜③径，往来惟有羊裘③。

【注释】①室距桃源：与下文"门开杜径"同出自卢照邻《三月曲水宴得尊字》："门开芳杜径，室距桃花源。"②兰茝：一种散发着清香的草。③杜：杜若，即杜蘅，一种香草。④羊裘：古代著名的隐士羊裘公，泛指隐士。

【译文】房室就在传说中的桃花源，早晚始终散发兰茝的幽香之气；大门开在长有杜蘅的小径上，来来往往的只有羊裘那样的隐逸之士。

枕长林而披史，松子为餐；入丰草以投闲，蒲根可服。

【译文】头枕高大的树木翻阅史书，松子可以当作饭食；走入丰茂的草丛闲憩片刻，蒲草根可以用来品尝。

一泓溪水柳分开，尽道清虚搅破；
三月林光花带去，莫言香分消残。

【译文】一泓清澈的溪水被垂柳分开，都说把这清虚之境搅破了；三月林间的春光被落花带去，别说将这芬芳之景消残了。

荆扉^①昼掩，闲庭宴然，行云流水襟怀；隐不违亲，贞不绝俗，太山^②乔岳气象。

【注释】①荆扉：柴门。②太山：即泰山。

【译文】柴门白天关着，小院中安宁清闲，这是行云流水一般的襟怀；隐居不背离亲人，贞静不隔绝世事，这是泰山一般雄浑的气度。

窗前独榻频移，为亲夜月；壁上一琴常挂，时拂天风。

【译文】频频移动窗前的一方木榻，是为了亲近窗外的夜月；常常在墙壁挂上一把古琴，不时有空中清风抚弄拨动。

萧斋^①香炉，书史酒器俱捐；北窗石枕，松风^②茶铛将沸。

【注释】①萧斋：寺庙或书斋之谓。②松风：指烹茶之声，如风动松林。

【译文】书斋中有一座香炉，史籍酒具全都抛在一边；北窗下有一块石枕，茶釜将沸，声如风过松林。

明月可人，清风披坐，班荆问水^①，天涯韵士高人，下箸佐觞，品外涧毛溪蕨^②，主之荣也；高轩寒户，肥马撕门，命酒呼茶，声势惊神震鬼，叠筵累几，珍奇罄地穷天，客之辱也。

【注释】①班荆问水：班荆，铺荆于地，相对而谈。问水，问诸水滨，出自《左传·僖公四年》："昭王之不复，君其问诸水滨！"比喻不担责任或两不相干。②涧毛溪薇：山涧中的草木和溪水边的野菜。

【译文】明月皎洁可人，清风徐徐吹来，披衣而坐，铺荆于地，相对畅谈，无关尘世，天涯四海的雅士高人，下箸佐酒，品尝外面山涧溪水处的野菜，这是主人的荣耀；高大的篷车停在简陋的门前，肥壮的马儿在门外嘶叫，命人上酒，唤童奉茶，声势浩大惊动鬼神，满筵累席，奇珍美味穷尽天地所有，这是客人的耻辱。

贺函伯坐径山①竹里，须眉皆碧；
王长公龛杜鹃楼下，云母②都红。

【注释】①径山：在杭州西北，佛教名山。②云母：如云母的美石。
【译文】贺函伯坐在径山的竹林里，胡须眉毛都染成了碧绿色；王长公住在杜鹃楼下的龛室里，云母石都被染成了丹红色。

坐茂树以终日，濯清流以自洁。采于山，美可茹①；钓于水，鲜可食。

【注释】①茹：吃。
【译文】坐在茂盛的树林中终日无事，在清澈的流水中洗濯以保持自身清洁。野菜是从山中采来的，美味可以品尝；鱼虾是从水中钓来的，鲜嫩可以入口。

年年落第，春风徒泣于迁莺①；处处羁游②，夜雨空悲于断雁③。金壶④霏润,瑶管⑤春容。

【注释】①迁莺:迁升飞翔的黄莺,喻进仕登第。②羁游:羁旅无定。③断雁:失群的雁,孤雁。④金壶:铜制酒壶的美称。⑤瑶管:玉饰的管乐器。

【译文】年年应试都是落第,看那黄莺升空,徒留一缕春风涕泣;处处漂泊客居他乡,好比孤雁失群,空有暗夜冷雨悲吟。

菜甲①初长,过于酥酪②。寒雨之夕,呼童摘取,佐酒夜谈,嗅其清馥之气,可涤胸中柴棘③,何必纯灰三斛?

【注释】①菜甲:菜初生的叶芽。②酥酪:以牛羊乳精制成的食品。③胸中柴棘:喻居心险恶。柴棘,荆棘。

【译文】菜叶刚刚生出的时候,滋味比酥酪还要鲜美。在清雨过后的夜晚,呼唤童子前去摘取菜叶,佐着美酒和客人一起夜谈,闻到菜叶清新芬芳的气息,就可以将心中的荆棘荡涤干净,何必要用三斛纯灰不可呢?

暖风春坐酒,洗雨夜窗棋。

【译文】春日暖和的风阵阵拂过,和客人一起坐着饮酒;夜晚清凉的雨洗过窗户,和朋友一起相对下棋。

秋冬之交,夜静独坐,每闻风雨潇潇,既凄然可愁,必复悠然可喜。至酒醒灯昏之际，尤难为怀。

【译文】每当秋冬之际，在宁静的夜晚独自端坐，每当听到外面潇潇的风雨声，就会感到凄冷忧愁，转而一定又感到悠然欢喜。在酒醉而醒、灯烛昏暗的时候，那种意境尤其让人难以忘怀。

长亭烟柳，白发犹劳，奔走可怜名利客；野店溪云，红尘不到，逍遥时有牧樵人。天之赋命实同，人之自取则异。

【译文】长长亭台，烟云垂柳，头发全白的人仍然劳碌不止，天下奔走的都是些可怜的名利之客；山野小店，溪边云雾，这是滚滚红尘接触不到的地方，逍遥自在的是那放牧打柴的山野之人。上天赋予人们的性命确实是相同的，只不过人们自己选择的生活方式各个不同。

富贵大是能俗人之物，使吾辈当之，自可不俗。然有此不俗胸襟，自可不富贵矣。

【译文】富贵是很能让人变得世俗的东西，但如果让我们这样的人得到富贵，自然可以不变世俗。然而既然有了这般不俗的胸襟，自然可以不要得到富贵了。

风起思莼，张季鹰①之胸怀落落；春回到柳，陶渊明之兴致翩翩。然此二人，薄宦②投簪③，吾犹嗟其太晚。

【注释】①张季鹰: 张翰，字季鹰，吴郡吴县人，西晋文学家。②薄宦:
卑微的官职。③投簪: 丢下固冠用的簪子，比喻弃官。

【译文】秋风吹起就想念家乡莼菜，张翰的胸怀洒脱磊落；春
色回归，观赏柳树新绿，陶渊明的兴致轻盈优雅。然而这二人，都曾
任小职然后弃官，我还是感叹他们离去得太晚。

黄花红树，春不如秋；白云青松，冬亦胜夏。春夏园林，
秋冬山谷，一心无累，四季良辰。

【译文】金黄的菊花和火红的枫叶，春色也不如这秋景绚丽；
洁白的云朵和青翠的松树，冬天的情调也超过了夏天。春夏在园林
中漫步，秋冬在山谷中游赏，这一颗心只要没有尘俗之累，那么一年
四季都是良辰吉时。

听牧唱樵歌，洗尽五年尘土肠胃；
奏繁弦急管①，何如一派山水清音？

【注释】①繁弦急管: 形容各种乐器同时演奏的热闹情景。
【译文】听牧童和樵夫在山中歌唱，将自己受五年尘土污染的肠
胃都洗干净了；演奏种类繁多的管弦乐器，怎么比得上这番自然山水
间清澈的声音？

孑然一身, 萧然四壁。有识者当此, 虽未免以冷淡成愁, 断不以寂寞生悔。

【译文】孤身一人, 家徒四壁。有识之士面对这种情形, 虽然难免因凄冷而生忧愁之感, 但是决不会因为孤独寂寞而心生悔意。

从五更枕席上参看心体, 心未动, 情未萌, 才见本来面目; 向三时饮食中谙练世味, 浓不欣, 淡不厌, 方为切实工夫。

【译文】从一夜五更的枕席上观察自己的心性, 如果心念没有波动, 情思没有萌生, 才能看见自己的自性本体; 在一日三餐的饮食中熟悉世间的百味, 如果味浓而不欣喜, 味淡而不厌恶, 才是参禅修行的切实功夫。

瓦枕石榻, 得趣处下界有仙; 木食草衣, 随缘时西方无佛。

【译文】以瓦作枕, 以石为榻, 品得其中雅趣, 神仙自在人间; 以野菜为食, 以草木作衣, 随顺万种因缘, 佛陀不在西方。

当乐境而不能享者, 毕竟是薄福之人;
当苦境而反觉甘者, 方才是真修之士。

【译文】遇到安乐的境况而不能享受的，毕竟是福分浅薄的人；遇到苦难的境况反而觉得甘甜怡人，这才是真正修行的人。

半轮新月数竿竹，千卷藏书一盏茶。

【译文】夜空半轮新月之下，有几枝竹影摇曳生姿；书斋千卷藏书之中，有一包好茶清香扑鼻。

偶向水村江郭，放不系之舟；
还从沙岸草桥，吹无孔之笛。

【译文】在水畔村落、江边城郭中，偶尔放出一叶没有纤绳的小舟，任其漂流；在沙砾岸边、藤草桥上，再次吹起一支没有孔窍的笛子，自得其乐。

物情以常无事为欢颜，世态以善托故为巧术。

【译文】事物之情，是以常常安闲无事为欢颜之乐；世间之态，是以善于托辞借口为巧妙之法。

善救时若和风之消酷暑，能脱俗似淡月之映轻云。

【译文】善于匡救时弊，就像和顺的清风能消除炎炎酷暑；能够超尘脱俗，就似淡雅的月牙映照着片片轻云。

廉所以惩贪，我果不贪，何必标一廉名，以来贪夫之侧目；让所以息争，我果不争，又何必立一让名，以致暴客之弯弓。

【译文】严守廉洁是为了惩治贪腐，自己如果真的不贪，何必要标榜一个廉洁的名声，而使那些贪官畏惧斜视呢？谦让是为了熄灭纷争，自己如果真的不争，又何必要树立一个谦让的名声，而让那些贼寇拉弓欲射呢？

曲高每生寡和之嫌，歌唱须求同调；
眉修多取入宫之妒，梳洗切莫倾城。

【译文】曲调高雅，每每出现少有人能应和的嫌怨，歌唱应当要求声调一致；眉毛修美，容易招致入宫希求荣宠之人的嫉妒，梳洗打扮切莫倾国倾城。

随缘便是遣缘，似舞蝶与飞花共适；
顺事自然无事，若满月偕盆水同圆。

【译文】随顺一切因缘就是运用一切因缘，就好像飞舞的蝴蝶和飘落的花瓣一同安适；顺应一切事物自然没有一切杂事，就如同天上的满月和盆中的水影都是圆的。

耳根似飚^①谷投响，过而不留，则是非俱谢；
心境如月池浸色，空而不着，则物我两忘。

【注释】①飚：同“飙”，暴风。
【译文】耳根闻声，就像暴风在山谷中发出巨响，却过而不留，那么是是非非都会消弭；心境自定，如同池塘在月光下浸润其色，是空而不执，那么外物与己都会忘却。

心事无不可对人语，则梦寐俱清；
行事无不可使人见，则饮食俱稳。

【译文】心中之事没有不可对人说的，这样做睡觉做梦都会感到清明安宁；所做之事没有不可让人见的，这样做饮水吃饭都会感到踏实安稳。

卷六　集景

　　结庐松竹之间，闲云封户；徙倚①青林之下，花瓣沾衣。芳草盈阶，茶烟几缕，春光满眼，黄鸟一声。此时可以诗，可以画，而正恐诗不尽言，画不尽意，而高人韵士，能以片言数语尽之者，则谓之诗可，谓之画可，则谓高人韵士之诗画亦无不可。集景第六。

　　【注释】①徙倚：徘徊，流连不去。
　　【译文】在松竹林间搭建草庐，悠闲的白云在门前飘游；在青翠林下流连不舍，飘落的花瓣沾满衣襟。芬芳的香草盈满了级级阶梯，烹茶的青烟飘出了丝丝缕缕，春光之美满目都是，黄鸟之啼一声清亮。这个时候可以作诗，也可以作画，然而唯恐诗歌不能说尽其情，画卷不能道尽其意，所以高人雅士，能够以只言片语道尽其中雅趣的，称其为诗歌可以，称其为画作也可以，就说是高人雅士的诗歌画作也没有什么不可以。因此编纂了第六卷"景"。

　　花关曲折，云来不认湾头；草径幽深，落叶但敲门扇。

【译文】花团锦簇的关口曲折逶迤，白云飘来也认不得湾口；草木丰茂的小路幽美深远，落叶纷飞只来敲打门窗。

细草微风，两岸晚山迎短棹^①；垂杨残月，一江春水送行舟。

【注释】①短棹：小船。

【译文】微风拂过，细草连天，河流两岸夕阳映照下的山峦迎接到来的叶叶轻舟；杨柳垂枝，月牙临空，一条春意正浓的江水奔流不息，送别离去的小船。

草色伴河桥，锦缆晓牵三竺^①雨；
花阴连野寺，布帆晴挂六桥^②烟。

【注释】①三竺：浙江杭州灵隐山飞来峰东南的天竺山上，有上天竺、中天竺、下天竺三座寺庙，合称"三天竺"，简称"三竺"。②六桥：杭州西湖外湖苏堤上之六桥：映波、锁澜、望山、压堤、东浦、跨虹。

【译文】草色青青，与河边小桥互为伴侣，锦绣的缆绳在天明之时牵动了三竺的新雨；百花成阴，与山野古寺连成一片，布制的船帆在天晴之时挂上了六桥的云烟。

闲步畎亩^①间，垂柳飘风，新秧翻浪。耕夫荷农器，长歌相应，牧童稚子，倒骑牛背，短笛无腔^②，吹之不休，大有野趣。

【注释】①畎亩：田地，田野。②无腔：不成曲调，腔调不准。

【译文】安闲地在田野间漫步，低垂的柳枝在清风中摇曳飘动，新生的秧苗如同翻滚的波浪。耕地的农夫扛着农具，放声长歌，互相呼应，放牧的孩童倒骑在牛背上，短笛的腔调不准，也吹个不停，大有山野的情趣。

夜阑人静，携一童立于清溪之畔，孤鹤忽唳，鱼跃有声，清入肌骨。

【译文】夜深人静之时，带一个童子站在清澈的溪水边，那孤鹤忽然引颈长唳，那游鱼跃水发出声响，感觉清幽之音全都浸入肌肤骨骼。

垂柳小桥，纸窗竹屋，焚香燕坐，手握道书一卷。客来则寻常茶具，本色清言，日暮乃归，不知马蹄①为何物。

【注释】①马蹄：《庄子》篇名。以"伯乐善治马"为残害"马之真性"等比喻，抨击儒家提倡仁义礼乐为桎梏"民性"，要求回到自然状态。

【译文】小桥边有垂柳如丝，竹屋内是纸质的窗户，点上香安然静坐，手中拿一卷道书翻阅。客人来就用平常的茶具烹茶，以真实的性情清谈，到太阳落山才回去，都不知道庄子所说的"马蹄"是什么了。

门内有径，径欲曲；径转有屏，屏欲小；屏进有阶，阶欲平；阶畔有花，花欲鲜；花外有墙，墙欲低；墙内有松，松欲古；松底有石，石欲怪；石面有亭，亭欲朴；亭后有竹，竹欲疏；竹尽有室，室欲幽；室旁有路，路欲分；路合有桥，桥欲危；桥边有树，树欲高；树阴有草，草欲青；草上有渠，渠欲细；渠引有泉，泉欲瀑；泉去有山，山欲深；山下有屋，屋欲方；屋角有圃，圃欲宽；圃中有鹤，鹤欲舞；鹤报有客，客不俗；客至有酒，酒欲不却；酒行有醉，醉欲不归。

【译文】好的山居环境应当是：门庭里面有小路，小路要宛转曲折；小路回转的地方要有屏风，屏风要小巧；从屏风再往前走要有台阶，台阶要平整；台阶旁边要有花卉，花卉要鲜艳；花卉之外要有围墙，围墙要低矮；围墙里要有松树，松树要古雅；松树底下要有石头，石头要奇异；石头对面要有亭子，亭子要古朴；亭子后面要有竹林，竹林要清疏；竹林尽头要有房室，房室要幽静；房室旁边要有道路，道路要有分支；道路汇合之处要有桥，桥要高悬；桥边要有树木，树木要高耸；树阴下要有草地，草地要青翠；草地上要有水渠，水渠要细窄；水渠要引来山泉，山泉要形成瀑布；泉水之外要有一座山，山要幽深；山下要有小屋，小屋要方正；屋角要有园圃，园圃要宽敞；园圃中要有仙鹤，仙鹤要起舞；仙鹤要通报客来，客人要脱俗；客人来要有酒，饮酒要不推辞；酣饮到大醉，醉酒就不必归去。

清晨林鸟争鸣，唤醒一枕春梦。
独黄鹂百舌①，抑扬高下，最可人意。

【注释】①百舌：鸟名，善鸣，其声多变化。

【译文】清晨树林中的百鸟争相鸣唱，唤醒了山居者的一场春意美梦。只有黄鹂鸟和百舌鸟，叫声抑扬顿挫，高低婉转，最让人称心如意。

高峰入云，清流见底，两岸石壁，五色交辉，青林翠竹，四时俱备。晓雾将歇，猿鸟乱鸣，日夕欲颓，沉鳞①竞跃，实欲界②之仙都。自康乐③以来，未有能与其奇者。

【注释】①沉鳞：沉潜的游鱼。②欲界：佛教语，三界之一，在色界之下，以色、食两欲炽盛而得名，包括六欲天、阿修罗、人、畜生、饿鬼、地狱各道。③康乐：谢灵运，南北朝著名文学家，山水诗奠基者，东晋时世袭为康乐公，世称谢康乐。

【译文】高高的山峰直插入云霄，清流澄澈见底，河流两岸悬崖峭壁，在阳光下各种光彩交相辉映。苍青的密林和碧绿的竹子，一年四季常青葱翠。每当早晨，夜雾将要消歇，可听到猿猴长啸，鸟雀乱鸣；每当傍晚，夕阳将落，可见到水中的鱼儿竞相跳跃。这里实在是人间的仙境啊！自从谢灵运之后，还没有人能置身这佳美的山水之中。

曲径烟深，路接杏花酒舍；澄江日落，门通杨柳渔家。

【译文】曲折的小路深处云烟缭绕，道路连接着卖杏花酒的小店；澄碧的江水倒映着落日余晖，柴门通向杨柳边的打渔人家。

　　长松怪石，去墟落^①不下一二十里。鸟径^②缘崖，涉水于草莽间。数四左右，两三家相望，鸡犬之声相闻。竹篱草舍，燕处其间，兰菊艺^③之，霜月春风，日有余思。临水时种桃梅，儿童婢仆皆布衣短褐^④，以给薪水^⑤，酿村酒而饮之。案有《诗书》《庄周》《太玄》《楚辞》《黄庭》《阴符》《楞严》《圆觉》数十卷而已。杖藜蹑屐^⑥，往来穷谷^⑦大川，听流水，看激湍，鉴澄潭，步危桥，坐茂树，探幽壑，升高峰，不亦乐乎！

　　【注释】①墟落：村落。②鸟径：险绝的山间小径。③艺：种植。④短褐：粗布短衣。⑤薪水：柴和水，指生活必需品。⑥杖藜蹑屐：杖藜，拄着手杖行走。藜，野生植物，茎坚韧。蹑屐，穿着木屐。⑦穷谷：深谷，幽谷。

　　【译文】松树高耸，巨石奇异，这里距离村落不止一二十里。山间险路濒临悬崖，在杂草中涉过了四条溪水。两岸只有两三户人家遥遥相望，鸡鸣狗吠的声音不绝于耳。用竹子编成篱笆，用茅草搭成小屋，安然自适地居住其中，种植些兰草菊花，不管是秋月还是春风，每天都有别样的意趣情致。在靠近溪水的地方种上桃树梅树，童子婢仆都穿麻布短衣，打柴汲水，酿造农家之酒然后畅饮。书案上有《诗经》《尚书》《庄子》《太玄》《楚辞》《黄庭经》《阴符经》《楞严经》《圆觉经》等几十卷而已。手拄藜杖，脚着木屐，往来于幽谷大江之间，倾听流水潺潺，观看清流激湍，映照澄澈潭水，走上高悬小桥，闲坐茂盛树下，探访幽深山谷，攀登高峻山峰，不也是快乐的事吗？

天气晴朗，步出南郊野寺，沽酒^①饮之。半醉半醒，携僧上雨花台^②，看长江一线，风帆摇拽，钟山^③紫气，掩映黄屋^④。景趣满前，应接不暇。

【注释】①沽酒：买酒。②雨花台：在南京市中华门外，平顶低丘，相传梁武帝时云光法师在此讲经，诸天雨花，花坠为石，故称。③钟山：即紫金山，在今南京市东北。④黄屋：帝王所居宫殿。

【译文】天气晴朗，走出南郊的山野古寺，买酒畅饮。半醉半醒之间，与僧人一起登上雨花台，遥看长江一线之中，往来的船帆随风摇动，钟山的氤氲紫气，缭绕掩映着金殿琼宫。眼前处处都是美景雅趣，令人应接不暇。

净扫一室，用博山炉^①，爇^②沉水香^③，香烟缕缕，直透心窍，最令人精神凝聚。

【注释】①博山炉：古香炉名，因炉盖造型似传闻中的海中名山博山而得名，后作为名贵香炉的代称。②爇：烧。③沉水香：名贵熏香，又称沉香、蜜香，以沉香木脂膏制成，入水能沉，故名。

【译文】打扫干净一间房室，用博山名炉燃起上等沉香，缕缕芳香烟气，径直渗透心扉，这时最能让人聚精会神。

每登高丘，步邃谷，延留燕坐，见悬崖瀑流，寿木^①垂萝，閴^②邃岑^③寂之处，终日忘返。

【注释】①寿木：生长年岁长久的树木。②阒：幽静。③岑：孤高。

【译文】每每登上高山，走入深谷，都会逗留闲坐，看到飞瀑从悬崖流下，还有那古木参天，藤萝垂壁，这种幽静深邃、孤高清寂的地方，让人整天都流连忘返。

每遇胜日有好怀，袖手①哦古人诗足矣。青山秀水，到眼即可舒啸②，何必居篱落③下，然后为己物。

【注释】①袖手：藏手于袖，闲逸的神态。②舒啸：犹长啸，放声歌啸。③篱落：篱笆。

【译文】每当遇到好日子，就会有好心情，藏手于袖，吟哦古人诗赋，这就足够了。青山秀水，映入眼帘就可以放声长啸，为何一定要置身于篱笆院落之下，才算作是可供自己欣赏的景物呢？

柴门不扃①，筠帘②半卷，梁间紫燕，呢呢喃喃，飞出飞入，山人以啸咏③佐之，皆各适其性。

【注释】①扃：上闩、关门。②筠帘：竹帘。③啸咏：犹歌咏。

【译文】柴门不关，竹帘半卷，房梁间的紫燕呢喃细语，飞出飞入，山人野客长啸吟咏，与之相和，这都是自然万物各自顺应本性的体现。

风晨月夕，客去后，蒲团可以双跏①；烟岛②云林，兴来时,竹杖何妨独往?

【注释】①双跏:双跏趺坐,佛教修习禅定坐姿,即互交二足,将右脚盘放于左腿上,左脚盘放于右腿上的坐姿。②烟岛:烟波中的岛屿。

【译文】微风吹拂的清晨或明月朗照的夜晚,客人离去后,在蒲团上可以结跏趺坐修习禅观;眼波中的小岛和云雾下的深林,兴致到来时,拄着竹杖独自前往游赏又有何妨?

三径①竹间,日华②澹澹,固野客之良辰;
一偏③窗下,风雨潇潇,亦幽人之好景。

【注释】①晋代赵岐《三辅决录·逃名》:"蒋诩归乡里,荆棘塞门,舍中有三径,不出,唯求仲、羊仲从之游",后因以"三径"指归隐者的家园。②日华:太阳的光华。③一偏:一个部分,偏于一面。

【译文】隐居之处的竹林之间,阳光透过,和煦明澈,这固然是山人野客的吉时;偏于一边的窗户之下,风雨敲打,潇潇不绝,这也是雅士幽人的美景。

乔松十数株,修竹千余竿,青萝为墙垣,白石为鸟道。流水周于舍下,飞泉落于檐间。绿柳白莲,罗生池砌。①时居其中,无不快心。

【注释】①此句出自白居易《与元微之书》。原文"垣"为"援","鸟"为"桥","绿柳"为"红榴"。池砌,池塘的岸阶。

【译文】十几株高大的松树,千余支修长的竹树,青青的藤萝爬上院墙,白色的石子铺成小路。潺潺的流水环绕在房屋之下,飞流的山泉沉落在房檐之间。碧绿的垂柳,白色的莲花,分别生长在石阶下的水池中。此时身居这样的环境中,心情畅快无比。

人冷因花寂,湖虚受雨喧。

【译文】人觉清冷是因为花草寂寥,湖面虚静由落雨而显喧哗。

有屋数间,有田数亩。用盆为池,以瓮为牖,墙高于肩,室大于斗。布被暖余,藜羹①饱后,气吐胸中,充塞宇宙;笔落人间,辉映琼玖②。人能知止,以退为茂,我自不出,何退之有?心无妄想,足无妄走,人无妄交,物无妄受。炎炎③论之,甘处其陋;绰绰言之,无出其右。羲轩④之书,未尝去手;尧舜之谈,未尝离口。谭中和天⑤,同乐易友,吟自在诗,饮欢喜酒。百年升平,不为⑥不偶;七十康强,不为不寿。

【注释】①藜羹:用藜菜作的羹。②琼玖:琼和玖,泛指美玉。③炎炎:言论美盛貌。④羲轩:伏羲氏和轩辕氏(黄帝)。⑤谭中和天:谈论的内容是中正和合的天道。"谭"同"谈"。⑥不为:不算,不是。

【译文】有几间房屋,也有几亩田地。用瓦盆做成水池,用陶瓮做成窗户,院墙只比肩膀高些,房室仅比斗丈略大。布被暖身之余,藜羹饱腹之后,真气从胸中吐露而出,充盈遍满整个宇宙;笔端在这人间百态之中落下，与琼玖美玉交相辉映。人如果能知道止步不仕，就会以退隐山间为显达；我自是不去出世为官，还有什么可退之处呢？心中没有妄想杂念，脚下没有随意乱走，与人交往没有虚伪不实，收受物品没有昧心肆意。以华美盛大的文辞而论，甘愿住在这般简陋之处；以放达舒逸的语句而言，没有能超过这种山居环境的。伏羲和黄帝时代的古籍，从未离手；尧帝和舜帝治世的良言，从未离口。谈论中正和合的天道，结交和乐平易的朋友，吟咏逍遥自在的诗句，畅饮欢喜无量的美酒。百年的太平盛世，不能说不是出于偶然；七十岁依然康健，不能说不是长寿之人。

中庭蕙草销雪，小苑梨花梦云。

【译文】庭院之中，蕙草芬芳消融了点点冰雪；小苑之内，梨花素洁宛如那梦中白云。

以江湖相期，烟霞相许，付同心之雅会，托意气之良游。或闭户读书，累月不出；或登山玩水，竟日忘归。斯贤达之素交，盖千秋之一遇。

【译文】以山水江湖相期冀，以烟光云霞相称许，寄付心怀于志同道合的高雅聚会，寓托情致于意气相投的上好交游。有时闭门读书，数月不出门庭；有时登山赏水，整日忘却归去。这是贤良明达的朋友间清雅的交往，大概千年才能遇到一回。

荫映岩流之际，偃息琴书之侧。寄心松竹，取乐鱼鸟，则淡泊之愿，于是毕矣。

【译文】树荫倒映在从山岩流水之时，惬然小憩在古琴书册旁边。寄寓心志于青松翠竹，获得乐趣于游鱼飞鸟，那么淡泊自处的愿望，在这里就都实现了。

庭前幽花时发，披览既倦，每啜茗对之，香色撩人，吟思忽起，遂歌一古诗，以适清兴。

【译文】庭院前幽雅的野花随时令开放，翻阅书卷困倦以后，每每对花品茶，茶的香气和花的艳色撩动人心，吟咏诗赋的兴致忽然升起，于是就吟唱了一首古诗，以与这清雅的兴致相应和。

凡静室，须前栽碧梧，后种翠竹，前檐放步。北用暗窗，春冬闭之，以避风雨；夏秋可开，以通凉爽。然碧梧之趣，春冬落叶，以舒负暄融和之乐；夏秋交荫，以蔽炎烁蒸烈之威。四时得宜，莫此为胜。

【译文】但凡是幽静的居室，应该在屋前栽种碧绿的梧桐树，屋后栽种青翠的竹树，房檐要宽阔一些，以便信步漫走。北面要用暗窗，春天和冬天关闭，以遮风避雨；夏天和秋天可以开启，以通凉透风。然而碧绿梧桐的情趣，在于春天和冬天树叶落尽以后，可以让人背对阳光取暖，浑身都是融融之乐；夏天和秋天树木成荫，可以遮蔽炎炎烈日，使人免于暴晒炙蒸之威。一年四季都能得其所宜，没有超过这个的了。

家有三亩园，花木郁郁。客来煮茗，谈上都①贵游②，人间可喜事，或茗寒酒冷，宾主相忘。其居与山谷相望，暇则步草径相寻。

【注释】①上都：京都通称。②贵游：无官职的王公贵族，亦泛指显贵者。

【译文】家中有三亩园圃，其中花草树木生长得郁郁葱葱。客人来访，煮上好茶，谈论京都王公贵族的逸事，还有人间可心称意的喜事，有时谈到茶凉酒冷，宾客主人两相忘却。居住之处与对面山谷遥遥相望，闲暇之时就沿着青草小路去寻访幽境。

良辰美景，春暖秋凉，负杖蹑履，逍遥自乐。临池观鱼，披林听鸟，酌酒一杯，弹琴一曲，求数刻之乐，庶几居常以待终。

【译文】在绝好的时刻游赏美丽的风景，这里春天温暖而秋天清凉，带着竹杖蹬上草鞋，逍遥自在，其乐无穷。在水池边观看游鱼，在树林间倾听鸟鸣，斟上美酒一杯，弹奏古琴一曲，想要求得一时的快乐，差不多可以居住终老了。

筑室数楹，编槿①为篱，结茅为亭，以三亩荫竹树栽花果，二亩种蔬菜，四壁清旷，空诸所有。蓄山童灌园薅②草，置二三胡床着亭下，挟书剑伴孤寂，携琴弈以迟良友，此亦可以娱老③。

【注释】①槿：即木槿，落叶灌木，夏秋开花，可供观赏，兼作绿篱。②薅：除草。③娱老：欢度晚年。

【译文】建筑了几间房室，用木槿编成篱笆，用茅草搭成亭子，在三亩竹林荫地栽种花果，二亩地种植蔬菜，家中四壁清净悠旷，一切皆空。畜养几个山童在园圃中浇灌除草，放置二三张胡床在亭台之下，带上书卷宝剑以陪伴自己度过孤寂的时光，带上古琴围棋以等待未到的好友，这样也可以安享晚年。

一径阴开，势隐蛇蟺①之致，云到成迷；
半阁孤悬，影回缥缈之观，星临可摘。

【注释】①蛇蟺：蛇和黄鳝（一说蚯蚓），喻小径曲折蜿蜒貌。
【译文】一条小路在阴暗的山间延伸，若隐若现，曲折蜿蜒至极，云雾来到这里都会迷失；半座楼阁悬在陡峭的悬崖边，影影绰绰，云雾飘渺之景，夜空星辰似乎触手可摘。

几分春色，全凭狂花疏柳安排；
一派秋容，总是红蓼白苹①妆点。

【注释】①红蓼白苹：红蓼，又名狗尾巴花，一年生草本植物，多生水边。白苹，水中浮草。

【译文】几分春色，全凭绚烂的花朵和清疏的垂柳来安排；一派秋景，总是靠的如火的红蓼和似雪的白苹来妆点。

南湖水落，妆台之明月犹悬；西廓烟销，绣榻之彩云不散。

【译文】南湖的潮水已经落下，女子妆台前的明月仍然高悬；西郭的烟雾已经消退，女子绣床上的彩云依旧不散。

秋竹沙中淡，寒山寺里深。

【译文】秋天的竹子在沙土中显得尤为浅淡，孤寒的远山在古寺边显得格外幽深。

野旷天低树，江清月近人①。

【注释】①此句出自唐代孟浩然诗《宿建德江》。

【译文】山野空旷，远空低垂，好像压在岸边树上；江水清澈，明月倒映水中，似互过来与人亲近。

潭水寒生月，松风夜带秋①。

【注释】①此句出自南宋岳飞诗《题鄱阳龙居寺》。

【译文】潭水深深，寒气氤氲中升起了一轮明月；松风阵阵，夜色朦胧中带来了一抹秋色。

春山艳冶如笑，夏山苍翠如滴，
秋山明净如妆，冬山惨淡如睡。

【译文】春天的山峦妍丽多姿，如美人含笑；夏天的山峦苍翠清幽，如甘露欲滴；秋天的山峦明净高远，如妆点一新；冬天的山峦萧瑟浅淡，如沉沉入睡。

眇眇①乎春山，澹冶②而欲笑；翔翔③乎空丝，绰约而自飞。

【注释】①眇眇：辽远，高远。②澹冶：淡雅明丽。③翔翔：高飞貌。

【译文】高峻辽远的春野之山，淡雅明丽如同美人欲笑；飘游高翔的空中游丝，婉约柔美而能独自飞舞。

盛暑持蒲，榻铺竹下，卧读《骚》《经》。树影筛风，浓阴蔽日，丛竹蝉声，远远相续，蘧然入梦。醒来命取椷①栉②发，汲石涧流泉，烹云芽③一啜，觉两腋生风。徐步草玄亭④，芰荷⑤出水，风送清香，鱼戏冷泉，凌波跳掷。因陟⑥东皋⑦之上，四望溪山罨画⑧，平野苍翠，激气发于林瀑，好风送之水涯。手挥麈尾，清兴洒然，不特法雨⑨凉雪，使人火宅⑩之念都冷。

【注释】①椸：椸木，此指椸木制的梳子。②栉：梳头发。③云芽：云雾茶。④草玄亭：汉代扬雄曾著《太玄》，其在成都住宅遂称"草玄堂"或"草玄亭"，亦简称"玄亭"。⑤芰荷：菱叶与荷叶。⑥陟：登高。⑦东皋：水边向阳高地，也泛指田园、原野。⑧罨画：色彩鲜明的绘画。⑨法雨：佛教语，以佛法普度众生，如雨之润泽万物，故称。⑩火宅：佛教语，喻尘世众苦交煎，如火中屋宅。

【译文】盛夏酷暑时分，手中持着蒲扇，移木榻于竹树之下，躺在上面读《离骚》《诗经》。树影摇曳，林间透过缕缕凉风，浓密的树荫遮蔽了骄阳，株株竹树之间传来蝉鸣的声音，悠远不绝，于是渐渐沉入梦乡。醒来以后，让童仆去来椸木梳梳理头发，汲来石涧中流动的山泉水，煮好云雾茶品上一口，感觉两腋下生起了习习清风。漫步走到草玄亭，菱角荷花出水生长，微风送来阵阵清香，鱼儿在冰凉的泉水中嬉戏，在水波中上下跳跃。于是又登上东边的丘野，四面环望，见溪水山峦如同绚丽多彩的图画，平坦的原野一片苍翠，激越之气生发于林间飞瀑，和煦好风送别于水流之畔。手中挥动麈尾拂尘，清雅的兴致洒脱无羁，不需要佛法甘霖和清凉冰雪的润泽，人心中如火灼烧的尘俗心念都冷却下来了。

　　山曲小房，入园窈窕幽径，绿玉①万竿，中汇涧水为曲池。环池竹树云石，其后平冈②逶迤，古松鳞鬣③，松下皆灌丛杂木，茑萝④骈织⑤，亭榭翼然⑥。夜半鹤唳清远，恍如宿花坞；闻哀猿啼啸，嘹呖⑦惊霜，初不辨其为城市为山林也。

【注释】①绿玉：即绿竹。②平冈：山脊平坦处。③鳞鬣：代称松树，鳞喻松树皮，鬣喻松针。④茑萝：茑萝与女萝，两种蔓生植物的合称。⑤骈织：并排罗织。⑥翼然：鸟展翅貌，形容亭台高耸开张之状。⑦嘹呖：形容声音响亮凄清。

【译文】群山环抱着一间小房，走入园中有幽深曲折的小路，还有万株绿竹，中间汇集山涧流水形成一个曲折回环的水池。水池四周都是青翠的竹树和入云的奇石，后面是平坦的山冈逶迤而上，古老的松树树皮如鳞而松针如鬣，松树下面都是些丛生灌木、杂色小树，茑萝藤蔓并排交织在一起，亭阁台榭如鸟翼一般高耸张角。半夜仙鹤鸣唳，其声清亮悠远，人恍如睡在花坞之中；听到猿猴哀啼长啸，其声响亮凄清，惊动落霜，乍听之下，都辨别不出是在城市还是山林之中。

一抹万家，烟横树色，翠树欲流，浅深间布，心目竞观，神情爽涤。

【译文】一抹闲情洒落万家，云烟缥缈于树林之间，树色苍翠如水珠将欲流出，色泽深浅相间分布，心和眼竞相欣赏这美景，使人感到神清气爽，风尘荡涤净尽。

万里澄空，千峰开霁①，山色如黛，风气如秋，浓阴如幕，烟光如缕。笛响如鹤唳，经呗②如咿唔③，温言如春絮，冷语如寒冰，此景不应虚掷④。

【注释】①开霁：阴天放晴。②经呗：佛经梵呗，佛教唱诵歌咏仪式。③咿唔：象声词，多形容吟诵声。④虚掷：白白地丢弃、扔掉。

【译文】万里澄净的天空，千座峰峦明朗光洁，远山色泽青黑如黛，清风凉气如秋来临，树阴浓密如同天幕，云霭雾气如丝如缕。笛声悠扬宛如孤鹤长唳，佛经梵呗好似吟诵声声，温和的言语如同春天的花絮，冰冷的言语如同冬天的寒冰，这样的风景不应当白白错过。

山房置古琴一张，质虽非紫琼①绿玉，响不在焦尾号钟②，置之石床，快作数弄，深山无人，水流花开，清绝冷绝。

【注释】①紫琼：紫色的美玉。②焦尾号钟：焦尾，传说为东汉著名文学家、音乐家蔡邕亲制的一把古琴。号钟，传说为周代名琴，春秋著名琴家伯牙曾弹奏之，琴音宏亮，如钟声激荡，号角长鸣。

【译文】在山中房舍放置一张古琴，质地虽然不是紫琼、绿玉那样的宝石，响声也比不上焦尾、号钟那样的名琴，然而如果把它放在石床上，快快弹奏抚弄几曲，在幽谷深山无人之处，溪水长流，百花盛开，清凉冷艳之至。

密竹轶云，长林蔽日，浅翠娇青，笼烟惹湿。构数椽①其间，竹树为篱，不复葺垣。中有一泓流水，清可漱齿，曲可流觞②，放歌其间，离披③蒨郁④，神涤意闲。

【注释】①椽：房屋间数的代称。②流觞：古人每逢农历三月上巳日于弯曲的水渠旁集会时，在上游放置酒杯，杯随水流，流到谁前，谁就取杯饮酒，叫做流觞。③离披：零落分散貌。④蒨郁：草木丰茂貌，"蒨"同"茜"。

【译文】茂密的竹树高耸入云，高大的林木遮天蔽日，茵茵草色青浅娇嫩，云雾笼罩湿气弥漫。在其中搭建了几间小屋，以竹树作为篱笆，不再修葺墙垣。中间还有一泓流水，清澈得可以洗漱口齿，曲折得可以流殇取饮，在这里放声高歌，草木分布四处而丰茂葱郁，人也精神洗涤净尽，神色安闲自若。

抱影①寒窗，霜夜不寐，徘徊松竹下，四山月白，露坠冰柯②。相与咏李白《静夜思》，便觉冷然，寒风就寝。复坐蒲团，从松端看月，煮茗佐谈，竟此夜乐。

【注释】①抱影：守着影子，形容孤独。②冰柯：覆有冰霜的草木枝茎。

【译文】独守孤影于寒窗之下，霜冷之夜不能成眠，就在松树竹木之下徘徊漫步，四面远山都映照在皎皎月光之下，露水降落在覆有冰霜的树枝草茎上。与人一起吟咏李白的《静夜思》，就觉得清冷幽绝，寒风朔朔吹到床榻枕边。又在蒲团上静坐，从松枝之间观望明月，煮上好茶与人清谈，彻夜不断，乐在其中。

云晴叆叇①，石础②流滋。狂飙忽卷，珠雨淋漓。黄昏孤灯明灭，山房清旷，意自悠然。夜半松涛惊飔，蕉园鸣琅③窾④坎之声，疏密间发，愁乐交集，足写幽怀。

【注释】①叆叇：浓云蔽日。②石础：房柱下的基石。③琅：金石相击声。④窾坎：水击石声。"窾"同"窾"。

【译文】天气虽然晴明，云朵却密布蔽日，房下基石渗出水珠。

狂风忽然卷起，雨珠淋漓落下。黄昏时分，一盏灯烛时明时灭，山中房舍清静宁旷，意趣悠然。半夜狂风刮过，惊动松林，声如波涛，芭蕉园中也传来声音，如金石相搏、水击石上，在稀疏和茂密的地方时而发出，心中忧喜交加，足以抒写幽雅的情怀。

四林皆雪，登眺时见。絮起风中，千峰堆玉；鸦翻城角，万壑铺银。无树飘花，片片绘子瞻之壁①；不妆散粉，点点糁②原宪之羹③。飞霰入林，回风折竹，徘徊凝览，以发奇思。画冒雪出云之势，呼松醪茗饮之景。拥炉煨芋，欣然一饱，随作雪景一幅，以寄僧赏。

【注释】①子瞻之壁：苏轼在诗文中所描绘的赤壁。子瞻，苏轼之字。②糁：以谷物碎粒和羹。③原宪之羹：原宪的羹汤。原宪，孔子弟子，虽生活贫苦但安贫乐道。

【译文】四野的树林都覆盖上冰雪，登高远眺，不时望见。雪花就像柳絮在风中飞舞，千座山峰如同堆砌的白玉；寒鸦绕着城角上下翻飞，万千山谷都铺上了白银似的落雪。雪花不是树上飘落的花朵，但片片都描绘出苏轼笔下的赤壁之景；雪花不是妆扮时散落的粉黛，但点点都如谷粒融入原宪的羹汤之中。飞动的小冰晶飘入树林，回旋的大风折断竹子，徘徊其中，凝望观览，可以激发新奇的想法。笔下描画冒着风雪走出云谷的气势，口中呼叹品饮松酒良茶的情景。围着火炉烤熟山芋，高高兴兴地饱餐一顿，随手画了一幅雪景图，寄给相交的僧人欣赏。

孤帆落照中，见青山映带①。征鸿②回渚，争栖竞啄，宿水鸣云，声凄夜月。秋飙萧瑟，听之黯然，遂使一夜西风，寒生露白。

【注释】①映带：景物相互映衬。②征鸿：征雁，远飞的大雁。

【译文】孤帆远行，映照在夕阳余晖之中，只见那重重青山与之遥遥相望，相得益彰。远征的大雁回到小洲上，争夺着栖息地和啄食之物，它们在水中宿寝，在云端鸣叫，其声凄清，使夜月更生寒意。秋风萧瑟之中，听到雁鸣更让人心神黯然，仿佛那声音召来了一夜的西风，不觉寒气生发，露水变白。

万山深处，一泓涧水，四周削壁，石蹬①崭岩②，丛木翁郁③，老猿穴其中。古松屈曲，高拂云巅，鹤来时栖其顶。每晴初霜旦，林寒涧肃，高猿长啸，属引④清远，风声鹤唳，嘹呖惊霜，闻之令人凄绝。

【注释】①石蹬：石级，石台阶。②崭岩：高峻的山崖。③翁郁：草木茂盛貌。④属引：连续不断。

【译文】万座山峦的深处，有一泓山涧泉水，四面都是如同刀削的峭壁，一级级石阶沿绕着高峻的悬崖，丛林树木丰茂葱郁，有老猿猴居住在其中的洞穴。古老的松树枝干曲折，高耸直入云端，仙鹤飞来时就栖息在松树顶上。每当天晴初生霜露的清晨，林木清寒，山涧肃杀，猿猴在高处长啸，清风徐来不绝，随风而来的是鹤唳之声，清亮凄厉，惊动落霜，听着让人感到无限凄凉。

春雨初霁，园林如洗，开扉闲望，见绿畴麦浪层层，与湖头烟水相映带。一派苍翠之色，或从树杪流来，或自溪边吐出。支筇散步，觉数十年尘土肺肠，俱为洗净。

【译文】春雨过后天刚刚放晴，园林中如水洗过一般，打开门扇闲然望去，之间碧绿的原野掀起层层麦浪，与云雾缥缈的湖光水色相互映衬。这一片苍翠动人的色泽，有的仿佛是从树梢上流出来的，有的好像是从溪水边吐出来的。挂着筇竹杖四处散步，觉得积淀了几十年尘土的心肺肠胃，全都被洗涤得干干净净了。

四月有新笋、新茶、新寒豆①、新含桃②，绿阴一片，黄鸟数声，乍晴乍雨，不暖不寒。坐间非雅非俗，半醉半醒，尔时如从鹤背飞下耳。

【注释】①寒豆：豌豆别称。②含桃：樱桃别称。

【译文】四月的山间，有新笋、新茶、新豌豆、新樱桃，一片树木绿阴，几声黄鸟鸣叫，时晴时雨，不暖不寒。闲坐之时，非雅非俗，半醉半醒，这时的感觉就好像乘坐在仙鹤背上从空中飞下一般。

名从刻竹，源分渭亩之云①；倦以据梧，清梦郁林之石②。

【注释】①渭亩之云：渭川的千亩竹子繁盛如云。《史记·货殖列传》："渭川千亩竹。"②郁林之石：相传汉末陆绩任郁林太守，罢官归乡时因携物极少，舟轻不能越海，取石载舟才渡过。人们称道其清廉自守，故名其石"郁林之石"。

【译文】将美名刻写在竹简上，来源于渭川千亩如云一般繁盛的竹林；困倦时靠着梧桐树，在片刻清梦中见到郁林太守那块石头。

夕阳林际，蕉叶堕而鹿眠；点雪炉头，茶烟飘而鹤避。

【译文】夕阳映照着树林之时，芭蕉叶落下来，小鹿在旁边入眠；在火炉上融雪煮茶，青烟飘出屋外，仙鹤跃起躲避。

高堂客散，虚户风来，门设不关，帘钩①欲下。横轩②有狻猊之鼎③，隐几④皆龙马之文⑤，流览霄端，寓观濠上⑥。

【注释】①帘钩：卷帘用的钩子。②横轩：横列在房檐之下。③狻猊之鼎：刻有狮子图案的鼎。狻猊，狮子。④隐几：几案。⑤龙马之文：刻有骏马形象的文饰。龙马，《周礼·夏官》："马八尺以上为龙。"⑥濠上：濠水之上。

【译文】正厅之中宾客散去，虚掩的门里吹来清风，虽有房门却不关闭，卷帘钩子就要放下。房檐下横列着刻有狮子图案的鼎，几案上也都刻有骏马的文饰，周流观览云霄之端，寓目观望濠水之上。

山经秋而转淡，秋入山而倍清。

【译文】山中景物，度过秋天就会变得色泽浅淡；秋色入山，就会让人感觉倍加清凉。

山居有四法：树无行次①，石无位置，屋无宏肆②，心无机事。

【注释】①行次：排列次序。②宏肆：宏大宽广。

【译文】隐居山中有四个原则：树木没有排列次序，石头没有固定位置，房屋并非宽敞广大，内心没有机巧之事。

花有喜怒、寤寐、晓夕，浴花者得其候，乃为膏雨①。淡云薄日，夕阳佳月，花之晓也；狂号连雨，烈焰浓寒，花之夕也；檀唇②烘日，媚体藏风，花之喜也；晕酣③神敛，烟色迷离，花之愁也；欹枝④困槛⑤，如不胜风，花之梦也；嫣然流盼，光华溢目，花之醒也。

【注释】①膏雨：滋润作物的霖雨。②檀唇：红唇，多形容女子。③晕酣：花瓣上的晕影色泽浓盛。④欹枝：花枝斜靠。"欹"同"攲"。⑤槛：栏杆。

【译文】花有喜怒、醒睡、早晚的不同，浇花的人如果掌握了正确的时机，就如同给花洒下了润泽的甘霖。浅淡的云彩遮住薄薄的日光，夕阳落下，好月升空，这是花的早；呼啸的狂风伴随连绵的雨水，烈日如焰，寒气逼人，这是花的晚；宛如红唇的花瓣烘托着太阳，娇媚身姿，如藏清风，这是花的喜；花瓣的晕影浓重而神采内敛，如云烟雾霭，溕濛迷离，这是花的愁；斜出的花枝靠在栏杆之上，体态娇柔，恰似弱不禁风，这是花的梦；花朵如少女般缤纷嫣然、顾盼而笑，光华流溢，满目生辉，这是花的醒。

海山微茫而隐见，江山严厉而峭卓，溪山窈窕而幽深，塞山①童赪②而堆阜③，桂林之山绵衍庞博④，江南之山峻峭巧丽。山之形色，不同如此。

【注释】①塞山：塞外的山。②童赪：童，光秃，此指没有草木。赪，红色。③堆阜：小丘。④庞博：犹"磅礴"。

【译文】海岛上的山微渺迷茫而时隐时现，江河边的山孤兀险绝而峭拔独屹，溪水边的山温婉淑静而悠远深邃，塞外的山光秃丹红而垒成小丘，桂林的山连绵不断而气势磅礴，江南的山高峻陡峭而奇巧妍丽。山的形貌和色彩，就有这般的不同。

杜门避影，出山一事，不到梦寐间；
春昼花阴，猿鹤饱卧，亦五云之余荫。

【译文】关起门来，避匿形影，出山入世这件事，从不会进入睡梦之中；春时白昼，百花成阴，猿猴和仙鹤饱食而卧，这也是得益于五色祥云的阴凉。

白云徘徊，终日不去，岩泉一支，潺湲斋中。春之昼，秋之夕，既清且幽，大得隐者之乐，惟恐一日移去。

【译文】白云在空中徘徊游移，整天也不离开，岩石间有一支山泉水，潺潺流淌的声音传到书斋之中。春季白昼和秋季傍晚，既清寂又幽静，最是隐士的乐趣所在，只怕有朝一日离开这里。

与衲子①辈坐林石上，谈因果②，说公案③。久之，松际月来，振衣而起，踏树影而归，此日便是虚度。

【注释】①衲子：僧人，因穿衲衣而名。②因果：因缘和果报，佛教基本哲学思想。②公案：佛教禅宗指前辈祖师大德参禅悟道的典故案例。
【译文】和僧侣们一起坐在山林间的石块上，谈论因缘果报之理，讲说参禅悟道公案。过了很久，松树枝梢间月亮升起了，整理好衣服站起来，踩着树的影子回去，这一天就这样虚度了。

结庐人径①，植杖②山阿③，林壑地之所丰，烟霞性之所适。荫丹桂，藉白芽，浊酒一杯，清琴数弄，诚足乐也。

【注释】①人径：人行小径。②植杖：倚杖，扶杖。③山阿：山岳，小陵。
【译文】在人行小路边搭建一座草庐，手扶竹杖前往山岳丘陵，这里是林间谷地丰饶繁茂的地方，是云烟霞光适意寄情的地方。坐在桂花树阴下面，藉着白芽名茶，饮一杯浊酒，抚弄几番清雅的古琴，确实足以引为乐事。

辋水^①沦涟，与月上下。寒山远火，明灭林外。深巷小犬，吠声如豹。村虚夜舂，复与疏钟相间。此时独坐，童仆静默。

【注释】①辋水：即辋川，在今西安市蓝田县，王维曾隐居于此。

【译文】辋水上涟漪圈圈，明月倒映其中，随水波上下起伏。远处幽寒的山谷和点点的灯火，在树林外明明灭灭。深处的小巷传来小狗的叫声，就如同豹子嘶吼。村落里悄然沉静，只有夜晚舂米的声音，和那偶尔响起的钟声相间而发。这个时候独自静坐，童仆也都静默无言。

东风开柳眼^①，黄鸟骂桃奴^②。

【注释】①柳眼：早春初生的柳叶如人睡眼初展，因以为称。②桃奴：即桃枭，经冬不落的干桃子。

【译文】东风吹来，嫩绿的柳叶如睡眼初展；黄鸟鸣叫，似乎在怨骂那无法食用的桃枭。

晴雪长松，开窗独坐，恍如身在冰壶^①；
斜阳芳草，携杖闲吟，信是人行图画。

【注释】①冰壶：借指月光、月宫。

【译文】雪后初晴，孤松高耸，打开窗户独自闲坐，恍如自己身就在月宫之中；夕阳西斜，芳草连天，带上手杖悠闲吟咏，的确是一副雅趣横生的人行图画。

小窗下修篁①萧瑟，野鸟悲啼；
峭壁间醉墨淋漓，山灵②呵护。

【注释】①修篁：修竹，长竹。②山灵：山神。
【译文】山间小窗之下，看那修长的竹树萧瑟摇曳，仿佛是野鸟在悲啼；悬崖峭壁之间，只见山岩如浓墨淋漓渲染，如同有山神在呵护。

霜林之红树，秋水之白苹。

【译文】霜染林间，那枫叶显得更加火红；秋水浸润，那白苹显得更加雅洁。

云收便悠然共游，雨滴便冷然①俱清，鸟啼便欣然有会，花落便洒然②有得。

【注释】①冷然：清越，凉爽。②洒然：洒脱，清爽，畅快。
【译文】云雾散去，就会悠闲惬意，与人共游；雨滴落下，就感到凉爽自在，一切皆清；鸟啼叫时，就会心中欣喜，有所领悟；花朵落下，就会洒脱畅快，若有所得。

千竿修竹，周遭半亩方塘；一片白云，遮蔽五株垂柳。

【译文】千株修长的竹子，周围有半亩方正的水塘；一片悠然的白云，遮蔽了五株低垂的柳枝。

山馆秋深，野鹤唳残清夜月；
江园春暮，杜鹃啼断落花风。

【译文】山中馆舍，秋色深深，野鹤孤唳之声使清冷的夜月更增寒意；江上园林，春光寥落，杜鹃哀啼之声使落花的晚风又添愁情。

青山非僧不致，绿水无舟更幽，
朱门①有客方尊，缁衣②绝粮益韵。

【注释】①朱门：红漆大门，指贵族豪富之家。②缁衣：僧尼的服装，黑色，代指僧人。

【译文】青山如果没有僧人就无逸趣，绿水如果没有小舟更显幽静，豪门只有宾客高坐才为尊贵，僧侣不食人间烟火反增雅韵。

杏花疏雨，杨柳轻风，兴到欣然独往；
村落烟横，沙滩月印，歌残倏尔言旋。

【译文】稀疏的雨滴落在杏花之上，习习的微风吹拂着杨柳枝叶，兴致起来就快乐地独自前往观赏；缥缈的云烟笼罩在村落之上，清冷的月光映照在岸边沙滩，歌咏未尽忽然又说回去。

赏花酣酒，酒浮园菊方三盏；

睡醒问月，月到庭梧第二枝。此时此兴，亦复不浅。

【译文】一边赏花一边畅饮，酒杯中漂浮着园中三盏菊花的花瓣；睡醒之后对天问月，月亮已经移到庭中梧桐的第二根树枝间。这个时候的雅兴，也是很不浅的。

几点飞鸦，归来绿树；一行征雁，界破春天。

【译文】几只飞舞的乌鸦，回来落在翠绿的树上；一行远征的大雁，将春日的天空划为两半。

看山雨后，霁色一新，便觉青山倍秀；

玩月江中，波光千顷，顿令明月增辉。

【译文】雨过之后观望远山，那霁明之色如焕然一新，就觉得青山更加秀丽；江水之中玩赏明月，那波光粼粼有千顷之广，顿时令明月增辉不少。

楼台落日，山川出云。

【译文】夕阳沉落, 余晖映照楼台; 云雾缥缈, 出于山川之间。

玉树之长廊半阴, 金陵之倒景犹赤。

【译文】两侧罗列玉树的长廊一半都是阴凉, 金陵倒映在水中的景物仍为红色。

小窗偃卧, 月影到床。或逗留于梧桐, 或摇乱于杨柳。翠华①扑被, 神骨俱仙。及从竹里流来, 如自苍云吐出。

【注释】①翠华: 皎洁的月光。

【译文】在小窗之下仰卧着, 月亮的影子来到床榻。那月影四处游移, 有时逗留在梧桐树上, 有时摇曳于杨柳枝间。皎洁的月光扑到被子上, 神清骨奇仿佛都要羽化登仙一般。等到月影移到竹林, 就像从竹子中流淌而来; 月影又转到云间, 犹如从苍云中吐露而出。

清送素娥①之环珮②, 逸移幽士之羽裳③,
想思足慰于故人, 清啸自纡④于良夜。

【注释】①素娥: 嫦娥别称。②环珮: 女子所佩的玉饰。"珮"同"佩"。③羽裳: 羽衣, 道士服饰。④纡: 系, 结。

【译文】月中嫦娥的佩玉送来清雅之趣, 山中幽人的羽衣带来飘逸之风, 思念之心足以慰藉老友, 清亮长啸自萦良宵佳夜。

绘雪者，不能绘其清；绘月者，不能绘其明；绘花者，不能绘其香；绘风者，不能绘其声；绘人者，不能绘其情。

【译文】画雪的人，不能画出雪的清幽；画月的人，不能画出月的明亮；画花的人，不能画出花的芳香；画风的人，不能画出风的声音；画人的人，不能画出人的情志。

读书宜楼，其快有五：无剥啄①之惊，一快也；可远眺，二快也；无湿气浸床，三快也；木末竹颠，与鸟交语，四快也；云霞宿高檐，五快也。

【注释】①剥啄：敲门。
【译文】读书适宜在楼阁之上，因为有五种快意之事：没有敲门声的惊扰，这是第一件快意之事；可以眺望远处风景，这是第二件快意之事；没有湿气浸润床铺，这是第三件快意之事；树端竹梢之间，可以与飞鸟交谈，这是第四件快意之事；云雾烟霞停驻在高高的房檐边，这是第五件快意之事。

山径幽深，十里长松引路，不倩①金张②；
俗态纠缠，一编残卷疗人，何须卢扁③？

【注释】①倩：请求。②金张：汉时金日磾、张安世二人并称，二氏子孙相继，七世荣显，后因用为显宦的代称。③卢扁：古代名医扁鹊，因家于卢国,故又名"卢扁"。

【译文】山中小径幽远深邃,但有十里高耸的古松为我引路,就不必去求金张那样的世家;世情俗态缠扰身心,只要一编残旧的书卷就能治疗,哪里会需要扁鹊那样的神医?

喜方外^①之浩荡,叹人间之窘束^②;
逢阆苑^③之逸客,值蓬莱之故人。

【注释】①方外:世外,指仙境或僧道隐士所居之处。②窘束:约束,拘谨。③阆苑:阆风之苑,传说为仙人住处。

【译文】喜欢尘世之外的旷远无涯,感叹人世之中的束缚窘迫;巧逢阆风仙苑的飘逸之客,值遇蓬莱仙山的旧友故人。

忽据梧而策杖,亦披裘而负薪。

【译文】有时身靠梧桐而手执竹杖,有时身披皮裘而肩背木柴。

出芝田^①而计亩,入桃源而问津。菊花两岸,松声一丘,叶动猿来,花惊鸟去。阅丘壑之新趣,纵江湖之旧心。

【注释】①芝田:传说中仙人种灵芝的地方。

【译文】走出仙人芝田,计算田地亩数;进入世外桃源,询问渡口何处。河水两岸盛开菊花,风吹松林之声响彻山丘,树叶晃动是猿猴到来,花瓣惊颤是飞鸟掠去。游览山丘谷壑,新鲜有趣;浪迹江河湖海，旧心依然。

篱边杖履①送僧，花须②列于角巾③，石上壶觞坐客，松子落我衣裾④。

【注释】①杖履：拄杖漫步。②花须：花蕊。③角巾：方巾，隐士冠饰。④衣裾：衣襟。

【译文】篱笆旁边拄杖送别僧人，点点花蕊罗列方巾之上，石上放置酒器，客人围坐相谈，林间松子跳落在我衣襟。

远山宜秋，近山宜春，高山宜雪，平山宜月。

【译文】远方的山适合在秋天观赏，近处的山适合在春天游览，高峻的山适合在雪中探访，低平的山适合在月下玩味。

珠帘蔽月，翻窥窈窕之花；绮幔藏云，恐碍扶疏之柳。

【译文】珠玉的帘幕遮住了月亮，卷起来观看帘外柔美的花朵；绮丽的帷幔隐藏着云彩，唯恐妨碍了疏密相间的垂柳。

松子为餐，蒲根可服。

【译文】松树子可以作为餐饭饱腹，蒲草根可以作为良药服用。

烟霞润色，荃荑①结芳。出涧幽而泉冽，入山户而松凉。

【注释】①荃荑：菖蒲和黄草。荑，茅草嫩芽。

【译文】烟雾云霞浸润山色，菖蒲黄草凝结芬芳。走出幽深的山涧有甘冽的泉水，进入山岳门户有阴凉的古松。

旭日始暖，蕙草可织。园桃红点，流水碧色。

【译文】初升的朝阳才有一点暖意，芬芳的蕙草已可编织饰物。园中的桃子点点殷红，山涧的流水碧波粼粼。

玩飞花之度窗，看春风之入柳。命丽人于玉席，陈宝器于纨罗。忽翔飞而暂隐，时凌空而更飏。竹依窗而庭影，兰因风而送香。风暂下而将飘，烟才高而不暝。

【译文】观赏飞舞的花朵飘过小窗，远望徐徐的春风吹拂柳枝。吩咐美女丽人坐在珠玉席上，陈列珍玩宝器于丝织绢布上。鸟雀忽而飞翔转又隐蔽，云彩时而升空却又高扬。竹枝靠着窗户在庭中洒下树影，兰花借着清风送来缕缕芳香。微风刚刚停息又要飘起，云烟才升高空而天色还未晚。

悠扬绿柳，讶①合浦②之同归；缭绕青霄，环五星③之一气。

【注释】①讶：同"迓"，迎接。②合浦：古郡名，汉置，在今广西合浦县东北。③五星：指水、木、金、火、土五大行星。

【译文】悠然飘扬的翠绿柳枝，迎接从合浦一起归来的客人；烟雾缭绕的青色云霄，环抱着五大行星而一气贯通。

缛绣①起于缇纺②，烟霞生于灌莽。

【注释】①缛绣：绚丽的锦绣。②缇纺：一种橘红色的丝织品。

【译文】绚丽锦绣源自颜色橘红的缇纺，烟雾云霞生于灌木丛生的草野。

卷七　集韵

人生斯世，不能读尽天下秘书灵笈①，有目而昧，有口而哑，有耳而聋，而面上三斗俗尘，何时扫去？则"韵"之一字，其世人对症之药乎？虽然，今世且有焚香啜茗，清凉在口，尘俗在心，俨然自附于韵，亦何异三家村②老妪，动口念阿弥，便云升天成佛也。集韵第七。

【注释】①灵笈：装仙道秘籍的箱子，此指仙道秘籍。②三家村：偏僻的小乡村。

【译文】人生在这个世界上，不能读尽天下的奇书秘籍，虽有双眼如同失明，虽有口唇好像哑然，虽有两耳却似聋残，而脸上那三斗的世俗尘土，什么时候才能清扫干净？那么"韵"这个字，难道不正是给世人的对症良药吗？虽然如此，今天的世界也还有些人焚香品茶，口中所谈是清凉之语，心中所念却是尘俗之事，俨然一副自己趋附于雅韵别致的姿态，这与那些以为动口念几声阿弥陀佛就能升天成佛的山野老太又有什么区别呢？因此编纂了第七卷"韵"。

陈慥①家蓄数姬，每日晚，藏花一枝，使诸姬射覆②，中者留宿，时号"花媒"。

【注释】①陈慥：字季常，北宋眉州人，自称龙丘先生，苏东坡好友，喜好宾客，蓄纳声妓。②射覆：一种猜物游戏，藏物于一器具下，让人猜测物名；或藏物于数器具下，让人猜测物所在。

【译文】陈慥家中蓄养了姬妾数人，每天晚上，他都要在多个器具下藏一枝花，猜中的人就于当晚留宿，当时的人称之为"花媒"。

雪后寻梅，霜前访菊，雨际护兰，风外听竹。

【译文】雪落之后去探寻盛开的梅花，霜降之前去观赏怒放的菊花，雨洒之际去遮护幽雅的兰花，风起天外去聆听竹林的清声。

清斋幽闭，时时暮雨打梨花；
冷句①忽来，字字秋风吹木叶②。

【注释】①冷句：意境幽冷的字句。②木叶：树叶。
【译文】环境清雅的书斋门户幽闭，常常会有傍晚的雨水敲打着梨花；意境幽冷的字句忽然浮现，字字就像秋天的凉风吹拂着树叶。

多方分别，是非之窦①易开；一味圆融②，人我③之见不立。

【注释】①窦：端倪。②圆融：佛教语，谓破除偏执，圆满融通。③人我：佛教语，谓凡夫妄认自身常住不变，执著"有我"之见。

【译文】多方面分辨甄别，是非的端倪就容易解开；一味地圆满融通，人我的妄见就无处立足。

春云宜山，夏云宜树，秋云宜水，冬云宜野。

【译文】春天的云彩适合与山峦搭配，夏天的云彩适合与树木搭配，秋天的云适合与流水搭配，冬天的云适合与旷野搭配。

清疏畅快，月色最称风光；潇洒风流，花情何如柳态？

【译文】要论疏朗清畅，月色最能称得上风光之景；若谈潇洒风流，花的风情怎么比得上柳的姿态？

春夜小窗兀坐，月上木兰，有骨凌冰①，怀人②如玉。因想"雪满山中高士卧，月明林下美人来③"语，此际光景颇似。

【注释】①凌冰：冰霜侵凌。②怀人：怀念的人。③此两句诗出自明代高启《咏梅九首》。

【译文】春天的夜晚在小窗边静坐，月亮升到木兰树上，冰霜侵凌着肌骨，怀念如玉的美人。于是想起"雪满山中高士卧，月明林下美人来"的诗句，与此时此间的风光景致颇为类似。

文房供具，借以快目适玩，铺叠如市，颇损雅趣。其点缀之法，罗罗清疏，方能得致。

【译文】书房中陈设的用具，是用来怡悦眼目、适意赏玩的，如果铺叠罗列得如同集市上的店铺，那就大减雅趣了。在书房里布置点缀的方法，是要疏朗清晰，才能有书房的韵致。

香令人幽，酒令人远，茶令人爽，琴令人寂，棋令人闲，剑令人侠，杖令人轻，麈令人雅，月令人清，竹令人冷，花令人韵，石令人隽，雪令人旷，僧令人谈，蒲团令人野，美人令人怜，山水令人奇，书史令人博，金石①鼎彝②令人古。

【注释】①金石：指古代镌刻文字、颂功纪事的钟鼎碑碣之属。②鼎彝：古代祭器，上面多刻着表彰有功人物的文字。

【译文】燃香使人觉得幽静，饮酒使人觉得辽远，品茶使人觉得清爽，弹琴使人觉得寂静，下棋使人觉得闲适，舞剑使人觉得侠义，执杖使人觉得轻快，拂尘使人觉得高雅，月光使人觉得清凉，竹树使人觉得幽冷，花卉使人觉得有韵味，奇石使人觉得隽永，落雪使人觉得旷达，僧人使人觉得善谈，蒲团使人觉得有野趣，美人使人心生怜爱，山水使人觉得奇美，书册史籍使人学识广博，金石鼎彝使人觉得古朴。

吾斋之中，不尚虚礼。凡入此斋，均为知己。随分①款留②，忘形笑语。不言是非，不侈^③荣利。闲谈古今，静玩山水。清茶好酒，以适幽趣。臭味^④之交，如斯而已。

【注释】①随分：依循本分。②款留：殷勤留客。③侈：过度追求。④臭味：指志趣相投。

【译文】我的书斋之中，不崇尚世俗的虚伪礼节。凡是进入这个书斋的人，都是我的知己。尽本分殷勤留客，欢声笑语之中忘记自身。不谈论人我是非，也不奢求荣华利禄。悠闲地谈论古今之事，宁静地赏玩山水美景。清雅的茶和上好的酒，可以满足自己幽雅的情趣。与志趣相投的人相交，如此而已。

窗宜竹雨声，亭宜松风声，几宜洗砚声，榻宜翻书声，月宜琴声，雪宜茶声，春宜筝声，秋宜笛声，夜宜砧声。

【译文】小窗边适合聆听竹上雨声，亭台里适合聆听风过松声，几案边适合聆听洗砚之声，床榻边适合聆听翻书之声，月下适合聆听弹琴之声，雪中适合聆听烹茶之声，春天适合聆听风筝之声，秋天适合聆听鸣笛之声，夜晚适合聆听捣衣之声。

鸡坛^①可以益学，鹤阵^②可以善兵。

【注释】①鸡坛：晋代周处《风土记》："越俗性率朴，初与人交，有礼：封土坛，祭以犬鸡"，后遂以"鸡坛"为交友拜盟之典。②鹤阵：古战阵名。

【译文】交友拜盟的"鸡坛"可以增长学问，精心排列的"鹤阵"可以改善兵法。

翻经如壁观僧，饮酒如醉道士，横琴如黄葛①野人，肃客②如碧桃③渔父。

【注释】①黄葛：葛布，指隐居的人。②肃客：迎进客人。③碧桃：又名千叶桃花，是桃树的一个变种，供观赏和药用。

【译文】翻阅经书就如面壁而观的僧人，酣畅饮酒就如酩酊大醉的道士，抚弄古琴就如身着葛衣的野客，迎进宾客就如碧桃园中的渔翁。

竹径款扉①，柳阴班席②。每当雄才之处，明月停辉，浮云驻影，退而与诸俊髦③西湖靓媚④。赖此英雄，一洗粉泽⑤。

【注释】①款扉：叩门。②班席：分列席位，按次序落座。③俊髦：英俊杰出之士。④靓媚：艳丽妩媚。⑤粉泽：粉黛脂泽，化妆用品。

【译文】沿着竹林小径去叩柴门，在柳树阴下列席而坐。每每英杰雄才所到之处，明月的光辉停留不动，飘浮的云彩驻留光影，于是回去和这些俊才豪杰观赏西湖的艳丽妩媚。有赖于这些英雄才俊，西湖的粉黛脂泽之气才一洗而光。

云林①性嗜茶，在惠山②中，用核桃、松子肉和白糖，成小块如石子，置茶中，出以啖客，名曰清泉白石。

【注释】①云林：倪瓒，元末明初画家，江苏无锡人，字泰宇，后字元镇，号云林子、幻霞子等，"元四家"之一。②惠山：位于江苏无锡西郊，属天目山支脉，最高峰为三茅峰。

【译文】倪瓒素来嗜好饮茶，在惠山居住时，他在核桃、松子的果仁中放上白糖，做成石子一样的小块，调在茶水中，然后取来让客人品尝，并称之为"清泉白石"。

有花皆刺眼，无月便攒眉①，当场②得无妒我？花归三寸③管，月代五更灯，此事何可语人？

【注释】①攒眉：皱眉。②当场：就在那个地点那个时候。③三寸：指舌。

【译文】有花卉在前都会引人注目，无明月当空就要皱眉不快，那时那处难道不是嫉妒我吗？花卉归舌头评点，明月替代五更灯火，这事怎么能给人说透呢？

求校书①于女史②，论慷慨于青楼。

【注释】①校书：原指掌校理典籍的官员，后因蜀中能诗文的乐伎薛涛被称为"女校书"而成为歌女乐伎的雅称。②女史：女官名，掌管王后礼仪、撰写文件等事。

【译文】在女史之中寻求才艺超群的乐伎，在青楼之上论说慷慨激昂的义理。

填不满贪海，攻不破疑城。

【译文】贪欲之海永远填不满，多疑之城永远攻不破。

机息①便有月到风来，不必苦海人世；
心远自无车尘马迹，何须痼疾丘山②？

【注释】①机息：机心止息，犹忘机。②痼疾丘山：固执爱好山林之乐。
【译文】机心止息就有明月相照、清风徐来，不必把人世当作茫茫苦海；心地高远自然没有车扬风尘、马踏蹄迹，哪需苦心营求山林之乐呢？

郊中野坐，固可班荆；径里闲谈，最宜拂石。侵云烟而独冷，移开清笑胡床；藉竹木以成幽，撤去庄严莲坐。

【译文】在郊外小坐，固然可以铺荆于地；在小径中闲谈，最适合拂拭路边的奇石。云烟侵袭而身体独感寒冷，就可移开可以清谈欢笑的胡床；借助竹林形成幽雅的环境，就可撤去精美庄严的莲座。

幽心人似梅花，韵心士同杨柳。

【译文】内心含藏幽雅的人好似梅花，内心别有韵致的人如同杨柳。

情因年少, 酒因境多。

【译文】多情是因为正值年少, 饮酒是因为遭际复杂。

看书筑得村楼, 空山曲抱; 趺坐扫来花径, 乱水斜穿。

【译文】阅览书籍要在筑起的村野小楼中, 空旷的远山形成环抱之势; 跏趺静坐要在扫过的长花小路边, 四处流布的溪水交错斜穿。

倦时呼鹤舞, 醉后倩僧扶。

【译文】疲倦之时呼唤仙鹤起舞, 酒醉之后请求僧人搀扶。

笔床①茶灶, 不巾栉②闭户潜夫③;
宝轴④牙签⑤, 少须眉下帷⑥董子⑦。

【注释】①笔床: 卧置毛笔的器具。②巾栉: 巾和梳篦, 引申指盥洗。③潜夫: 隐者。④宝轴: 精致的卷轴, 亦借指珍贵的书籍。⑤牙签: 象牙等制成的签牌, 系在书卷上作为标识, 以便翻检。亦指代书籍。⑥下帷: 放下室内悬挂的帷幕, 引申指闭门苦读。⑦董子: 董仲舒, 西汉思想家, 曾下帷研究讲解经学, 长达三年。
【译文】放笔的木架和烹茶的灶具, 陪伴着一位不加梳洗、闭门谢客的隐士; 精致的卷轴和象牙骨的书签都有, 却少了一位像董子那样下帷治学的男儿。

鸟衔幽梦远，只在数尺窗纱；蛩^①递秋声悄，无言一龛灯火。

【注释①】蛩：蟋蟀。

【译文】鸟儿衔着幽深的梦境远去，仿佛相距只在几尺窗纱之间；蟋蟀悄然传递秋天的声音，只有龛中一盏烛火无言自燃。

藉草班荆，安稳林泉之岁^①；披裘拾穗，逍遥草泽之曜^②。

【注释】①岁：同"夕"，夜晚。②曜：照耀，明亮。

【译文】借着青草席地而坐，相对而谈，夜幕笼罩的林木山泉让人安稳适意；身披裘衣拾着田间的麦穗，阳光照耀的草野水泽让人逍遥自在。

万绿阴中，小亭避暑，八闼^①洞开，几簟^②皆绿。雨过蝉声来，花气令人醉。

【注释】①闼：小门。②簟：竹席。

【译文】在一片浓绿的树阴之中，小亭是避暑的好地方，其中八扇小窗都大开着，几案和竹席似乎都染上了绿意。雨过之后，阵阵蝉鸣之声传来，花卉的芬芳之气令人沉醉。

剿犀截雁^①之舌锋，逐日追风^②之脚力。

【注释】①剸犀截雁：利刃割断犀牛皮，快箭拦截住飞雁。此处比喻言辞锋锐犀利。②逐日追风：比喻速度极快。逐日，夸父逐日。追风，古骏马名。

【译文】言辞犀利，犹如刀断犀皮、箭拦飞雁；脚力强健，就像夸父逐日、骏马追风。

瘦影疏而漏月，香阴气而堕风。

【译文】细瘦的竹影清疏摇曳，透过点点月光；芬芳的花阴吐露香气，随风飘散四方。

修竹到门云里寺，流泉入袖水中人。

【译文】修长的竹树一直延伸到大门，寺院如同云雾缭绕的仙境；飞流的泉水好像进入了衣袖，人恍如置身于汪洋浩瀚的水泊。

诗题①半作逃禅②偈，酒价③都为买药钱。

【注释】①诗题：诗的题材。②逃禅：原指背离佛禅而回归儒家，后亦指遁世参禅。③酒价：酒资，酒钱。

【译文】诗作的题材有一半是参禅的偈语，买酒的钱财都来自于买药的资金。

扫石月盈帚，滤泉花满筛。

【译文】清扫石阶，不觉月光盈满扫帚；过滤泉水，花瓣落满筛子。

流水有方能出世，名山如药可轻身。

【译文】流水有妙方，能让人超尘出世；名山如仙药，可令人身轻如燕。

与梅同瘦，与竹同清，与柳同眠，与桃李同笑，居然花里神仙；与莺同声，与燕同语，与鹤同唳，与鹦鹉同言，如此话中知己。

【译文】和梅树一样清瘦，和竹子一样清雅，和柳枝一同入眠，和桃李一起欢笑，俨然就是花中神仙；和黄莺一同鸣叫，和飞燕一同细语，和鹦鹉一同说话，这样就是话中知己。

栽花种竹，全凭诗格①取裁②；听鸟观鱼，要在酒情③打点④。

【注释】①诗格：诗的体例格调。②取裁：选取。③酒情：饮酒的情趣。④打点：准备，考虑。
【译文】栽培花卉、种植竹树的内容，全靠诗作的体例格调选取；听闻鸟啼、观看游鱼的场景，要在酒兴正浓时作为点缀。

登山遇厉瘴①，放艇②遇腥风，抹竹③遇缪丝④，修花遇醒雾⑤，欢场遇害马⑥，吟席⑦遇伧夫⑧，若斯不遇⑨，甚于泥途；偶集⑩逢好花，动歌逢明月，席地逢软草，攀磴逢疏藤，展卷逢静云，战茗逢新雨，如此相逢，逾于知己。

【注释】①厉瘴：浓重的瘴气。②放艇：泛舟。③抹竹：轻弹弦乐。竹，弦乐器。④缪丝：绞结的琴弦。"缪"同"樛"。⑤醒雾：迷蒙的大雾。⑥害马：原指有害于马天性之事，后喻有危害性的事物。⑦吟席：诗人的席位。⑧伧夫：贫贱的粗汉。⑨不遇：不好的遭遇，不得其意。⑩偶集：偶尔停留。

【译文】攀登山峰时遇到浓重的瘴气，泛舟江河时遇到腥臭的大风，轻弹弦乐时遇到绞结的琴弦，修理花卉时遇到迷蒙的大雾，欢乐场中遇到害群的野马，吟诗席间遇到粗俗的大汉，像这些不好的遭遇，比陷入污泥更为糟糕；偶尔停留时遇到美丽的花朵，放声高歌时遇到皎洁的明月，席地而坐时遇到柔软的草地，攀登山岩时遇到疏朗的藤蔓，开卷读书时遇到幽静的云彩，朋友斗茶时遇到新雨初降，如这般美好的相逢，超过了与知己相交。

草色遍溪桥，醉得蜻蜓春翅软；
花风通驿路，迷来蝴蝶哓魂香。

【译文】青青草色遍满溪边小桥，连蜻蜓也沉醉其中，翅膀好像轻软无力；缕缕花香飘向驿站大道，连蝴蝶也迷恋不已，清晨时分心魂仍余香气。

田舍儿强作馨语①,博得俗因;风月场插入伧夫,便成恶趣。

【注释】①出自《世说新语·文学》:"殷中军尝至刘尹所,清言良久,殷理小屈,游辞不已,刘亦不复答。殷去后,乃云:田舍儿强学人作尔馨语!"

【译文】农家小儿勉强说些高雅的话,只成了博得低俗之因;风月场中放入一位粗俗大汉,就成了恶俗的趣味。

诗瘦①到门邻病鹤,清影颇嘉;
书贫②经座并寒蝉,雄风顿挫。

【注释】①诗瘦:用沈约诗瘦之典。南朝诗人沈约,苦吟致瘦。②书贫:用东老书贫之典。宋代隐士沈思,号东老,倾囊购书,安贫守道。

【译文】苦吟致瘦的诗人来到门前,与生病的鹤为邻,清幽的形影极有意韵;藏书致贫的隐士经过高座,与寒风中的蝉为伴,雄健的风度立刻受挫。

梅花入夜影萧疏,顿令月瘦;柳絮当空晴恍惚,偏惹风狂。

【译文】梅花在夜幕之下,影子显得萧索清疏,顿时让月亮也瘦了几分;柳絮在空中纷飞,晴空变得恍惚不明,偏偏又惹来狂风大作。

花阴流影,散为半院舞衣;水响飞音,听来一溪歌板①。

【注释】①歌板：拍板，用以伴和音乐、掌控节拍。

【译文】花阴之间流动的清影，散落半院，犹如飘动的舞衣；水响声中飞来的音符，倾听一溪，仿佛歌咏的拍板。

萍花香里风清，几度渔歌；杨柳影中月冷，数声牛笛。

【译文】萍花芬芳的香气中，清风习习，几度传来渔家的歌声；杨柳依依的倩影里，月色清冷，几次听到牧童的笛声。

谢将缥缈无归处，断浦沉云；行到纷纭不系时，空山挂雨。

【译文】辞别故人，漂泊四海，不知归向何方，只见江水断尽、云霞低沉；行到中途，美景缤纷，了无羁绊之时，但看远山空寂、雨帘高挂。

浑如花醉，潦倒何妨；绝胜柳狂，风流自赏。

【译文】全然好似香气醉人的鲜花，就算穷困潦倒又有何妨；绝对胜过风中狂舞的柳枝，风流倜傥唯有自己欣赏。

春光浓似酒，花故醉人；夜色澄如水，月来洗俗。

【译文】春光浓郁好似美酒，所以花香可以使人沉醉；夜色澄净如同清水,明月到来可以洗去尘俗。

雨打梨花深闭门①,怎生消遣?
分付梅花自主张②,着甚牢骚?

【注释】①此句出自宋代李重元《忆王孙》:"杜宇声声不忍闻,欲黄昏,雨打梨花深闭门。"②此句出自宋代陈郁《苦吟》:"闭门不管庭前月,分付梅花自主张。"

【译文】雨点打着梨花,门户却紧闭着,怎能消遣这美景呢?梅花独自盛开,人却不去欣赏,还要发什么牢骚呢?

对酒当歌,四座好风随月到;脱巾露顶,一楼新雨带云来。

【译文】美酒在前,放声高歌,清风随明月而来,吹拂四处座席;摘下巾冠,露出顶髻,新雨伴轻云而至,润泽一座小楼。

浣花溪①内,洗十年游子衣尘;
修竹林②中,定四海良朋交籍。

【注释】①浣花溪:又名百花潭,在成都市西郊,旁有杜甫故居浣花草堂。②修竹林:指竹林七贤所在的竹林,在今河南省焦作市。

【译文】浣花溪里,洗去游子衣上十年的风尘;修竹林中,确定交游天下好友的名籍。

人语亦语,诋^①其昧于钳口^②;人默亦默,訾^③其短于雌黄^④。

【注释】①诋:诋毁。②钳口:闭口,沉默不言。③訾:非议,指责。④雌黄:议论,评论。

【译文】别人说话自己也跟着说话,人们就会批评他不懂寡言;别人沉默自己也跟着沉默,人们就会指责他不善议论。

艳阳天气,是花皆堪酿酒;绿阴深处,凡叶尽可题诗。

【译文】艳阳高照的美好天气,只要是花都可以用来酿酒;绿木成阴的幽深之处,凡是树叶都可以用来题诗。

曲沼^①荇^②香浸月,未许鱼窥;幽关^③松冷巢^④云,不劳鹤伴。

【注释】①曲沼:曲池,曲折迂回的池塘。②荇:多年生草本,嫩茎可食,全草入药。③幽关:幽邃的关隘。④巢:栖息。

【译文】迂回的曲池中,荇菜的清香浸染了明月,不许游鱼来窥视;幽邃的关隘边,清冷的孤松边云霞栖息,不劳仙鹤来相伴。

篇诗斗酒,何殊太白之丹丘^①;扣舷吹箫,好继东坡之赤壁^②。

【注释】①太白之丹邱：太白，李白之字。丹丘，元丹丘，唐代诗人、隐士，李白好友。②东坡之赤壁：东坡，苏轼之号。赤壁，苏轼所作《前赤壁赋》《后赤壁赋》二文。

【译文】篇篇奇诗，斗斗美酒，与李白的好友丹丘生有何不同？敲打船舷，吹起长箫，才好续写苏东坡的《赤壁赋》。

获佳文易，获文友难；获文友易，获文姬难。

【译文】求得辞章嘉美的文字容易，求得志同道合的文友困难；求得志同道合的文友容易，求得通晓文墨的美姬困难。

茶中着料，碗中着果，譬如玉貌加脂，蛾眉着黛，翻累本色。

【译文】在茶水中加入佐料，在汤碗中放上果脯，就好像如玉的美貌涂上胭脂，弯弯的秀眉画上黛色，反而损害了自然的本色。

煎茶非漫浪①，要须人品与茶相得，故其法往往传于高流②隐逸，有烟霞泉石磊落胸次③者。

【注释】①漫浪：放纵而不受世俗拘束。②高流：才情出众之人。③胸次：胸间，亦指胸怀。
【译文】煎茶并不是随心恣意之事，必须人品与茶品相合才行，所以其方术往往只是流传于英杰才俊和隐逸之士，以及那些胸怀磊落犹如烟霞泉石的人中。

楼前桐叶, 散为一院清阴; 枕上鸟声, 唤起半窗红日。

【译文】小楼前浓密的梧桐叶, 散落成一院清爽的树阴; 枕头上清亮的鸟鸣声, 呼唤起半窗殷红的朝阳。

天然文锦①, 浪吹花港②之鱼; 自在笙簧③, 风戛④园林之竹。

【注释】①文锦: 文彩斑斓的织锦。②花港: 花港观鱼, 西湖十景之一。③笙簧: 指笙。簧, 笙中之簧片。④戛: 刮。
【译文】波浪嬉戏着花港的游鱼, 就像一幅天然的华美织锦; 微风吹拂着园林的竹树, 如同一曲自在的清亮笙歌。

高士流连, 花木添清疏之致;
幽人剥啄①, 莓苔②生黯淡之光。

【注释】①剥啄: 叩击, 敲打。②莓苔: 青苔。
【译文】高洁之士流连忘返, 山花野木之间增添了几分清疏的情致; 幽雅之人轻叩慢敲, 路边青苔之上更生出一些黯淡的光影。

松涧边携杖独往, 立处云生破衲; 竹窗下枕书高卧, 觉时月浸寒毡。

【译文】带上手杖独自前往长着苍松的山涧边，站立之处有云雾在破旧的衲衣间萦绕；枕着书卷高高卧在竹影掩映的小窗下，觉察之时那月光已经浸润了寒凉的毛毡。

散履闲行，野鸟忘机时作伴；
披襟兀坐，白云无语漫相留。

【译文】放开脚步四处闲游，野鸟忘记机心，不时前来作伴；敞开衣襟独自端坐，白云默然无语，只留逍遥给人。

客到茶烟起竹下，何嫌屐破苍苔？
诗成笔影弄花间，且喜歌飞白雪。

【译文】客人来访，烹茶的轻烟从竹树下升起，何必嫌怨木屐踏坏了青苔？诗作写成，毛笔的影子在花丛间舞弄，且去欣喜歌声随白雪飞来。

月有意而入窗，云无心而出岫。

【译文】月亮如同有意地从窗户照入，云彩仿佛无心地从山间飘出。

屏绝外慕①，偃息长林，置理乱于不闻，托清闲而自佚②。松轩竹坞，酒瓮茶铛，山月溪云，农蓑渔罟③。

【注释】①外慕：他求，别有喜好。②自佚：自逸，自图安逸。③农蓑渔罟：农家的蓑衣和渔家的鱼网。

【译文】抛弃其他的爱好，止息在山林之间，天下治乱之事置之不闻，寄托自心于清闲安逸之中。松边的轩阁和竹下的花坞，藏酒的陶瓮和烹茶的茶釜，山间的明月和溪边的烟云，农家的蓑衣和渔家的鱼网，都蕴含着清雅的乐趣。

怪石为实友，名琴为和友，好书为益友，奇画为观友，法帖为范友，良砚为砺友，宝镜为明友，静几为方友，古磁①为虚友，旧炉为熏友，纸帐②为素友，拂尘为静友。

【注释】①磁：同“瓷”。②纸帐：以藤皮茧纸缝制的帐子。

【译文】以怪异的巨石作为坚实的朋友，以名贵的古琴作为和雅的朋友，以上好的书籍作为有益的朋友，以奇丽的绘画作为观赏的朋友，以名家的法帖作为描摹的朋友，以优质的笔砚作为磨砺的朋友，以宝贵的铜镜作为明亮的朋友，以宁静的几案作为方正的朋友，以仿古的瓷器作为清虚的朋友，以旧时的香炉作为熏染的朋友，以纸制的帐子作为素洁的朋友，以麈尾的拂尘作为幽静的朋友。

扫径迎清风，登台邀明月。琴觞之余，间以歌咏，止许鸟语花香，来吾几榻耳。

【译文】清扫小路迎接清风徐徐，登上楼台邀请明月皎皎。鼓琴饮酒之余，伴随着歌唱吟咏，只许那飞鸟细语、花朵芬芳传到我的几案床榻边。

风波尘俗，不到意中；云水淡情，常来想外。

【译文】世间风波，尘俗之事，从不在心意之中；闲云流水，淡雅之情，常到思想之外。

纸帐梅花，休惊他三春清梦；笔床茶灶，可了我半日浮生。

【译文】纸制的帐子，窗外的梅花，不要惊醒他三春清幽的梦境；放笔的木架，烹茶的灶具，可以陪伴我度过半日虚浮的光阴。

酒浇清苦月，诗慰寂寥花。

【译文】借酒浇愁，安抚清冷愁苦的月亮；吟咏诗歌，慰藉孤寂寥落的花朵。

好梦乍回，沉心未烬，风雨如晦，竹响入床，此时兴复不浅。

【注释】从好梦中刚刚醒觉，悠然回味的心还没有平复，然而天色昏暗，风雨欲来，风动竹林的声音传到床榻边，这时的雅兴仍然不减。

山非高峻不佳，不远城市不佳，不近林木不佳，无流泉不佳，无寺观不佳，无云雾不佳，无樵牧不佳。

【译文】山峦不高峻挺拔不好，不远离城市不好，不靠近树林不好，没有水流山泉不好，没有寺庙道观不好，没有云雾缭绕不好，没有樵夫牧童不好。

一室十圭^①，寒蛩声暗，折脚铛边，敲石无火。水月在轩，灯魂^②未灭，揽衣独坐，如游皇古^③。

【注释】①圭：古代较小的容量单位，一升的十万分之一。②灯魂：灯芯。③皇古：上古，远古。
【译文】一间仅有十圭的小室中，传来秋寒蟋蟀的喑哑叫声，折脚的茶铛旁边，敲打火石却生不出火。流水环绕、明月相照的轩阁，灯芯上的火花还没有熄灭，提起衣衫独自静坐，宛如仙游远古胜境。

意思虚闲，世界清净，我身我心，了不可取。此一境界，名最第一。

【译文】如果自己的思虑虚闲宁静,就会感到这个世界清净本然,我的身体和我的内心全都忘却,天地之间再没有什么可以求取。此时此刻的这个境界,就可称为第一等的境界。

花枝送客蛙催鼓,竹籁喧林鸟报更,谓山史实录。

【译文】招展的花枝好像在送别客人,连天的蛙声如同那战鼓催征,风中的竹林好似喧响天籁,清晨的鸟鸣仿佛是更夫报时,这可以说就是山中岁月的真实纪录。

遇月夜,露坐中庭,必爇香一炷,可号伴月香。

【译文】遇到有月亮的夜晚,露天坐在庭院中间,一定要点上一炷香,可以称之为"伴月香"。

襟韵^①洒落,如晴雪秋月,尘埃不可犯。

【注释】①襟韵:胸怀气度。
【译文】胸怀气度洒脱磊落,如晴空下的白雪和秋夜中的明月,连一点尘埃都不可侵染。

峰峦窈窕,一拳便是名山;花竹扶疏,半亩如同金谷。

【译文】山峰层峦秀美多姿，随便一座就是名山；鲜花翠竹疏密相间，半亩也如金谷之园。

观山水亦如读书，随其见趣高下。

【译文】观赏山水也如读书一样，随各人的见识情趣而有高下之分。

名利场中羽客①，人人输蔡泽②一筹；
烟花队里仙流，个个让涣之③独步④。

【注释】①羽客：道士或神仙。②蔡泽：战国时燕国人，善辩多智，游说诸侯，秦昭王拜为客卿，后代范雎为秦相，多主张道家思想。③涣之：王之涣，字季凌，唐代著名诗人。此处用典旗亭画壁。④独步：谓独一无二，无与伦比。

【译文】若说名利场中的道士，人人都要输蔡泽一筹；要论烟花队里的神仙，人人都只能让王之涣独步天下。

深山高居，炉香不可缺，取老松柏之根枝实叶共捣治之，研枫肪①羼和②之。每焚一丸，亦足助清苦③。

【注释】①枫肪：枫脂，即枫树的胶，味香，可入药。②羼和：把不同的东西掺混在一起。③清苦：清寂幽冷。

【译文】住在深山高处，炉中燃香不可缺少。取来老松柏树的根、枝、果、叶一起捣碎,研细枫脂掺入。每次点燃一丸,也足以增添几分清寂幽冷的意趣。

白日羲皇^①世,青山绮皓^②心。

【注释】①羲皇:伏羲氏。②绮皓:绮里季,隐士,商山四皓(东园公、绮里季、夏黄公、甪里先生)之一。

【译文】日光明耀,如同身处上古圣王伏羲的时代;青山幽静,就像隐居商山的绮里季的内心。

松声,涧声,山禽声,夜虫声,鹤声,琴声,棋子落声,雨滴阶声,雪洒窗声,煎茶声,皆声之至清,而读书声为最。

【译文】风动松林声,泉流山涧声,山野禽鸣声,夜晚虫吟声,仙鹤长唳声,古琴弹奏声,棋子落盘声,雨滴石阶声,雪洒窗棂声,烹煮香茶声,这些都是声音之中最清雅的,而其中以读书声最为清雅。

晓起入山,新流没岸,棋声未尽,石磬依然。^①

【注释】①此句出自宋《文天祥集》,原文"磬"为"骨"。石磬,一种石制的打击乐器。

【译文】清晨起来进入山中,新涨的溪水淹没了两岸,下棋落子的声音还没有消失,石磬的悠扬的余音依然不绝。

松声竹韵，不浓不淡。

【译文】松涛的声音和绿竹的雅韵，不浓重也不浅淡。

何必<u>丝</u>与竹，山水有清音。

【译文】何必要用丝竹管弦演奏音乐，山水之间自然有清雅的音声。

世路中人，或图功名，或治生产，尽自正经，争奈天地间好风月、好山水、好书籍，了不相涉，岂非枉却一生？

【译文】世间的人，有的追求功名利禄，有的专营治生产业，都认为自己在做真正应做之事，怎奈何对于天地间的好风月、好山水、好书籍一点都没有涉猎，这难道不是白活了这一生吗？

李岩老①好睡，众人食罢下棋，岩老辄就枕。阅数局乃一展转，云：我始一局，君几局矣？

【注释】①李岩老：北宋时南岳衡山道士，苏轼好友。

【译文】李岩老喜欢睡觉，大家吃完饭开始下棋，他立刻就去睡觉。等大家下了几局棋后，他才翻了一次身，说道：我才睡了一局，你们下了几局了？

晚登秀江亭^①，澄波古木，使人得意于尘埃之外。盖人闲景幽，两相奇绝耳。

【注释】①秀江亭：位于江西新余袁江之滨虎瞰山上，北宋隐者吴仁建造私人别墅于此。

【译文】傍晚登上秀江亭，只见那江波澄净、古木森然，使人如有出尘离俗的惬然之意。或许是人自悠闲、景自幽静，所以二者都显得清奇无比吧！

笔砚精良，人生一乐，徒设只觉村妆^①；
琴瑟在御，莫不静好^②，才陈便得天趣^③。

【注释】①村妆：乡村妇女的打扮，庸俗的妆饰。②静好：安静和美。③天趣：自然的情趣，天然的风致。

【译文】精良的笔砚是人生一大乐趣，但如果只是当作摆设，只会让人觉得如同村妇的装扮一样庸俗；琴瑟正在弹奏，没有不安静和美的，才一摆好就有天然的意趣在其中了。

《蔡中郎传》^①，情思逶迤；北《西厢记》^②，兴致流丽。学他描神写景，必先细味沉吟，如曰寄趣本头，空博风流种子。

【注释】①《蔡中郎传》：即元末高明所写的南戏《琵琶记》。蔡中郎，蔡邕，字伯喈，东汉文学家、书法家，官至左中郎将，著名才女蔡文姬之父。②《西厢记》：元代王实甫所作戏曲作品。

【译文】《琵琶记》的情思缠绵悱恻,《西厢记》的情致风流雅丽。要学习其描绘神韵、状写风景的技巧,一定要先仔细品味、沉思吟咏,如果说只是寄托情趣于文本之间,那也只是白得一个风流种子的名声罢了。

夜长无赖①,徘徊蕉雨半窗;日永②多闲,打叠桐阴一院。

【注释】①无赖:无聊,谓情绪因无依托而烦闷。②日永:指夏天白昼长。

【译文】长夜漫漫,无聊之至,在半扇小窗前徘徊,看那雨打芭蕉;夏日昼长,多有闲暇,在庭院之中打理,才知桐树成阴。

雨穿寒砌,夜来滴破愁心;雪洒虚窗,晓去散开清影。

【译文】雨滴落在寒冷的石阶上,在静夜里如同打破了心中的忧愁;雪花洒在虚掩的窗户上,在清晨时仿佛散开了清幽的影子。

春夜宜苦吟,宜焚香读书,宜与老僧说法,以销艳思;夏夜宜闲谈,宜临水枯坐,宜听松声冷韵,以涤烦襟;秋夜宜豪游①,宜访快士②,宜谈兵说剑,以除萧瑟;冬夜宜茗战,宜酌酒说《三国》《水浒》《金瓶梅》诸集,宜箸③竹肉④,以破孤岑⑤。

【注释】①豪游：兴致极高的游乐活动。②快士：豪爽之士。③箸：同"著"，用。④竹肉：竹，管乐；肉，歌喉。后以"竹肉"泛指器乐与歌唱。④孤岑：孤独清寂。

【译文】春天的夜晚适合反复吟咏诗赋，适合焚上好香阅读书籍，适合和老僧谈论佛法，以消除心中香艳的情思；夏天的夜晚适合闲谈，适合在水边静坐，适合聆听风动松声的幽冷音韵，以涤除心怀的烦闷；秋天的夜晚适合开怀畅游，适合探访豪爽之士，适合谈论兵法剑术，以祛除萧瑟肃杀的气息；冬天的夜晚适合斗茶，适合一边饮酒一边论说《三国演义》《水浒传》《金瓶梅》等书籍，适合奏乐歌唱，以打破孤独清寂的氛围。

玉之在璞①，追琢②则珪璋③；水之发源，疏浚④则川沼。

【注释】①璞：蕴藏有玉的石头。②追琢：雕琢。追，通"雕"。③珪璋：两种玉制礼器，古代用于朝聘、祭祀。"珪"同"圭"。④疏浚：疏通水道。

【译文】美玉蕴藏在璞石之中，只要精心雕琢就可以成为圭璋礼器；流水从源头发出，只要疏通淤塞就可以形成江河湖沼。

山以虚而受，水以实而流，读书当作是观。

【译文】高山因为空虚而能容纳他物，流水因为充实而能流淌不息，读书应当要有这样的见解。

古之君子，行无友，则友松竹；居无友，则友云山。余无友，则友古之友松竹、友云山者。

【译文】古代的君子，在出行没有朋友的时候，就以苍松翠竹作为朋友；在居住没有朋友的时候，就以白云青山作为朋友。我在没有朋友的时候，就将古代以苍松翠竹、白云青山为友的人作为朋友。

买舟载书，作无名钓徒^①。每当草蓑^②月冷，铁笛霜清，觉张志和^③、陆天随^④去人未远。

【注释】①钓徒：渔人。②草蓑：蓑衣，用蓑草编制而成。③张志和：字子同，号玄真子、烟波钓徒，唐代大臣，后弃官归隐。④陆天随：原名陆龟蒙，唐代农学家、文学家，字鲁望，别号天随子、江湖散人、甫里先生，亦先从政而后退隐。

【译文】买一艘小艇载上书籍，游江湖之上，做无名渔人。每当孤冷的月光映照着蓑衣，清寒的秋霜爬上了铁笛，就感觉张志和、陆龟蒙离人并不遥远。

今日鬓丝禅榻畔，茶烟轻飏落花风。^①此趣惟白香山^②得之。

【注释】①此句出自唐代杜牧《题禅院》。鬓丝，鬓发。②白香山：白居易，号香山。

【译文】今天的鬓发落在参禅的木榻旁边，烹茶的轻烟在落花的清风中悠悠飘扬。这种雅趣，只有白居易领会到了。

清姿如卧云餐雪，天地尽愧其尘污；

雅致如蕴玉含珠，日月转嫌其泄露。

【译文】清秀的风姿如同高卧在云端品尝着白雪，连天地也都为自己含有尘污而感到惭愧；高雅的韵致如同蕴着宝玉、含纳有珍珠，连日月也因其泄露了光泽转而嫌怨于它。

焚香啜茗，自是吴中①习气，雨窗却不可少。

【注释】①吴中：今江苏苏州一带。

【译文】焚香饮茶，本来是吴中地方的风俗，观雨的小窗却不可缺少。

茶取色臭俱佳，行家偏嫌味苦；

香须冲淡为雅，幽人最忌烟浓。

【译文】茶叶要选色泽味道都好的，但内行的人偏偏嫌其味道苦涩；燃香应当以冲虚恬淡为雅致，因幽居的隐士最忌讳香烟浓重。

朱明①之候，绿阴满林；科头②散发，箕踞白眼，坐长松下，萧骚③流觞，正是宜人疏散④之场。

【注释】①朱明：立夏，夏季。②科头：谓不戴冠帽，裸露头髻。③萧骚：形容风吹树木的声音。④疏散：闲散，放达不羁。

【译文】盛夏的时候，浓绿的树阴遍满山林，裸露头髻，披散头发，伸腿而坐，白眼而对，坐在高大的松树之下，清风吹动树林，酒杯顺水流下，这正是适合人舒展心志的场景。

读书夜坐，钟声远闻，梵响相和，从林端来，洒洒窗几上，化作天籁虚无矣。

【译文】在夜晚读书静坐，远处的钟声响起，与诵经的梵音相应和，从树林顶端传来，清凉的韵致洒落在窗棂几案上，化为绝响天籁，融入虚无之境。

夏日蝉声太烦，则弄箫随其韵转；
秋冬夜声寥飒^①，则操琴一曲咻^②之。

【注释】①寥飒：寂寥飒瑟。②咻：喧闹。
【译文】夏天的蝉鸣声太令人烦躁，那就吹几句洞箫，心随其婉转的音韵；秋冬夜晚的声息寂寥飒瑟，那就弹一曲古琴，使这氛围喧闹一些。

心清鉴底潇湘^①月，骨冷禅中太华^②秋。

【注释】①潇湘：湘江与潇水的并称，多借指今湖南地区。②太华：即西岳华山，在今陕西华阴县南。

【译文】心中澄清，如净水见底，此时潇湘月色宜人；寂然观禅，觉肌骨透冷，正值华山秋风萧瑟。

语鸟名花，供四时之啸咏；清泉白石，成一世之幽怀。

【译文】飞鸟细语，名花凝香，可用作四季歌啸吟咏的题材；山泉清澈，奇石素白，可成为一生幽雅高洁的情怀。

扫石烹泉，舌底朝朝茶味①；开窗染翰②，眼前处处诗题。

【注释】①与下文"眼前处处诗题"同出自元代张可久《题惠山寺》。②翰：毛笔。

【译文】清扫石阶，烹泉水茶，舌底天天都有茶水余味；打开窗户，染墨挥毫，眼前处处都是作诗题材。

权轻势去，何妨张雀罗①于门前？位高金多，自当效蛇行②于郊外。盖炎凉世态，本是常情，故人所浩叹，惟宜付之冷笑耳。

【注释】①雀罗：捕雀的网罗，常用以形容门庭冷落。②蛇行：像蛇一样伏地爬行。

【译文】权力消失，威势已去，即使在门前张网猎捕鸟雀又有何妨？地位显赫，钱财丰足，即使在郊外也自当像蛇一样贴地伏行。因为世态炎凉，本就是人之常情，所以常人嗟叹不已的时候，只应该以冷笑作为回应罢了。

　　溪畔轻风，沙汀①印月，独往闲行，尝喜见渔家笑傲②；松花酿酒，春水煎茶，甘心藏拙③，不复问人世兴衰。

　　【注释】①沙汀：水边或水中的平沙地。②笑傲：嬉笑游玩。③藏拙：掩藏拙劣，不以示人，常为自谦之辞。
　　【译文】溪水边吹来轻风，沙洲上洒满月光，独自前去安闲地游走，曾经喜欢看到嬉笑游玩的渔家；松树花酿成美酒，春泉水煎为好茶，心甘情愿隐藏拙处，不再过问人世间的荣辱兴衰。

　　手抚长松，仰视白云，庭空鸟语，悠然自欣。

　　【译文】用手抚摸高大的松树，抬头仰视洁白的云朵，空寂的庭院中飞鸟鸣叫，这悠然的情境令人欣喜不已。

　　或夕阳篱落，或明月帘栊①，或雨夜联榻，或竹下传觞，或青山当户，或白云可庭。于斯时也，把臂②促膝，相知几人，谑语雄谈，快心千古。

　　【注释】①帘栊：窗帘和窗牖，也泛指门窗的帘子。②把臂：握持手臂，表示亲密。

【译文】有时夕阳从篱笆间落下，有时明月从卷帘间升起，有时在下雨的夜晚并起床榻而入睡，有时在竹树下取起顺水流下的酒杯而饮，有时远处青山如到门户，有时空中白云如落庭院。在这个时候，与友人握臂促膝而谈，相识相知的几人，一起嬉笑戏语、高谈阔论，的确是千古称心快意之事。

疏帘清簟，销白昼惟有棋声；幽径柴门，印苍苔只容屐齿。

【译文】稀疏的卷帘，清凉的竹席，可供消遣白日光阴的，只有这落棋的声音；深幽的小径，荆条的木门，能够在青苔上留下印痕的，只许那木屐的齿跟。

落花慵扫，留衬苍苔；村酿新篘①，取烧红叶。

【注释】①篘：用竹编成的滤酒器具，亦指代酒。
【译文】落花缤纷也懒得去扫，留着衬托青苔；村中酿造的新漉好酒，取来红叶烧火。

幽径苍苔，杜门谢客；绿阴清昼，脱帽观诗。

【译文】幽深的小路边长着青苔，隐居之人闭门谢客；浓绿的树阴下度过白天，风雅之士脱帽赏诗。

烟萝挂月, 静听猿啼; 瀑布飞虹, 闲观鹤浴。

【译文】云烟缭绕, 峭壁藤萝间悬挂圆月, 静静地倾听猿猴啼叫; 飞瀑直下, 天际晴空中横贯长虹, 悠闲地观看仙鹤沐浴。

帘卷八窗, 面面云峰送碧; 塘开半亩, 潇潇烟水涵清。

【译文】卷起八扇窗户的帷帘, 只见面面都是云气缥缈的远峰送来的碧色; 开辟半亩之地的池塘, 但觉天地潇潇, 雾霭迷蒙的水面蕴涵着清澈。

云衲高僧, 泛水登山, 或可借以点缀。如必莲座说法, 则诗酒之间, 自有禅趣。不敢学苦行头陀, 以作死灰。

【译文】身着衲衣的行脚高僧或泛舟水上, 或攀登山岩, 有时可借以点缀山林间的风景。如果一定要高坐莲台讲经说法才算有佛理禅机, 那么吟咏诗赋、开怀畅饮之间本来就有禅趣。不敢学那些苦行僧, 使自己身心枯槁, 如同死灰一般。

遨游仙子, 寒云几片束行妆; 高卧幽人, 明月半床供枕簟。

【译文】遨游四方的仙女, 几片孤寒的白云就可作为自己的妆饰; 高卧山林的隐士, 半床皎洁的月光就可当作自己的枕席。

落落①者难合，一合便不可分；欣欣者易亲，乍亲忽然成怨。故君子之处世也，宁风霜自挟，无鱼鸟亲人。

【注释】①落落：形容孤高，与人难合。

【译文】孤高自守的人难与人相合，然而一旦相合就会密不可分；欢喜快乐的人易与人相亲，然而刚刚亲近忽又结下怨仇。所以君子为人处世，宁肯以凛冽风霜的气节自我持守，也不愿以池鱼笼鸟的媚态与人相亲。

海内殷勤，但读《停云》之赋①；
目中寥廓，徒歌《明月》之诗②。

【注释】①《停云》之赋：指陶渊明四言诗《停云》，其序言："停云，思亲友也。"②《明月》之诗：指曹操四言诗《短歌行》，其中有"明明如月，何时可掇"句。

【译文】对四海亲友情深意重，只去低声吟咏陶渊明的《停云》；眼下四顾苍茫寥阔，只是放声长歌曹操的《短歌行》。

生平愿无恙者四：一曰青山，一曰故人，一曰藏书，一曰名草。

【译文】一生希望平安无忧的有四种东西：一是青山，二是老友，三是藏书，四是名草。

闻暖语如挟纩^①，闻冷语如饮冰^②，闻重语如负山^③，闻危语如压卵^④，闻温语如佩玉，闻益语如赠金。

【注释】①挟纩：披着绵衣，以喻受人抚慰而感到温暖。②饮冰：形容十分惶恐焦灼。③负山：背山，谓力不胜任。④压卵：谓以山压卵，极言以强压弱。

【译文】听到暖心的话语如同身披锦衣，听到冷漠的话语如同饮下冰水，听到沉重的话语如同背负大山，听到危险的话语如同以山压卵，听到温和的话语如同佩戴美玉，听到有益的话语如同获赠黄金。

旦起理花，午窗剪叶，或截草作字^①。夜卧忏罪^②，令一日风流潇散之过，不致堕落。

【注释】①截草作字：指截断花草枝茎拼成文字。②忏罪：忏悔罪过。

【译文】早晨起来收拾花卉，中午在窗前修剪花草枝叶，有时截断枝茎拼成文字。晚上躺下来忏悔罪过，让一整天风流潇洒的过失得以补救，不致于沉沦堕落。

快欲之事，无如饥餐；适情之事，莫过甘寝^①。求多于情欲^②，即侈汰^③亦茫然也。

【注释】①甘寝：静卧，安睡。②情欲：欲望，欲念。③侈汰：同"侈泰"，奢侈无度。

【译文】快意称欲的事情，没有比得上饥饿时吃一顿饭的；顺心适情的事情，没有比得上香甜地睡上一觉的。如果贪求过多，欲望太深，就算奢侈无度地享受，也会感到茫然无归。

客来花外茗烟低，共销白昼；酒到梁间歌雪绕①，不负清尊②。

【注释】①梁间歌雪绕：暗用"阳春白雪"和"余音绕梁"两个典故，指高雅的乐曲美妙动听，余音绕梁。②清尊：同"清樽"，酒器，此指清酒。

【译文】宾客来访，花丛之外烹茶的轻烟低回徐升，共同品茶消遣白日光阴；美酒飘香，房梁之上高雅的乐曲余音袅袅，不要辜负眼前这清酒杯杯。

云随羽客，在琼台双阙①之间；鹤唳芝田②，正桐阴灵虚③之上。

【注释】①琼台双阙：琼台山和双阙山，皆在今浙江天台山西北。②芝田：传说中仙人种植芝草的地方。③桐阴灵虚：桐阴，凤凰栖息处。灵虚，犹太虚，宇宙。

【译文】云彩追随着仙道，缥缈游移于琼台、双阙两山之间；仙鹤在芝田唳叫，声音正传到桐阴、太虚仙境之上。

卷八 集奇

我辈寂处窗下，视一切人世，俱若蟁蠓^①婴媿，不堪寓目。而有一奇文怪说，目数行下，便狂呼叫绝，令人喜，令人怒，更令人悲。低佪数过，床头短剑亦呜呜作龙虎吟，便觉人世一切不平，俱付烟水。集奇第八。

【注释】①蟁蠓：俗称墨蚊，体型细小，种类繁多，除叮咬吸血外，还可传播疾病。

【译文】我们这些人寂静地坐在窗下，看一切世间人事，都好像竞相叮咬吸血的蚊虫，不堪入目。而当遇到一篇奇文怪谈，目光扫过几行，就不禁狂呼叫绝，或令人欢喜，或令人愤怒，再或令人悲伤。经过几番沉咏玩味，连床头的短剑也仿佛呜呜作响，发出龙吟虎啸之声，这时就会觉得人世间一切的不平之事，都随云烟流水一去不返了。因此编纂了第八卷"奇"。

吕圣公^①之不问朝士名，张师高^②之不发窃器奴，韩稚圭^③之不易持烛兵，不独雅量过人，正是用世高手。

【注释】①吕圣公：吕蒙正，字圣功（原文误作圣公），河南洛阳人，北宋初年宰相。他因年轻出任参知政事而为一朝士讥笑，同僚欲追查，他制止说："若知其名，必记于心，不如不知。"②张师高：张齐贤，字师亮（原文误作师高），谥文定，曹州冤句人，北宋著名政治家。有一奴仆偷窃了他的银器，他知而不语，直至三十年后奴仆主动问起自己不得升迁之因时，他才揭发此事，并以万钱遣之。③韩稚圭：韩琦，字稚圭，自号赣叟，相州安阳人，北宋著名政治家、词人。他在军中夜书时，一旁持烛的侍兵不慎让烛火点燃了他的胡须，他因担心侍兵受鞭打处罚，坚持换回此名已被撤下的侍兵。

【译文】吕蒙正不问那个讥笑自己的朝士的姓名，张齐贤三十年不揭发偷窃银器的奴仆，韩琦不更换那个持烛误燃自己胡须的士兵，他们不仅仅是雅量超过常人，也是经世致用的高手。

花看水影，竹看月影，美人看帘影。

【译文】花朵适合观赏其在水中的倒影，竹子适合观赏其在月下的树影，美人适合观赏其在珠帘后的身影。

佞佛①若可忏罪，则刑官②无权；寻仙可以延年，则上帝无主。达士③尽其在我，至诚贵于自然。

【注释】①佞佛：讨好于佛，引申为沉迷佛教。②刑官：掌刑法的官员。③达士：见识高超、超出俗流之人。

【译文】沉迷佛教如果可以忏除罪过，那么掌握刑法的官员就没有权力可言；寻仙问道如果可以延年益寿，那么掌管生死的天帝就没有主宰的权利。对于智慧明达之人而言，一切万有都出于自己的心行，至诚之心最重要的是要顺应自然。

以财货害子孙，不必操戈入室；
以学校杀后世，有如按剑伏兵。

【译文】以财产货物贻害子孙后代，不必使他们拿起武器入室纷争；以学校教育扼杀后世子弟，就像按剑待发的伏兵一样危险。

君子不傲人以不如，不疑人以不肖。

【译文】君子不因别人不如自己而自高自傲，不因他人品行不端而多疑于他。

读诸葛武侯①《出师表》而不堕泪者，其人必不忠；
读韩退之②《祭十二郎文》而不堕泪者，其人必不友③。

【注释】①诸葛武侯：诸葛亮，字孔明，号卧龙，在世时被封为武乡侯，死后追谥忠武侯。②韩退之：韩愈，字退之，唐代著名文学家。③不友：谓兄弟不相敬爱。

【译文】读诸葛亮的《出师表》而不落泪的，此人一定少有忠贞不移之心；读韩愈的《祭十二郎文》而不落泪的，此人一定少有兄友弟恭之情。

世味非不浓艳，可以淡然处之。独天下之伟人与奇物，幸一见之，自不觉魄动心惊。

【译文】人情世味并不是不浓重艳丽，但自己可以淡然处之。只有天下的伟人和奇物，如果有幸得见一次，自己不禁心惊魄动、为之折服。

道上红尘，江中白浪，饶他南面百城①；
花间明月，松下凉风，输我北窗一枕②。

【注释】①南面百城：南面，古代以坐北朝南为尊位，因用以指帝王或诸侯、卿大夫之位。百城，谓统治百座城池，权势极盛。②北窗一枕：比喻悠闲自得。陶渊明《与子俨等书》："常言五六月中，北窗下卧，遇凉风暂至，自谓是羲皇上人。"

【译文】大道上红尘滚滚，江水中白浪滔天，任凭他尊临天下、统驭百城；花丛间明月皎皎，松枝下凉风习习，也输给我北窗高卧、逍遥快活。

立言亦何容易，必有包天、包地、包千古、包来今之识，必有惊天、惊地、惊千古、惊来今之才，必有破天、破地、破千古、破来今之胆。

【译文】确立独有的思想学说也不容易，一定要有包罗天、包罗地、包罗千古、包罗未来的见识, 一定要有惊动天、惊动地、惊动千古、惊动未来的才能, 一定要有打破天、打破地、打破千古、打破未来的胆量。

圣贤为骨, 英雄为胆, 日月为目, 霹雳为舌。

【译文】以圣贤为骨骼, 以英雄为肝胆, 以日月为双眼, 以雷电为口舌。

瀑布天落, 其喷也珠, 其泻也练, 其响也琴。

【译文】瀑布从天而落, 喷涌的浪花如圆润的珍珠, 流泻的水幕如光滑的白绢, 冲击的响声如悠扬的琴乐。

平易近人, 会见神仙济度; 瞒心昧己, 便有邪祟出来。

【译文】如果性情平和、易于接近, 那么就会看见神仙前来济度自己; 如果欺瞒自心、蒙昧良知, 那么就会遇到妖邪出来加害自己。

佳人飞去还奔月, 骚客狂来欲上天。

【译文】仙子佳人飘然飞去, 还要奔向月宫; 文人骚客狂放不羁, 想要登上青天。

涯如沙聚, 响若潮吞。

【译文】水边的陆地如同沙砾聚集而成, 流水的声响好像江潮吞吐万方。

诗书乃圣贤之供案^①, 妻妾乃屋漏^②之史官。

【注释】①供案: 供桌。②屋漏: 室内西北角, 后引申为人所不见之处。

【译文】诗书典籍是供奉圣贤的桌案, 妻子姬妾是暗室之中的史官。

强项^①者未必为穷之路, 屈膝者未必为通之媒。故铜头铁面, 君子落得^②做个君子; 奴颜婢膝, 小人枉自做了小人。

【注释】①强项: 指刚正不阿, 刚毅正直。②落得: 乐于, 甘愿去做。

【译文】刚正不阿的人未必会走上山穷水尽之路, 谄媚屈膝的人未必会获得荣通显贵的媒介。所以铜头铁面, 君子甘愿做个君子; 奴颜婢膝, 小人白白做了小人。

有仙骨者, 月亦能飞; 无真气者, 形终如槁。

【译文】有仙风道骨的人, 即便是月宫也能飞去; 没有本元真气的人, 其形貌神色终会枯槁。

一世穷根，种在一捻傲骨；千古笑端，伏于几个残牙。

【译文】一生困厄的根本，就种在一点傲骨之中；千古笑料的端由，就伏在几颗残牙之中。

石怪常疑虎，云闲却类僧。

【译文】石头奇形怪状，常常让人怀疑是老虎；云彩悠闲飘游，却很像游方的僧人。

大豪杰，舍己为人；小丈夫，因人利己。

【译文】英雄豪杰往往舍己为人，市井小民往往损人利己。

一段世情，全凭冷眼觑破；几番幽趣，半从热肠换来。

【译文】一段世态人情，全靠那一双冷眼方看破；几番幽雅情趣，一半从古道热肠中换来。

识尽世间好人，读尽世间好书，看尽世间好山水。

【译文】认识完世间的好人，阅读完世间的好书，游赏完世间的好山水。

舌头无骨，得言句之总持①；眼里有筋，具游戏之三昧②。

【注释】①总持：佛教语，梵语陀罗尼的意译，总一切法和持一切义之意。②三昧：佛教语，又名三摩地，华译正定，即离诸邪乱、摄心不散的意思。

【译文】舌头虽然柔软无骨，却能获得一切言语的总持；眼睛虽然筋脉四布，却具备游戏世间的三昧。

群居闭口，独坐防心。

【译文】与众人相处之时要懂得缄口寡言，自己独坐之时要防范思虑纷杂。

当场傀儡，还我为之；大地众生，任渠①笑骂。

【注释】①渠：方言，他。

【译文】逢场作戏的傀儡，还是让我来做；大地上的芸芸众生，任他嬉笑怒骂。

三徙成名①，笑范蠡碌碌浮生，纵扁舟忘却五湖风月；一朝解绶②，羡渊明飘飘遗世，命巾车③归来满架琴书。

【注释】①三徙成名：指春秋时越国大夫范蠡在功成身退之后隐居经商，十九年中三致千金、三次迁徙，被尊为“陶朱公”。②一朝解绶：指东晋文学家陶渊明为彭泽令，不为五斗米折腰，辞官归隐田园。解绶，解下印绶，谓辞免官职。③巾车：有帷幕的车子，因指整车出行。

【译文】三次迁徙成就美名，笑叹范蠡毕尽其生碌碌奔波，泛一叶扁舟而游，却忘记了五湖的清风明月；一天早晨辞去官职，美慕陶渊明飘飘出尘、遗世独立，吩咐整车出行，归来只有满架的古琴书籍。

人生不得行胸怀，虽寿百岁，犹夭也。

【译文】人生在世，如果不能抒发自己的胸怀、表达自己的意志，那么即使活了一百岁，也和夭折之人没有不同。

棋能避世，睡能忘世。棋类耦耕①之沮溺②，去一不可；睡同御风之列子④，独往独来。

【注释】①耦耕：二人并耕，后亦泛指农事或务农。②沮溺：春秋时隐士长沮和桀溺，后常借指避世隐士。④列子：列御寇，战国时郑国人，道家学派代表人物。《庄子·逍遥游》："夫列子御风而行，泠然善也，旬有五日而后反。"

【译文】下棋能让人远离尘世，睡觉能让人忘却尘世。下棋就像躬耕世外的长沮和桀溺，两人缺一不可；睡觉如同乘风而行的列子，却可独来独往。

以一石一树与人者，非佳子弟。

【译文】以一块奇石、一棵丽树馈赠给他人的，不是好后生。

一勺水，便具四海水①味，世法②不必尽尝；千江月，总是一轮月光，心珠③宜当独朗。

【注释】①四海水：佛教语，指世界中心须弥山周围的四大海。②世法：佛教语，即世间法、世谛法，由因缘所生，可变灭毁坏。③心珠：喻指众生心性。众生心性本来清净，犹如明珠一般，故称。

【译文】一勺的水，就具备了四大海水的味道，世间之法不必全都尝遍；千江的月，总是源自一轮明月的光辉，本有心性应当光明独耀。

面上扫开十层甲，眉目才无可憎；
胸中涤去数斗尘，语言方觉有味。

【译文】只有打开脸上十层的甲胄面具，自己的眉目之间才没有可憎之气；只有涤除胸中几斗的风尘欲念，自己说出的言语才觉得别有其味。

愁非一种，春愁则天愁地愁；怨有千般，闺怨则人怨鬼怨。

【译文】愁情不是只有一种，如果是春日的愁情，那么就会天愁地也愁；怨思却有万种千般，如果是闺阁的怨思，那么就是人怨鬼也怨。

天懒云沉，雨昏花蹙①，法界②岂少愁云? 石颓山瘦，水枯木落，大地觉多窘况。

【注释】①蹙：聚拢，皱缩。②法界：佛教语，泛指宇宙一切事物及其范围分界。

【译文】天色疏懒，云影沉沉，雨落昏然，花朵皱缩，宇宙法界中难道会少了忧愁的情思? 石头倾颓，远山清瘦，水流枯竭，树木凋零，山河大地也有很多困窘的境况。

笋含禅味，喜坡仙玉版之参①；
石结清盟，受米颠袍笏之辱②。

【注释】①此句典出释惠洪《冷斋夜话》。相传苏东坡与刘器之去参访玉版和尚，至廉泉寺，烧笋而食，器之觉笋味胜美，便问：这笋叫什么名? 东坡答：叫玉版，这位老师善于说法，更令人得禅悦之味。坡仙，苏东坡自号玉堂仙，仰慕者称为"坡仙"。②此句典出《宋史·米芾传》。米芾，字元章，号海岳外史、鹿门居士等，北宋著名书法家、画家，"宋四家"之一，因个性怪异，举止颠狂，时人称为"米颠"。他在任无为州监军时，见衙署内一奇石，欣喜地说：这块石头足以接受我的膜拜。于是命人为他换官衣官帽，手握笏板跪倒便拜，并尊称此石为"石丈"。袍笏，古代官员上朝时穿的官服和手拿的笏板。

【译文】竹笋中含有禅悦之味，喜欢苏东坡参访玉版和尚的故事；奇石可结成清雅的盟约，却受米芾着袍服笏板跪拜的羞辱。

文如临画，曾致诮①于昔人；诗类书抄②，竟沿流③于今日。

【注释】①诮：责备，嘲讽。②书抄：亦作"书钞"，辑录资料。③沿流：沿袭流传。

【译文】写文如果像临摹画作一样，就会被古人嘲笑；作诗如果像辑录典籍一般，就能流传至今日。

缃绨^①递满而改头换面，兹律^②既湮；缥帙^③动盈而活剥生吞，斯风^④亦坠。先读经，后可读史；非作文，未可作诗。

【注释】①缃绨：浅黄色的丝绸书套，代指书籍。缃，浅黄色。绨，光滑厚实的丝织品。②律：法则，规章。③缥帙：淡青色的书套，亦指书卷。缥，淡青色。帙，书、画的封套，布帛制。④风：风范，精神。

【译文】浅黄色丝绸封套的书籍罗列满目，内容却是改头换面，使得著书的真正法则湮没不闻；淡紫色封套的书籍盈动书架，内容却是生吞活剥，使得著书的良好风范沦落衰颓。读书要先读经籍，而后才能读史籍；如果没有先学作文，不可以学作诗。

俗气入骨，即吞刀刮肠，饮灰洗胃^①，觉俗态之益呈；正气效灵，即刀锯在前，鼎镬^②具后，见英风之益露。

【注释】①语出《南史·荀伯玉传》："若许某自新，必吞刀刮肠，饮灰洗胃。"比喻协定决心悔过自新。灰，古代以草木灰作洗涤剂。②鼎镬：与刀、锯同为古代酷刑刑具，用以将人煮死。鼎，青铜器。镬，大锅。

【译文】尘俗之气浸入肌骨，即使吞刀刮肠、饮灰洗胃，也会觉得低俗之态更加显现；中正之气显其灵瑞，即使刀锯在前、鼎镬在后,也能目睹英杰之风愈发流露。

于琴得道机,于棋得兵机,于卦得神机,于药得仙机。

【译文】从弹琴中可以领悟大道的玄机,从下棋中可以领悟用兵的玄机,从卜卦中可以领悟神妙的玄机,从炼丹中可以领悟成仙的玄机。

相禅①遐思唐虞②,战争大笑楚汉③。梦中蕉鹿④犹真,觉后莼鲈⑤亦幻。

【注释】①相禅:递相禅让。②唐虞:陶唐氏和有虞氏,即尧帝和舜帝。③楚汉:指秦末项羽(楚)、刘邦(汉)分据称王的两个政权。④梦中蕉鹿:典出《列子·周穆王》,相传有个郑国人杀了一头鹿后,怕被人发现,就藏起来盖上芭蕉叶。不久他就忘记了鹿所在之处,以为只是自己的一场梦。⑤觉后莼鲈:张翰,字季鹰,西晋文学家。他因知自己效命之主将败,又因秋风起,思念故乡莼羹、鲈鱼,于是辞官回乡。后因用以退隐之典。

【译文】递相禅让,让人遥想起唐尧、虞舜的时代;逐鹿天下,让人大笑那项羽、刘邦的纷争。仿佛是梦中以芭蕉叶覆盖了死鹿,然而却是真实之事;如同是醒后思念故乡的莼菜鲈鱼,但那也是如梦如幻。

世界极于大千①,不知大千之外更有何物;天宫极于非想②,不知非想之上毕竟何穷。

【注释】①大千：佛教语，即大千世界，由十亿个单位世界组成，后泛指广大无边的世界。②非想：佛教语，即非想非非想处，为无色界第四天，诸天之最胜处。

【译文】世界无边，穷极于大千世界，不知道大千世界之外还有什么地方；天宫无量，穷极于非想非非想处，不知道非想非非想处之上最终以哪里为边际。

千载奇逢，无如好书良友；一生清福，只在茗碗炉烟。

【译文】千年的奇遇，比不上好书和良友；一生的清福，只在茶碗和炉烟之间。

作梦则天地亦不醒，何论文章？
为客则洪濛①无主人，何有章句？

【注释】①洪濛：天地形成前的混沌状态，亦指宇宙、太空。

【译文】人在做梦之时，连天和地也沉睡不醒，还谈什么文章呢？人为世间过客，那宇宙之初就没有主人，怎么会有字句呢？

艳，出浦之轻莲；丽，穿波之半月。

【译文】美艳，如同出于水上的淡雅莲花；清丽，就像透过波光的半弯月亮。

云气恍堆窗里岫，绝胜看山；泉声疑泻竹间樽，贤于对酒。

【译文】云深雾重，恍如堆积在轩窗内的山峰之上，这种景致绝对胜过观赏名山；山泉潺潺，好似流泻在竹林间的酒杯之中，这种情趣更佳优于对酒当歌。

杖底唯云，囊中唯月，不劳关市^①之讥^②；
石笥^③藏书，池塘洗墨，岂供山泽之税^④？

【注释】①关市：关隘和集市，后专指边关的交易场所。②讥：查问，稽查。③石笥：盛物的方形石器。④山泽之税：古代对山、林、江湖、园囿、池泽所出产品课征赋税的统称。

【译文】竹杖底只有云朵，酒囊中只有月光，所以不烦劳关市的稽查；石器内储藏书籍，池塘里清洗笔墨，哪里需要缴纳山泽之税呢？

有此世界，必不可无此传奇^①；有此传奇，乃可维此世界。则传奇所关非小，正可借口《西厢》一卷，以为风流谈资。

【注释】①传奇：原指唐宋人用文言创作的短篇小说，因其多为后代说唱和戏剧所取材，故宋元戏文、诸宫调、元杂剧等也有称为传奇的。

【译文】有这个世界，一定不能没有这样的戏曲；有了这样的戏曲，才可以维系这个世界。那么戏曲的关系非同小可，正可以凭借这一卷《西厢记》，作为风流文雅的谈资。

非穷愁不能著书，当孤愤不宜说剑。

【译文】一个人如果不到困厄愁苦之时，是无法著书立说的；一个人如果正当孤高愤懑之时，是不应谈论刀剑的。

湖山之佳，无如清晓春时。常乘月至馆，景^①生残夜，水映岑楼^②，而翠黛^③临阶，吹流衣袂。莺声鸟韵，催起哄然^④。披衣步林中，则曙光薄户，明霞射几。轻风微散，海旭乍来，见沿堤春草霏霏^⑤，明媚如织。远岫朗润出沐，长江浩渺无涯。岚光^⑥晴气，舒展不一，大是奇绝。

【注释】①景：同"影"。②岑楼：高楼。③翠黛：黑绿色。④哄然：形容声音纷乱喧嚣。⑤霏霏：浓密盛多。⑥岚光：山间雾气经日光照射而发出的光彩。

【译文】湖光山色的佳美，没有比得上春天清晨的了。常常乘着月光去往馆舍，只见将尽未尽的夜色下光影萌动，流水中倒映着高高的楼台，墨绿色悄然爬上石阶，又有清风吹动而衣衫飘飘。这时莺鸟与其它鸟类争相鸣叫，纷乱喧闹的韵律催人起床。披着衣衫在林中漫步，见那清晨的曙光透过薄薄的窗户，明亮的云霞映照在室内的几案上。等到微风稍稍退去，海上的朝阳忽然升起，看到沿着堤岸都是细密的春草，明媚的风姿就如同一片华美的织锦。远处的山峰清朗温润，如同刚刚出浴；而绵长的江水浩瀚渺远，仿佛没有边际。山间雾气在晴光照射之下，流光溢彩，变幻莫测，是最为奇特绝妙的景观。

心无机事，案有好书，饱食晏眠，时清体健，此是上界真人。

【译文】心中没有机巧之事，案头摆着几本好书，吃饱饭后安然入眠，时时清爽身体康健，这就是天上的神仙真人。

读《春秋》，在人事上见天理；读《周易》，在天理上见人事。

【译文】读《春秋》，可以从世间人事上看出天道之理；读《周易》，可以从天道之理上看到世间人事。

则何益矣，茗战有如酒兵[1]；试妄言之，谭空[2]不若说鬼。

【注释】[1]酒兵：《南史·陈暄传》："酒犹兵也，兵可千日而不用，不可一日而不备；酒可千日而不饮，不可一饮而不醉。"后因谓酒为"酒兵"。[2]谭空：谈论佛教"空"理。"谭"同"谈"。

【译文】能有什么益处，品茗斗茶就好像以酒为兵；试着随便说说，谈论空理不如言说鬼神。

镜花水月，若使慧眼看透；笔彩剑光，肯教壮志销磨？

【译文】镜中花朵和水中明月，如果用智慧的眼光就能看透；笔端华彩和刀光剑影，怎么肯让壮志豪情白白消磨？

烈士须一剑,则芙蓉赤精^①,亦不惜千金购之;士人惟寸管^②,映日干云之器^③,那得不重价相索?

【注释】①芙蓉赤精:古剑名。芙蓉,相传为越王勾践宝剑,名"纯钧"。赤精,赤山所产之铁制成的剑。②寸管:毛笔的代称。③映日干云之器:指中国传统名笔兔毫笔。映日,映照着日光,指制作笔头的兔毫。干云,高耸入云,指制作笔杆的竹树。

【译文】英烈之士需要佩戴一把好剑,即便是像芙蓉、赤精那样的名剑,也要不惜出千金购买;文人士子只要拥有一支好笔,即使是兔毫名笔,怎么能不出重价索求?

委形^①无寄^②,但教鹿豕为群;壮志有怀,莫遣草木同朽。

【注释】①委形:置身。②无寄:没有着落,无所寄托。
【译文】放浪形骸,四处漂泊,只让自己与山鹿野猪为群;壮志凌云,胸怀大志,不要放逐自己与草木一同枯朽。

哄日吐霞,吞河漱月;气开地震,声动天发。

【译文】烘托朝日,吐露云霞,吞纳山河,冲漱月光;清气开扬,大地震动,高声遍响,天籁激发。

议论先辈,毕竟没学问之人;奖惜后生,定然关世道之寄。

【译文】议论点评先辈，终究还是学问不深之人；鼓励爱惜后生，必定关乎世道寄托之心。

贫富之交，可以情谅，鲍子所以让金①；
贵贱之间，易以势移，管宁所以割席②。

【注释】①鲍子所以让金：春秋时齐国管仲与鲍叔牙相交甚好，管仲家贫，二人经商获利，鲍叔牙让管仲多取，并向齐桓公推荐管仲，二人情谊被称为"管鲍之交"。②管宁所以割席：管宁所以割席：三国魏人管宁和同学华歆同席读书，有乘豪华马车的人经过大门，管宁读书不理，而华歆跑出去观看，后来管宁割开坐席对华歆说：你不是我的朋友。

【译文】贫贱朋友和富贵朋友的交往，可以根据情境加以体谅，这就是鲍叔牙礼让金钱于管仲的原因；高贵朋友和卑贱朋友的相处，容易因为时势发生变化，这就是管宁对华歆割席绝交的原因。

论名节，则缓急之事小；较生死，则名节之论微。但知为饿夫以采南山之薇①，不必为枯鱼以需西江之水②。

【注释】①饿夫以采南山之薇：指伯夷、叔齐不食周粟，隐居首阳山，采薇而食，终至饿死。②枯鱼以需西江之水：典出《庄子·外物》，相传庄周遇到一只车辙中的鲋鱼向他求救，庄周答应了，说自己要南游吴越，引来西江之水来接济它。鲋鱼气愤地说：我有一点水就能活命，要等到你引来西江之水，不如到卖鱼干的市场去找我。

【译文】如果要论名节，那么各种缓急之事也都是小事了；但若和生死比较，那么名节也就是微不足道的事了。只需要知道伯夷、叔齐饥饿时采南山之薇而食，却不必为快要干死的鱼引来西江之水让其活命。

儒有一亩之宫①，自不妨草茅下贱；
士无三寸之舌，何用此土木形骸②？

【注释】①一亩之宫：语出《礼记·儒行》："儒有一亩之宫，环堵之室，筚门圭窬，蓬户瓮牖。"后因以称寒士的简陋居处。②土木形骸：形体像土木一样，比喻人的本来面目不加修饰。一时

【译文】儒生有一亩大的简陋房室，自不妨碍过着身居茅庐的贫贱生活；士子如果没有三寸不烂之舌，要这土木一样的身躯有什么用呢？

鹏为羽杰，鲲称介豪①。翼遮半天，背负重霄。

【注释】①典出《庄子·逍遥游》："北冥有鱼，其名为鲲。鲲之大，不知其几千里也。化而为鸟，其名为鹏。鹏之背，不知其几千里也；怒而飞，其翼若垂天之云。"

【译文】鹏是飞鸟中的豪杰，鲲是游鱼中的英雄。鹏飞起来，翅膀遮住半边天空，背上是重重云霄。

"怜"之一字，吾不乐受，盖有才而徒受人怜，无用可知；
"傲"之一字，吾不敢矜，盖有才而徒以资傲，无用可知。

【译文】"怜"这一个字，我不乐意接受，因为有才而白白受人怜惜，其人无用可想而知；"傲"这一个字，我不敢自夸，因为有才而白白作为骄傲的资本，其人无用可想而知。

问近日讲章①孰佳，坐一块蒲团自佳；
问吾侪②严师孰尊，对一枝红烛自尊。

【注释】①讲章：为学习科举文或经筵进讲而编写的经书讲义。②侪：同辈，同类的人。
【译文】要问近日的经书讲义哪个好，坐在一个蒲团上静坐思悟自然就好；要问我们同辈的严师哪个尊贵，独对一支红烛吟诵的人自然尊贵。

点破无稽不根①之论，只须冷语半言；
看透阴阳颠倒之行，惟此冷眼②一只。

【注释】①不根：没有根据，荒谬。②冷眼：冷静客观的眼光。
【译文】要揭穿没有根据的荒谬言论，只需要半句冷语；要看透阴阳颠倒的荒唐行为，只需用冷静客观的眼光看待。

古之钓也，以圣贤为竿，道德为纶，仁义为钩，利禄为饵，四海为池，万民为鱼。钓道微矣，非圣人其孰能之？

【译文】古代的垂钓之道，是以圣贤作为鱼竿，以道德作为鱼线，以仁义作为鱼钩，以利禄作为鱼饵，以四海作为鱼池，以万民作为游鱼。垂钓之道已经衰微了，如果不是圣人还有谁能掌握呢？

既梢①云于清汉②，亦倒影于华池③。

【注释】①梢：捎，顺便带。②清汉：天河，亦指霄汉、天空。③华池：神话传说中在昆仑山上的仙池，亦指仙境。

【译文】既能在天河中捎带云彩，也能在华池中留下倒影。

浮云回度，开月影而弯环；骤雨横飞，挟星精而摇动。①

【注释】①此条采自唐代元稹《观兵部马射赋》，描写皇帝率众官员在宫殿城楼上检阅观看应试士勇驰射的情景。

【译文】策马驰骋，好像浮云来回飘飞，引弓就如月影弯曲成环状；万箭齐发，好像骤雨斜穿横飞，箭头如同携带星辰灵气而摇动。

天台①嵘②起，绕之以赤霞③，削成孤峙④，覆之以莲花。

【注释】①天台：山名，在今浙江天台县北。②嵘：高耸独立。③赤霞：即赤城栖霞，因赤城山上赤石屏列如城，云霞笼罩，望之如栖，故名。④峙：直立，耸立。

【译文】天台山高耸入云，赤城栖霞之景环绕其周；峭壁如削，孤绝峻拔，有莲花状山石覆盖其上。

金河别雁[1]，铜柱辞鸢[2]；关山夭骨[3]，霜木凋年。

【注释】[1]金河别雁：指苏武出使匈奴、翰海雁书的典故。金河，金川，即今大黑河。[2]铜柱辞鸢：东汉名将马援征交趾，立铜柱，为汉之极界。[3]关山夭骨：指苏武留匈奴十九年，始以强壮出，及还，须发皆白之事。关山，关隘山岭。

【译文】苏武滞留匈奴，在金川边告别大雁而南归；马援征战交趾，立下铜柱就告别飞鹰北回。历经关隘山岭，苏武由年轻强健而筋骨衰老；饱受风霜落木，马援由意气风发到青春凋零。

翻光倒影，擢菡萏于湖中；舒艳腾辉，攒蝃蝀[2]于天畔。

【注释】[1]菡萏：荷花，亦指荷花苞。[2]蝃蝀：彩虹。
【译文】光华流转，倩影倒映，在湖中采摘荷花；舒展美艳，腾跃光辉，在天边积聚彩虹。

照万象于晴初，散寥天于日余[1]。

【注释】[1]日余：指夕阳。
【译文】天刚放晴时，阳光照耀着大地上的万物；夕阳西下时，余晖散落在寂寥的天幕上。

卷九　集绮

　　朱楼绿幕，笑语勾别座之香；越舞吴歌，巧舌吐莲花之艳。此身如在怨脸愁眉、红妆翠袖之间，若远若近，为之黯然。嗟乎！又何怪乎身当其际者，拥玉床之翠而心迷，听伶人之奏而陨涕乎？集绮第九。

　　【译文】朱红的楼阁上挂着碧绿的帷幕，欢声笑语引来别座的香气；越国的舞蹈伴着吴国的歌曲，灵巧口舌吐露莲花的艳美。此情此景，自身仿佛处在愁怨满面而盛妆华服的女子之间，若远若近，不禁令人黯然神伤。哎呀！对于身处这种情境的人，拥有玉床的青翠而自心迷离，聆听乐人的演奏而潸然泪下，这些又有什么奇怪的呢？因此编纂了第九卷"绮"。

　　天台花好，阮郎却无计再来；①巫峡云深，宋玉只有情空赋。②瞻碧云之黯黯，觅神女其何踪；睹明月之娟娟③，问嫦娥而不应。

【注释】①用刘晨、阮肇在天台山遇仙境之典。②指战国时楚国文学家宋玉在《高唐赋》中描写楚怀王梦中与巫山神女相会之事。③娟娟：明媚貌。

【译文】天台山的百花正好，阮肇却无法再次到来；巫峡的云雾苍茫，宋玉只能空作《高唐赋》。远望那青云黯淡，去哪里寻觅神女的芳踪；目睹那明媚的月光，向嫦娥询问却得不到回答。

妆台正对书楼，隔池有影；绣户①相通绮户②，望眼多情。

【注释】①绣户：雕绘华美的门户，多指女子居室。②绮户：彩绘雕花的门户。

【译文】梳妆台正对着藏书楼，隔着池塘可以望见人影；绣房与绮阁相连通，四目相对之时温婉多情。

莲开并蒂，影怜池上鸳鸯；缕结同心，日丽屏间孔雀。

【译文】莲花并蒂而开，孤影自怜，池塘中鸳鸯成双成对；缕线结成同心，风和日丽，孔雀展开如屏尾羽。

堂上鸣《琴操》①，久弹乎《孤凤》②；
邑中制锦纹，重织于双鸾③。

【注释】①《琴操》：古代为解说琴曲标题的著作，传为东汉蔡邕所撰。②《孤凤》：古琴曲名，又名《孤鸾》《离鸾》《双凤离鸾》，西汉安庆世作。③用苏蕙织锦字书之典。符坚时窦滔为秦州刺史，被徙流沙。苏氏思之，织锦为回文旋图诗以赠滔。宛转循环读之，词甚凄凉。窦滔见后，终于夫妻团圆。

【译文】在厅堂中弹奏《琴操》，又久久弹奏《孤凤》；在城邑里织锦绣纹，重新织成了一双凤鸟。

镜想分鸾，琴悲《别鹤》。①

【注释】①此句出自南朝梁何逊《为衡山侯与妇书》。《别鹤》，乐府琴曲名。

【译文】对镜想起分飞的双鸾，抚琴悲奏《别鹤》一曲。

春透水波明，寒峭花枝瘦。极目烟中百尺楼，人在楼中否？

【译文】春色清透，水中波光粼粼；春寒料峭，花枝清瘦如许。极目远眺，烟云之中有百尺高楼，不知伊人是否就在楼中？

明月当楼，高眠如避，惜哉夜光暗投；
芳树交窗，把玩无主，嗟矣红颜薄命。

【译文】皎洁的明月正照着楼台，躲在高处入眠，可惜这如水月光空投暗夜；芳美的树枝交错于窗口，却无人来赏玩，嗟叹那命如纸薄的红颜佳人。

鸟语听其涩时，怜娇情之未啭；

蝉声闻已断处,愁孤节之渐消。

【译文】鸟儿鸣啼,要听其生涩之时,怜爱其娇嫩之声不能婉转;夏蝉鸣叫,要听其已断之处,忧愁其孤高气节渐渐消退。

断雨断云,惊魄三春蝶梦;花开花落,悲歌一夜鹃啼。

【译文】云雨皆停,暮春的飞蝶之梦惊心动魄;花开花落,一夜的杜鹃啼鸣宛若悲歌。

衲子飞觞历乱①,解脱于樽罍②之间;
钗行挥翰淋漓,风神③在笔墨之外。

【注释】①历乱:纷乱,杂乱。②樽罍:樽与罍,均盛酒之器。③风神:风采神韵。

【译文】山僧推杯换盏,开怀畅饮,在酒杯之间得到出世解脱;佳人泼墨挥毫,淋漓尽致,在笔墨之外留下风采神韵。

养纸芙蓉粉①,熏衣豆蔻香②。

【注释】①芙蓉粉:保养纸的一种色粉。②豆蔻香:豆蔻,多年生常绿草本植物,可入药,亦可作香料。

【译文】保养纸张,宜用芙蓉粉;熏香衣服,宜用豆蔻香。

流苏①帐底,披②之而夜月窥人;
玉镜③台前,讽④之而朝烟萦树。

【注释】①流苏:用彩色羽毛或丝线等制成的穗状垂饰物。②披:翻阅。③玉镜:比喻明月。④讽:读诵。

【译文】在悬挂流苏的帷帐底下翻阅书卷,却有夜晚的月亮窥视于人;在明月映照的妆台之前读诵文章,只见清晨的雾气萦绕树梢。

风流夸坠髻①,时世斗啼眉②。

【注释】①坠髻:坠马髻,又称堕马髻,因将发髻置于一侧,呈似堕非堕之状,故名。②啼眉:即啼眉妆,又称啼妆,即"双眉画作八字低",状似悲啼。

【译文】风流多姿,人们夸赞坠马髻;风行当时,女子争画啼眉妆。

新垒桃花红粉①薄,阁楼芳草雪衣②凉。

【注释】①红粉:古代女子化妆用的胭脂和铅粉,亦指代美女。②雪衣:某些鸟类白色的羽毛。

【译文】新砌的墙边桃花盛开,连红粉佳人也觉失色;阁楼之下芳草菲菲,连白鸟羽毛也添凉意。

李后主①宫人秋水,喜簪②异花,芳香拂髻鬟,常有粉蝶聚其间,扑之不去。

【注释】①李后主: 指南唐后主李煜, 字重光, 号钟隐、莲峰居士, 著名词人。②簪: 插戴在头上。

【译文】李后主的宫女秋水, 喜欢在头上插奇异的花朵, 芳香之气萦绕发髻耳鬓, 常常有粉色的蝴蝶聚集在发间, 扑也扑不走。

濯足清流, 芹①香飞涧; 浣②花新水, 蝶粉迷波。

【注释】①芹: 水芹, 又称楚葵, 多年生草本植物, 茎叶可食。②浣: 洗。

【译文】在清澈的溪流中洗脚, 水芹的香气飘飞在山涧之中; 用春日的新水浇花, 传粉的蝴蝶迷失于波光之上。

昔人有花中十友: 桂为仙友, 莲为净友, 梅为清友, 菊为逸友, 海棠名友, 荼蘼①韵友, 瑞香②殊友, 芝兰③芳友, 腊梅奇友, 栀子④禅友。昔人有禽中五客: 鸥为闲客, 鹤为仙客, 鹭为雪客, 孔雀南客, 鹦鹉陇客。会花鸟之情, 真是天趣活泼。

【注释】①荼蘼: 又名酴醿、佛见笑, 落叶灌木, 以地下茎繁殖。②瑞香: 又称睡香, 常绿灌木, 有香气, 供观赏, 根皮可入药。③芝兰: 芝和兰, 皆香草。"芝"同"芷"。④栀子: 即栀子, 常绿灌木或小乔木, 春夏开白花, 香气浓烈, 可供观赏。

【译文】过去的人有"花中十友"的说法: 桂花是神仙之友, 莲花是澄净之友, 梅花是清雅之友, 菊花是飘逸之友, 海棠是名贵之友，荼蘼是神韵之友，瑞香是殊胜之友，芝兰是芳香之友，腊梅是奇寒之友，栀子是禅悦之友。过去的人又有"禽中五客"的说法：鸥鸟是悠闲之客，白鹤是神仙之客，鹭鸶是冬雪之客，孔雀是南方之客，鹦鹉是陇原之客。领会了花和鸟的情致，真是灵动活泼的天然趣味。

凤笙①龙管②，蜀锦③齐纨④。

【注释】①凤笙：笙，管乐器，因形如凤身，故名。②龙管：笛的美称。③蜀锦：四川出产的彩锦。④齐纨：山东出产的白细绢，后亦泛指名贵的丝织品。

【译文】凤笙龙笛，韵律美妙动听；蜀锦齐绢，制作华美细腻。

木香①盛开，把杯独坐其下。遥令青奴②吹笛，止留一小奚③侍酒。才少斟酌，便退立迎春架后。花看半开，酒饮微醉。

【注释】①木香：多年生草本植物，花黄色，香气如蜜，又称青木香。②青奴：青衣女仆。③小奚：年幼的男仆。

【译文】木香花盛开，独自拿着酒杯坐在树下。让青衣女仆远远地吹笛，只留一个小童在旁边事奉斟酒。才倒了几次酒，就退后站立在迎春花架之后。看花要看半开的花朵，饮酒要饮得微有醉意。

夜来月下卧醒，花影零乱，满人襟袖，疑如濯魄于冰壶。

【译文】夜晚在月光之下卧着，醒来之时只见花影零乱，映满人的衣襟衣袖,好像在盛冰玉壶中洗濯过魂魄一般。

看花步,男子当作女人;寻花步,女人当作男子。

【译文】观赏花卉的步伐,男子应当像女子那样轻巧舒缓;探寻花卉的步伐,女子应当像男子那样沉稳迅速。

窗前俊石泠然,可代高人把臂;
槛外名花绰约,无烦美女分香。

【译文】窗前有俊秀的石头清凉孤寒,可以代替高人握臂交游;门外有名贵的花卉风姿绰约,不需烦劳美女分取芳香。

新调①初裁,歌儿②持板待拍;阄题③方启,佳人捧砚濡毫。绝世风流,当场豪举。

【注释】①新调:新创制的曲调。②歌儿:歌童。③阄题:以拈阄的方法确定题目,文人分题赋诗的一种方式。

【译文】新曲刚刚谱好,歌童就拿着歌板等待伴奏;阄题方才公布,佳人就捧着砚台润好毛笔。这真是绝世的风流偶傥,当场的豪情壮举。

野花艳目,不必牡丹;村酒醉人,何须绿蚁①?

【注释】①绿蚁：酒面上浮起的绿色泡沫，此处借指好酒。

【译文】山野的花鲜艳夺目，不一定要观赏牡丹花；村酿的酒令人沉醉，何必要上等美酒？

石鼓①池边，小草无名可斗②；板桥③柳外，飞花有阵堪题。

【注释】①石鼓：鼓形大石。②斗：斗草，又称斗百草，以花草为题材的游戏。③板桥：木板架设的桥。

【译文】鼓形大石在池塘旁边，野外的小草虽然无名，却可用来相斗游戏；木板小桥在垂柳之外，飞舞的花朵形成战阵，足以作为吟诗题材。

桃红李白，疏篱细雨初来；燕紫莺黄，老树斜风乍透。

【译文】桃花鲜红，李花洁白，细细的雨水刚刚洒过稀疏的篱笆；飞燕青紫，莺鸟金黄，斜斜的微风忽然透过枯老的树木。

窗外梅开，喜有骚人弄笛；石边积雪，还须小妓烹茶。

【译文】小窗外梅花正开，欣喜的是有诗人在吹笛；石头边积满白雪，还需要小姬去烹茶。

高楼对月，邻女秋砧^①；古寺闻钟，山僧晓梵^②。

【注释】①砧：捣衣石，此指捣衣。②梵：梵呗，此指诵经。

【译文】月光映照着高高的楼台，邻家的女子在秋叶捣衣；古朴的寺庙中传来钟声，山上的僧人在清晨诵经。

佳人病怯，不耐春寒；豪客多情，尤怜夜饮。李太白之宝花宜障^①，光孟祖之狗窦堪呼^②。

【注释】①李太白之宝花宜障：据《开元天宝遗事》载，宁王宫有乐妓宠姐，众人难得一见，李白酒后戏请宁王将宠姐示众，宁王答应设立七宝花障，让宠姐在障后歌唱。②光孟祖之狗窦堪呼：据《晋书·光逸传》载，光逸（字孟祖）的朋友闭门饮酒数日，光逸要进入室内，却被守门者拦住，光逸就脱衣去巾在狗洞中观望大叫，终被一友识出，而得以入室共饮。

【译文】佳人病中心怯，受不得春日寒凉；豪杰风流多情，特别喜欢夜里饮酒。李白求见乐妓宠姐，应当设立七宝花障；光逸想要入室饮酒，值得在狗洞脱衣高呼。

古人养笔以硫黄酒，养纸以芙蓉粉，养砚以文绫^①盖，养墨以豹皮囊。小斋何暇及此，惟有时书以养笔，时磨以养墨，时洗以养砚，时舒卷以养纸。

【注释】①文绫：彩绫。

【译文】古人用硫磺酒保养毛笔，用芙蓉粉保养纸张，用彩绫盖保养砚台,用豹皮囊保养墨块。这个小书斋哪有时间置办这些,只有常常书写来保养毛笔,常常研磨来保养墨块,常常清洗来保养砚台,常常展卷来保养纸张。

芭蕉近日则易枯,迎风则易破。小院背阴,半掩竹窗,分外青翠。

【译文】芭蕉处于烈日之下容易枯萎,处于迎风之处容易残破。在小院背阴的地方,芭蕉叶半掩着竹窗,显得分外青翠动人。

欧公香饼①,吾其熟火②无烟;
颜氏隐囊③,我则斗花④以布。

【注释】①欧公香饼:欧阳修《归田录》卷二:“香饼,石炭也,用以焚香,一饼之火,可终日不灭。”②熟火:木炭烧透后的文火。③颜氏隐囊:颜之推《颜氏家训·勉学》:“梁朝全盛之时,贵游子弟……坐棋子方褥,凭斑丝隐囊,列器玩于左右。”隐囊,供人倚凭的软囊,犹今之靠枕、靠褥之类。④斗花:拼接的花饰。

【译文】欧阳修曾记载用来焚香的石炭,我用的则是无烟的木炭文火;颜之推曾记载用以倚靠的软囊,我用的则是拼接的布制花枕。

梅额生香①,已堪饮爵②;草堂③飞雪,更可题诗。七种之羹④,呼起袁生之卧⑤;六花⑥之饼,敢迎王子之舟⑦。豪饮竟日,赋诗而散。

【注释】①梅额生香：相传南朝宋武帝之女寿阳公主每日卧于含章檐下，梅花落在额头上，成五瓣花形，拂试不去，世称其为梅花妆。②饮爵：饮酒器具，此指助发酒兴之物。③草堂：茅草盖的房屋，旧时文人常以此名标其操守之清高。④七种之羹：七宝羹，农历正月初七取七种蔬菜拌和米粉所做的羹。⑤呼起袁生之卧：袁生，即东汉大臣袁安。据载有年冬天大雪，洛阳令到袁安家，见积雪封户，无路可走，令人除雪后进入，见袁安僵卧在床。洛阳令问袁安为何不出门求人帮助，袁安回答说，大雪天众人都饿，不应该打扰别人。洛阳令以为袁安贤德，将其举为孝廉。⑥六花：雪花的别称，雪花结晶六瓣，故名。⑦敢迎王子之舟：王子，即王徽之，字子猷，东晋书法家，王羲之第五子。据载王子猷在一个大雪后的清晨饮酒咏诗时，忽然忆起远远地的好友戴安道，于是连夜乘小舟去拜访。经过一夜到好友门前，却不进门就返回了。有人问原因，他说：我本来是乘兴而去，又兴尽而归，何必一定要见到朋友本人呢？

【译文】梅花落额生发芳香，已足以作为助酒的雅兴；草庐之外飞雪连天，更可以用作写诗的题材。七宝之羹，可以唤起僵卧的袁安；六瓣雪花，可敢迎迓王子猷的小舟？终日相聚畅饮美酒，吟诗作赋后才散去。

佳人半醉，美女新妆。月下弹瑟，石边侍酒。
烹雪之茶，果然剩有寒香；争春之馆，自是堪来花叹。

【译文】佳人已是醉意微浅，美女刚刚梳妆完毕。在月光下弹奏瑟乐，在奇石边事奉斟酒。烹煮雪水制成好茶，果然剩有冰寒的清香；大小馆阁争夺春色，自然会为落花而嗟叹。

黄鸟让其声歌，青山学其眉黛。

【译文】美人歌声婉转，就连黄鸟鸣唱也要让其几分；美人柳眉细长，就连青山也要学她画上黛眉。

浅翠娇青，笼烟惹湿；清可漱齿，曲可流觞。

【译文】树叶浅绿，青碧娇嫩，笼罩的烟雾打湿了绿叶；流水清澈，可漱口齿，蜿蜒曲折可以流下酒杯取饮。

风开柳眼，露浥①桃腮，黄鹂呼春，青鸟送雨，海棠嫩紫，芍药嫣红，宜其春也。碧荷铸钱②，绿柳缫丝③，龙孙④脱壳，鸠妇⑤唤晴，雨骤黄梅，日蒸绿李，宜其夏也。槐阴未断，雁信初来，秋英⑥无言，晓露欲结，蓐收⑦避席，青女⑧办妆，宜其秋也。桂子风高，芦花月老，溪毛⑨碧瘦，山骨苍寒，千岩见梅，一雪欲腊，宜其冬也。

【注释】①浥：拉，引。②碧荷铸钱：荷叶初生时微小如钱，故称。③缫丝：将蚕茧抽出蚕丝。④龙孙：竹或笋的别称。⑤鸠妇：指雌鸠。⑥秋英：秋花。⑦蓐收：古代传说中西方掌管秋天的神。⑧青女：传说中掌管霜雪的女神。⑨溪毛：溪涧中的水草。

【译文】清风吹开如眼的柳叶，露水挂上如腮的桃花，黄鹂呼唤着春色，青鸟送来了新雨，海棠花鲜嫩发紫，芍药花柔美泛红，这时适宜春天的景致。碧绿的荷叶如刚铸的钱币，鲜绿的柳枝如抽出的蚕丝，竹笋蜕去了外壳，雌鸠召唤着晴天，大雨骤然落在黄梅树间，烈日烹蒸着青绿的李子，这是适宜夏天的景致。槐树的树阴还没有消失，大雁开始向南归去，秋天的花朵凋零无语，早晨就要凝结露水，秋天之神离席退避，霜雪女神置办妆饰，这是适宜秋天的景致。桂花在寒风中飘落，芦花在月光下发白，山涧水草暗绿凋残，山中岩石苍茫孤寒，千峰之间见梅花开放，一场冬雪之后就要到腊月，这是适宜冬天的景致。

风翻贝叶，绝胜北阙除书①；水滴莲花，何似华清宫漏②。

【注释】①北阙除书：北阙，古代宫殿北面的门楼，是臣子等候朝见或上书奏事之处，也作皇宫、朝廷代称。除书，拜官授职的文书。②华清宫漏：华清，唐宫殿名，在陕西临潼城南骊山麓。宫漏，古代宫中计时器，用铜壶滴漏。

【译文】清风翻动佛经，绝对胜过北阙接受官职；水滴在莲花上，多么像华清宫里的宫漏？

画屋曲房①，拥炉列坐；鞭车行酒，分队征歌。一笑千金，樗蒲②百万；名妓持笺，玉儿捧砚；淋漓挥洒，水月流虹。我醉欲眠，鼠奔鸟窜；罗襦③轻解，鼻息如雷。此一境界，亦足赏心。

【注释】①曲房：内室，密室。②樗蒲：古代一种博戏，后世亦以指赌博。③罗襦：绸制短衣。

【译文】在雕梁画栋的内室中，围着火炉列席而坐；在策马赶车时依次斟酒，分成几队比赛唱歌。一声欢笑掷出千金，一玩樗蒲可赌百万；名妓在一旁拿着笺纸，佳人在身侧捧着砚台；在纸上泼墨挥洒，淋漓尽致，就像如水的明月、流贯的长虹。我喝醉了酒快要睡着，宾客四散如鼠走鸟窜；轻轻解开绸制短衣，鼻端的鼾声已如雷响。这样的一种境界，也足以令人心情愉悦。

柳花燕子，贴地欲飞；画扇练裙，避人欲进。此春游第一风光也。

【译文】柳絮间嬉戏的燕子，紧贴着地面正准备飞起；画扇上的绢裙女子，躲避着旁人又想要前行。这是春游时节最好的风光。

花颜①缥缈，欺树里之春风；银焰②荧煌③，却城头之晓色④。

【注释】①花颜：美丽如花的容颜。②银焰：色白如银的光焰，此指天际曙光。③荧煌：辉煌。④晓色：拂晓时的天色，晨曦。

【译文】如花的容颜隐约缥缈，胜过了树林间的春风；发白的曙光灿烂夺目，赶走了城头上的晨曦。

乌纱帽挟红袖登山①，前人自多风致。

【注释】①乌纱帽挟红袖登山：指东晋大臣谢安，字安石，官至宰相，曾隐居会稽上虞东山，《晋书》载其游赏山林时，一定要妓女跟从。

【译文】身居官位却带着美女登山游玩，前代的人自然很多风流情致。

笔阵①生云，词锋②卷雾。

【注释】①笔阵：比喻写作文章，谓诗文谋篇布局犹如军阵。②词锋：犀利的文笔或口才。

【译文】笔端布阵，如有云气生出；言词有锋，卷起重重雾霭。

楚江巫峡半云雨，清簟疏帘看弈棋。

【译文】楚江巫峡之中，时而云雾密布，时而落雨纷纷；坐在清凉的竹席上，隔着稀疏的卷帘观看下棋。

美丰仪①人，如三春新柳，濯濯②风前。

【注释】①丰仪：风度仪表。②濯濯：清新，明净。

【译文】风度仪表优美之人，就像春天新长的垂柳，在微风中显得清新明净。

涧险无平石，山深足细泉；短松犹百尺，少鹤已千年。

【译文】山涧险峻,没有平坦的石头;山谷幽深,处处都有细泉流淌。山中即使是低矮的松树,也有百尺之高;即使是年少的仙鹤,也已活了千岁。

清文满箧,非惟芍药之花;新制连篇,宁止葡萄之树?

【译文】清丽的文章盈满书箱,不是只有芍药花可以描写;新作的诗词连篇累牍,难道只有葡萄树可供吟咏?

梅花舒两岁之装,柏叶泛三光之酒①。飘摇余雪,入箫管以成歌;皎洁轻冰,对蟾光②而写镜。

【注释】①柏叶泛三光之酒:古代风俗,以柏叶浸酒,元旦共饮,以祝寿和避邪。三光,日、月、星。②蟾光:月色,月光。

【译文】梅花装点,舒展了两年的容颜;柏叶浸酒,泛着日月星的光泽。飘飞的雪花将尽,落入箫管中伴和着乐曲;皎洁的冰面轻薄,对着月光仿佛映物的明镜。

鹤有累心犹被斥,梅无高韵也遭删。

【译文】仙鹤如果有尘劳之心,仍然会被训斥;梅花如果没有高雅韵致,也会被修剪。

分果车中^①，毕竟借他人面孔；捉刀床侧^②，终须露自己心胸。

【注释】①分果车中：用典"掷果盈车"。据载潘岳（潘安）仪容俊美，年少时常走洛阳道，遇到的妇女都环绕于他，并投给他水果，于是他常常驾车满载而归。②捉刀床侧：曹操要接见匈奴使者，因觉自己貌丑，不足威震对方，故让崔季珪扮成自己接见使者，自己则扮作侍兵持刀立在床侧。接见完毕，曹操派间谍问使者魏王如何。使者答：魏王雅量非常，然而床头捉刀的人，才是真正的英雄。

【译文】潘岳的车中分享水果，但毕竟是凭借别人的脸面；曹操持刀站立在床边，最终也会流露自己的胸襟。

雪滚花飞，缭绕歌楼，飘扑僧舍。点点共酒斾^①悠扬，阵阵追燕莺飞舞，沾泥逐水。岂特可入诗料？要知色身^②幻影，是即风里杨花^③，浮生燕垒^④。

【注释】①酒斾：同酒旆，即酒旗。②色身：佛教语，由地、水、火、风四大构成的物质躯体。③杨花：柳絮。④燕垒：燕子的窝，比喻脆弱的据点。

【译文】雪花狂舞，落花纷飞，萦绕在歌唱的楼台之间，扑打着僧人的房舍。点点撒落，和酒旗一起悠扬招展；阵阵飘扬，追逐着燕子莺鸟飞舞，最终落下来粘在泥土上，流荡水泊中。这难道只可以作为入诗的题材？要知道四大假合的肉身如同梦幻泡影，就好像风中的柳絮、人生的燕窝，转瞬即逝，不可长久。

水绿霞红处，仙犬忽惊人，吠入桃花去。

【译文】在流水碧绿、烟霞丹红的地方，有只仙狗忽然惊人一跃，吠着跑入了桃花深处。

九重仙诏，休教丹凤衔来；一片野心，已被白云留住。

【译文】九重天上的仙人诏书，不要让红色凤鸟衔来；一片不羁的山野之心，已经被洁白的浮云留住。

香吹梅渚千峰雪，清映冰壶百尺帘。

【译文】香气从长着梅花的水边吹来，沉醉了千座山峰的积雪；清辉从犹如冰壶的明月中洒下，映照着百尺之高的天幕。

避客偶然抛竹屦①，邀僧时一上花船②。

【注释】①竹屦：竹鞋。②花船：有彩饰的船。
【译文】为躲避客人，偶然也会抛弃竹鞋；为邀请僧人，有时也会登上花船。

到来都是泪，过去即成尘。秋色生鸿雁，江声冷白蘋。

【译文】到来的都是泪水，过去的已成烟尘。秋色凄凉，鸿雁在引颈悲鸣；江水滔滔，白蘋已萧瑟零落。

斗草春风,才子愁销书带^①翠;采菱秋水,佳人疑动镜花^②香。

【注释】①书带:即书带草,亦称麦门冬、沿阶草,叶长而坚韧,相传汉代郑玄门下用之束书,故名。②镜花:指菱花镜,亦为镜子美称。

【译文】在春风下斗草嬉戏,才子见到书带草的翠色而愁情消散;在秋水中采摘菱角,佳人疑是动了梳妆镜而芳香四溢。

竹粉^①映琅玕^②之碧,胜新妆流媚^③,曾无掩面于花宫^④;花珠凝翡翠之盘,虽什袭^⑤非珍,可免探颔^⑥于龙藏^⑦。

【注释】①竹粉:笋壳脱落时附着在竹节旁的白色粉末。②琅玕:形容竹之青翠,亦指竹。③流媚:柔媚。④花宫:指佛寺,相传佛说法处诸天雨花,故称。⑤什袭:把物品一层层地包起来,后形容珍重地收藏。⑥探颔:探骊获珠,指在骊龙的颔下取得宝珠,典出《庄子·列御寇》。⑦龙藏:指佛教经藏,相传龙宫收藏有大量人间没有的佛教经卷,故称。

【译文】竹节旁的白粉映衬着碧绿的竹枝,胜过刚刚梳妆的柔媚面容,却从未在佛寺中遮面避嫌;花瓣上的露珠如凝在翡翠的盘中,虽然收藏的不是奇珍异宝,也可免于从龙宫经藏中探取宝珠。

因花整帽,借柳维船。

【译文】用花朵来装饰帽子,借柳枝来拴住船只。

绕梦落花消雨色,一尊^①芳草送晴曛^②。

【注释】①尊:同"樽",酒杯。②晴曛:日光照射。

【译文】萦绕在梦中的缤纷落花,渐渐使雨色消退;一杯美酒中的香草清气,送来了熠熠日光。

争春开宴,罢来花有叹声;水国谈经,听去鱼多乐意。

【译文】在百花争艳的春日举行宴会,回去的时候花儿发出叹息之声;在江河湖沼的国度讲经论道,听完的时候鱼儿大多愉悦无比。

无端泪下,三更山月老猿啼;蓦地娇来,一月泥香新燕语。

【译文】无端地潸然泪下,三更时分山间月光之下,老猿在哀啼长啸;蓦然地娇声传来,一月之时泥土芬芳扑鼻,新燕在呢喃低语。

燕子刚来,春光惹恨;雁臣①甫②聚,秋思惨③人。

【注释】①雁臣:指古代逢秋到京师朝觐,至春始还部落的北方少数民族首领。②甫:刚刚,才。③惨:悲痛,伤心。

【译文】燕子刚刚飞来,春光明媚,惹人遗恨;雁臣刚刚相聚,秋思萧瑟,令人悲伤。

韩嫣金弹①,误了饥寒人多少奔驰;

潘岳果车,增了少年人多少颜色。

【注释】①韩嫣金弹:韩嫣,字王孙,汉武帝时臣。他在长安时,以黄金为丸,射击猎物,每天都会投掷十多枚金丸给贫寒子弟。长安有语:"苦饥寒,逐金丸"。

【译文】韩嫣弹掷金丸,让那饥寒子弟徒劳奔跑了多少路途! 潘岳水果盈车,增加了青春少年多少的俊秀风采!

微风醒酒,好雨催诗,生韵生情,怀颇不恶。

【译文】微风能使人醒酒,好雨能催发诗兴,其中滋生雅韵幽情,胸怀间充满美好的意趣。

苎萝村①里,对娇歌艳舞之山;
若耶溪②边,拂浓抹淡妆之水。

【注释】①苎萝村:今浙江绍兴诸暨城南浣纱村,西施的家乡。②若耶溪:今名平水江,从浙江绍兴若耶山流出,相传西施曾浣纱于此,故又称浣纱溪。

【译文】苎萝村里,在西施曾娇歌艳舞的地方远望青山;若耶溪边,在西施曾淡妆浓抹的地方轻拂流水。

春归何处,街头愁杀卖花;客落他乡,河畔生憎折柳。

【译文】春光归向何处，街头的卖花人愁情满怀；游客流落他乡，河边的折柳人心生憎恼。

论到高华①，但说黄金能结客②；
看来薄幸③，非关红袖懒撩人。

【注释】①高华：地位显贵。②结客：结交宾客。③薄幸：薄情，负心。

【译文】谈论到荣华显贵，只说黄金能够交结宾客；看来是负心薄情，并非因为佳人懒于相诱。

同气之求，惟刺平原①于锦绣；
同声之应，徒铸子期②以黄金。

【注释】①平原：战国时赵国平原君赵胜，著名政治家，战国四公子之一。②子期：钟子期，名徽，春秋时期楚国人，擅长弹奏古琴，与俞伯牙为知己。

【译文】同气相求，只有用锦绣刺出平原君的肖像；同声相应，只有用黄金铸造钟子期的肖像。

胸中不平之气，说倩①山禽；世上叵测②之机，藏之烟柳。

【注释】①倩：借助。②叵测：不可预料推测。

【译文】胸中凝郁不平的气结，借山林中的禽鸟得以倾诉净尽；世间诡诈莫测的机心，以烟云中的垂柳作为埋藏之地。

祛长夜之恶魔，女郎说剑；

销千秋之热血，学士谈禅。

【译文】祛除漫漫长夜中的恶魔，女子就要研究剑法；平息千秋万代的热血，书生就要谈禅论道。

论声之韵者，曰溪声、涧声、竹声、松声、山禽声、幽壑声、芭蕉雨声、落花声、落叶声。皆天地之清籁，诗坛之鼓吹也。然销魂之听，当以卖花声为第一。

【译文】要说蕴含雅韵的声音，有小溪水流声、山涧泉流声、风过竹林声、风拂松林声、山禽鸣叫声、幽谷传响声、雨打芭蕉声、花朵坠地声、秋叶落地声。这些都是天地之间清新的天籁，是诗坛之中吟咏的题材。然而令人销魂的声音，应当以街巷中卖花的声音为第一。

石上酒花①，几片湿云凝夜色；松间人语，数声宿鸟动朝喧。

【注释】①酒花：浮在酒面上的泡沫。

【译文】清石上还有美酒的浮沫，湿气袭人的几片云朵凝固了夜晚的景色；松林间传来人说话的声音，归巢鸟儿的几声鸣叫惊起了清晨的喧闹。

媚字极韵，但出以清致，则窈窕俱见风神；附以妖娆，则做作毕露丑态。如芙蓉媚秋水，绿篠①媚清涟，方不着迹。

【注释】①绿篠：绿竹。"篠"同"筱"。

【译文】"媚"这个字极富韵致，只要以清雅之态表现出来，就会显得窈窕柔美，风采神韵全都展现；如果其中掺杂了妖娆之姿，就会显得矫揉造作，丑容劣态毕露无遗。就像芙蓉因秋水依依而显得柔媚，绿竹因清波层层而显得明媚，这样才是天然之美，不着痕迹。

武士无刀兵气，书生无寒酸气，女郎无脂粉气，山人无烟霞气，僧家无香火气。换出一番世界，便为世上不可少之人。

【译文】武士没有刀兵的气息，书生没有寒酸的气息，少女没有脂粉的气息，隐士没有烟霞的气息，僧侣没有香火的气息。如果能这样换上一幅崭新的面貌，就会成为这个世间不可缺少的人。

情词之娴美，《西厢》以后，无如《玉合》①《紫钗》②《牡丹亭》③三传。置之案头，可以挽文思之枯涩，收神情之懒散。

【注释】①《玉合》：明代梅鼎祚所著传奇《玉合记》，写韩翃与柳氏的传奇故事。②《紫钗》：明代汤显祖所作戏曲《紫钗记》，写李益与霍小玉的离合故事。③《牡丹亭》：明代汤显祖所作戏曲，写杜丽娘与柳梦梅生死相恋的故事。

【译文】言情文祠的娴雅优美，在《西厢记》以后，没有比得上《玉合记》《紫钗记》《牡丹亭》这三本传奇的了。将这几本书放在案头，可以补救文思枯涩的弊端，也可以收敛慵懒散乱的神情。

俊石贵有画意，老树贵有禅意，韵士贵有酒意，美人贵有诗意。

【译文】俊秀之石贵在有画意，枯老之树贵在有禅意，风雅之士贵在有酒意，红粉佳人贵在有诗意。

红颜未老，早随桃李嫁春风；
黄卷①将残，莫向桑榆②怜暮景。

【注释】①黄卷：书籍，亦指佛经或道书。②桑榆：以日落时光照桑榆树端，喻指日暮或人到晚年。
【译文】美丽的女子还未衰老，应及早像桃花李花那样随春风而去；泛黄的书卷快要残破，不要对着桑榆树端哀怜迟暮之景。

销魂之音，丝竹不如著肉①。然而风月山水间，别有清魂②销于清响。即子晋③之笙，湘灵④之瑟，董双成⑤之云璈⑥，犹属下乘。娇歌艳曲，不益混乱耳根。

【注释】①著肉：用人的喉舌唱歌。②清魂：使意念纯净。③子晋：王子乔,字子晋,相传为周灵王太子,喜吹笙,作凤凰鸣,被浮丘公引往嵩山修炼,后升仙。④湘灵:传说中的湘水之神。《楚辞·远游》:"使湘灵鼓瑟兮,令海若舞冯夷。"⑤董双成:浙江人,相传商亡后于西湖畔修炼成仙,飞升后任王母身边的玉女,精通音律。⑥云璈:即云锣,古打击乐器。

【译文】若论令人销魂的音乐,丝竹管弦不如人的歌声。然而在清风明月、高山流水之间,另有一种自然的清音能澄净人的心灵。即便是王子乔吹笙、湘水之神鼓瑟、董双成奏云锣,也还属于下乘的声音。至于那些娇媚艳丽的歌曲,就不应当扰乱人的耳根了。

风惊蟋蟀,闻织妇之鸣机;月满蟾蜍①,见天河之弄杼。

【注释】①蟾蜍:传说嫦娥在偷窃了不死药以后,到月亮上变为了蟾蜍,称为月精,所以广寒宫又称蟾宫。

【译文】晚风惊动蟋蟀鸣叫,听起来就像织女在使用织机;蟾宫满月映照苍穹,看起来仿佛天河在摆弄机杼。

高僧筒里送信,突地天花坠落;
韵妓扇头寄画,隔江山雨飞来。

【译文】有道的高僧用竹筒送来书信,忽然间仿佛天上的花朵缤纷落地;风雅的美妓在扇头作画相寄,好像是隔江的山间细雨款款飞来。

酒有难悬①之色,花有独蕴之香,以此想红颜媚骨,便可得之格外②。

【注释】①悬：揭示，公开。②格外：超乎常规常态之外。

【译文】美酒有难以言明的色泽，鲜花有独自蕴含的香气，以此联想到柔媚的红颜，就可以有超出凡情的领会。

客斋使令①，翔七宝妆②，理茶具。响松风③于蟹眼④，浮雪花⑤于兔毫⑥。

【注释】①亦作"使伶"，供使唤之人，泛指婢仆侍从。②七宝妆：多种珠宝装饰的妆容。③松风：指烹茶，因其声如风过松林。④蟹眼：比喻水初沸时泛起的小气泡。⑤雪花：指茶水表面的一层白色泡沫。⑥兔毫：即建盏，宋代建安出产的一种黑釉瓷茶盏，是宋代皇室御用茶具。

【译文】待客清斋中的婢女，扮上七宝妆回头而望，收拾好饮茶器具。烹茶声如风过松林，茶水初沸泛起蟹眼似的小气泡；上好的兔毫茶盏中，茶水面上浮起雪花一样的细沫。

每到日中重掠鬓，衩衣骑马绕宫廊。①

【注释】①本条出自唐代王建《宫词一百首》。衩衣，两侧开衩的长衣，古人用以称男子便服，始于唐代。

【译文】每天到正午就重新整理一下发鬓，身着衩衣骑着马儿在宫中长廊边绕行。

绝世风流,当场豪举。世路既如此,但有肝胆向人;清议^①可奈何,曾无口舌造业^②。

【注释】①清议:对时政的议论,社会舆论。②造业:佛教语,即造作业力,指内在心理状态和外在言语、行为均可产生导致某种结果的推动力。

【译文】绝世的风流倜傥,当场的豪情壮举。世间的人情既已如此,只有与人肝胆相照;时政的议论又能如何,不要口舌造下恶业。

花抽珠渐落,珠悬花更生;风来香转散,风度焰还轻。

【译文】随着花朵生发开放,露珠渐渐滴落下来;露珠悬挂在枝叶之间,花朵显得更有生机。随着清风徐徐吹来,缭绕的香气四散开来;等到清风吹过之后,焚香的火焰依然轻轻跃动。

莹以玉琇^①,饰以金英^②。绿芰^③悬插,红蕖^④倒生。

【注释】①琇:似玉的美石。②金英:黄色的花,亦特指菊花。③芰:菱角。④蕖:芙蕖,荷花别名。

【译文】以美玉琇石的晶莹映照,以金黄菊花的清雅装点。绿色的菱角如同悬空插在水面,红色的荷花好似倒立生于湖中。

浮沧海兮气浑,映青山兮色乱。

【译文】漂浮在沧海之上,气势雄浑;映照着青山之巅,色彩斑斓。

纷广庭之霢靡,隐重廊之窈窕。青陆至而莺啼,朱阳升而花笑。紫蒂红蕤,玉蕊苍枝。①

【注释】①此条出自唐代卢照邻《双槿树赋》。霢靡,草木纷错茂密貌。窈窕,幽深曲折貌。青陆,春天。朱阳,太阳。蕤,花。

【译文】宽广的厅堂外草木纷乱茂盛,道道的长廊通向幽隐深远之处。春天来到,莺鸟啼鸣;太阳升起,百花含笑。紫色的花蒂映衬红色的花朵,如玉的花蕊搭配苍翠的枝茎。

视莲潭之变彩,见松院之生凉;
引惊蝉于宝瑟,宿兰燕于瑶筐①。

【注释】①此条出自唐代王勃《七夕赋》。原文"见"作"睨","兰"作"懒"。宝瑟,瑟的美称。瑶筐,筐匣的美称。

【译文】远望莲花潭不断变换色彩,只见松树院渐渐生起凉意;吹起瑟曲好像惊动了蝉鸣;安置好筐让秋燕安住其中。

蒲团布衲,难于少时存老去之禅心;
玉剑角弓,贵于老时任少年之侠气。

【译文】蒲团静坐,身着衲衣,人很难在年少之时存有老来的参禅之心;佩戴玉剑,手执角弓,人贵在年老之时保持少年的豪侠之气。

卷十　集豪

今世矩视尺步之辈，与夫守株待兔之流，是不束缚而阱者也。宇宙寥寥，求一豪者，安得哉？家徒四壁①，一掷千金②，豪之胆；兴酣落笔③，泼墨千言，豪之才；我才必用，黄金复来④，豪之识。夫豪既不可得，而后世倜傥之士，或以一言一字写其不平，又安与沉沉故纸同为销没乎？集豪第十。

【注释】①家徒四壁：用司马相如"家居徒四壁立"典。②一掷千金：出自唐代吴象之《少年行》："一掷千金浑是胆，家无四壁不知贫。"③兴酣落笔：出自唐代李白《江上吟》："兴酣落笔摇五岳，诗成笑傲凌沧海。"④我才必用，黄金复来：化用唐代李白《将进酒》："天生我材必有用，千金散尽还复来。"

【译文】如今世上那些墨守陈规之辈，和那些守株待兔之流，都是不用束缚而自落陷阱的人。宇宙之间苍茫寥阔，要求一个豪杰之士，怎么可以得到呢？家徒四壁，一掷千金，这是豪杰的胆魄；兴酣落笔，泼墨千言，这是豪杰的才情；我才必用，黄金复来，这是豪杰的见识。豪杰之士既然不可求得，那么后世风流倜傥之人，有的用一字一句抒发心中不平之气，又怎么能安于和沉沉的故纸堆一起湮没无闻呢? 因此编纂了第十卷"豪"。

桃花马^①上春衫^②, 少年侠气; 贝叶斋^③中夜衲, 老去禅心。

【注释】①桃花马: 名马, 毛色白中有红点的马。②春衫: 年少时穿的衣服。③贝叶斋: 佛寺。贝叶, 指佛经。
【译文】桃花马上飘扬的春衫, 显露少年的豪侠之气; 佛寺中夜色下的僧人, 流露老去的参禅之心。

岳色江声, 富煞胸中丘壑; 松阴花影, 争残局上山河。

【译文】山色苍苍, 江水滔滔, 胸中富有山林丘壑; 松阴翳翳, 花影重重, 残局之上争夺山河。

骥^①虽伏枥, 足能千里; 鹄^②即垂翅, 志在九霄。

【注释】①骥: 良马。②鹄: 鸿鹄, 即天鹅。
【译文】良马虽然伏在槽边, 四足却能奔走千里; 鸿鹄即使低垂双翅, 志向却在九霄之天。

个个题诗, 写不尽千秋花月;
人人作画, 描不完大地江山。

【译文】个个都可题诗，却写不尽千秋的风花雪月；人人都能作画，却描不完大地的江河山川。

慷慨之气，龙泉①知我；忧煎之思，毛颖②解人。

【注释】①龙泉：宝剑名，又名龙渊。②毛颖：毛笔别称。

【译文】慷慨激昂的气魄，只有龙渊剑能够懂我；忧愁煎迫的心思，只有毛笔君可以排解。

不能用世①而故为玩世，只恐遇着真英雄；
不能经世②而故为欺世，只好对着假豪杰。

【注释】①用世：见用于世，为世所用。②经世：治理国事。

【译文】不能为世所用就故意玩世不恭，只怕遇到真英雄；不能治国理政就故意欺世盗名，只好对着假豪杰。

绿酒但倾，何妨易醉？黄金既散，何论复来？

【译文】绿酒只需倾尽，容易沉醉又有何妨？黄金既已散尽，还说什么再次到来？

诗酒兴将残，剩却楼头几明月；
登临情不已，平分江上半青山。

【译文】作诗饮酒，兴味将尽之时，只剩下楼阁上几分明月光辉；登山临水，幽情无穷之际，平分了江水上半边苍翠青山。

闲行消白日，悬李贺呕字之囊^①；
搔首问青天，携谢朓惊人之句^②。

【注释】①李贺呕字之囊：唐代诗人李贺，字长吉，有"诗鬼"之称，每次外出让小书童背上锦囊，等到有感而发就记录下来，投进锦囊之中。②谢朓惊人之句：南朝山水诗人谢朓，字玄晖，世称谢灵运为"大谢"，其为"小谢"。唐代冯贽《云仙杂记》："李白登华山落雁峰，曰：此山最高……恨不携谢朓惊人诗来，搔首问青天耳。"

【译文】闲步徐行以消遣白昼，挂上李贺吐字的锦囊；挠弄头发而叩问青天，带着谢朓惊人的诗句。

假英雄专映^①不鸣之剑，若尔锋芒，遇真人而落胆；
穷豪杰惯作无米之炊，此等作用^②，当大计而扬眉。

【注释】①映：以口吹物发出的小声。②作用：行为，作为。

【译文】假英雄专爱轻吹不鸣之剑，像这样的锋芒，一旦遇到行家里手就会丧胆落魄；穷豪杰习惯烹饪无米之炊，像这样的作为，如果用以筹谋大计就能吐气扬眉。

深居远俗，尚愁移山有文^①；纵饮达旦，犹笑醉乡无记^②。

【注释】①移山有文：南齐孔稚圭撰有《北山移文》，假托山神之意，讥讽周颙热衷名利，不是真隐。②醉乡无记：唐代王绩撰有《醉乡记》，虚构了一个如同仙境的"醉之乡"。

【译文】深居山林，远离尘俗，尚且忧愁有《北山移文》的讥讽；纵情畅饮，通宵达旦，还去笑叹传奇"醉乡"无人记述。

风会①日靡，试具宋广平之石肠②；
世道莫容，请收姜伯约之大胆③。

【注释】①风会：风气，时尚。②宋广平之石肠：宋广平，唐代名臣宋璟，字广平，唐代皮日休《宋璟集序》中言其："刚态毅状，疑其铁石心肠。"③姜伯约之大胆：姜伯约，三国蜀汉名将姜维，字伯约，《三国志》载其："死时见剖，胆如斗大。"

【译文】风气日益颓靡，要试着像宋璟那样铁石心肠；世道难以容人，请收下姜维那样的超凡胆魄。

藜床半穿，管宁真吾师乎①；轩冕必顾，华歆询非友也②。

【注释】①典出晋皇甫谧《高士传》："管宁常坐一木榻，积五十余年，未尝箕股，其榻上当膝处皆穿。"又北周庾信《小园赋》："管宁藜床，虽穿而可坐。"藜床，藜茎编的床榻，泛指简陋的坐榻。②典出《世说新语·德行》："尝同席读书，有乘轩冕过门者，宁读如故，华废书出看。宁割席分坐，曰：子非吾友也！"轩冕，古时大夫以上官员的车乘和冕服。

【译文】藜茎编成的床榻半边已经坐破，管宁真正是我的老师；达官贵人的车乘礼服一定出去观看，华歆确实不是我的朋友。

车尘马足之下, 露出丑形; 深山穷谷之中, 剩些真影。

【译文】滚滚车尘、碌碌马足之下, 难免露出丑陋形象; 幽静山林、深邃丘谷之中, 剩下一些真纯身影。

吐虹霓之气者, 贵挟风霜之色;
依日月之光者, 毋怀雨露之私。

【译文】吐露长虹之气的豪杰, 贵在挟有风霜的凛然之色; 依靠日月之光的生物, 不要怀有雨露的偏洒之私。

清襟凝远, 卷秋江万顷之波;
妙笔纵横, 挽昆仑一峰之秀。

【译文】清高的胸襟凝重深远, 卷起秋江万顷的波浪; 生花的妙笔纵横捭阖, 轻挽昆仑一峰的秀色。

闻鸡起舞^①, 刘琨^②其壮士之雄心乎!
闻筝起舞^③, 迦叶^④其开士^⑤之素心^⑥乎!

【注释】①闻鸡起舞: 典出《晋书·祖逖传》: "(祖逖)与刘琨俱为司州主簿, 情好绸缪, 共被就寝。中夜闻荒鸡鸣, 蹴琨觉曰: 此非恶声也。因起舞。"②刘琨：字越石，中山魏昌人，晋朝政治家、文学家，"金谷二十四友"之一。③闻筝起舞：佛教典故，香山大树的紧那罗鼓琴时，被誉为"头陀第一"的迦叶尊者也因余习未断，不禁从坐而起舞。④迦叶：迦叶：全名摩诃迦叶，释迦牟尼十大弟子之一，以头陀苦行闻名，被禅宗奉为西土二十八祖之始祖。⑤开士：菩萨异名，以菩萨自明一切真理，又能开导众生入佛知见，故称，后亦用作僧人敬称。⑥素心：本心，纯洁的心地。

【译文】闻鸡鸣而起舞，刘琨具有壮士的雄心壮志；闻筝声而起舞，迦叶显露高僧的洁白心地。

友遍天下英杰之士，读尽人间未见之书。

【译文】结交天下一切英雄豪杰，阅读人间所有未见之书。

读书倦时须看剑，英发之气不磨；
作文苦际可歌诗，郁结之怀随畅。

【译文】读书疲倦的时候应当舞剑，这样焕发的英气就不会磨灭；文思枯竭的时候可以吟诗，这样郁结的胸怀就随之舒畅。

交友须带三分侠气，作人要存一点素心。

【译文】交友需要带着三分豪侠之气，做人需要存有一点纯真之心。

栖守道德者, 寂寞一时; 依阿权势者, 凄凉万古。

【译文】恪守礼义、遵行道德的人, 只是寂寞一时; 阿谀奉承、趋炎附势的人, 必将凄凉万古。

深山穷谷, 能老经济才猷①; 绝壑断崖, 难隐灵文奇字。

【注释】①才猷: 才能谋略。

【译文】清幽山林、渺远峡谷, 能够荒废经邦济世的才能谋略; 深邃丘壑、孤峭悬崖, 难以隐藏灵妙之词和新奇之句。

王门之杂吹非竽①, 梦连魏阙②;
郢路之飞声无调③, 羞向楚囚④。

【注释】①王门之杂吹非竽: 用《韩非子》"滥竽充数"典。②魏阙: 宫门上巍然高出的观楼, 其下常悬挂法令, 后亦代指朝廷。③郢路之飞声无调: 战国鄢人宋玉《对楚王问》: "客有歌于郢中者, 其始曰《下里巴人》, 国中属而和者数千人。"④楚囚: 出自《左传·成公九年》, 本指被俘的楚国人, 后借指处境窘迫、无计可施者。

【译文】齐宣王门下南郭先生混杂在众人之中, 其实他并不会吹竽, 只是梦想着有朝一日高登朝堂; 楚郢都道路上有位游客带领起国人飞歌, 如果唱得不合音律, 那么连楚国的囚徒也羞于面对。

肝胆煦若春风, 虽囊乏一文, 还怜茕独, 气骨清如秋水。

【译文】肝胆之气和煦如同春风，这样的人即使囊中一文都无，都还怜悯孤独无依之人，他的气节风骨清澄如同秋水一般。

献策金门苦未收，归心日夜水东流。
扁舟载得愁千斛，闻说君王不税愁①。

【注释】①此条出自明代冯梦龙《古今谭概》，谓长洲陆世明一次参加科考未中，回乡途经临清，钞关误以为他是商人而要他纳税。他便写此诗呈上，钞关主事转而热情地款待他。金门，即金马门，汉代宫门名，学士待诏处。

【译文】向皇帝金门建言献策，却苦于未被采纳；归乡之心如江水东流，日夜不曾停息。一叶扁舟能承载我千斛的愁情，听说君王不会征收忧愁的赋税。

世事不堪评，披卷神游千古上；
尘氛应可却，闭门心在万山中。

【译文】世间人事不堪评点，翻开书卷神游于上古之世；尘俗风气应该摒弃，关门闭户心住在万山之中。

负心①满天地，辜他一片热肠；
变态②自古今，悬此两只冷眼。

【注释】①负心：违背良心，背弃情义。②变态：事物的情状发生变化。

【译文】悖逆本心之事盈满天地，辜负了一片热肠衷心；万物迁变之理从古至今，悬起这两只冷静之眼。

龙津一剑，尚作合于风雷[1]；胸中数万甲兵[2]，宁终老于牖下。此中空洞原无物，何止容卿数百人[3]。

【注释】[1]《晋书·张华传》载，晋张华、雷焕得到龙泉、太阿宝剑，二人死后，雷焕子持剑行经延平津，剑忽堕水中。使人入水取之，但见两龙长数丈，光彩照人，波浪惊沸。[2]胸中数万甲兵：典出《魏书·崔浩传》："世祖指浩以示之，曰：汝曹视此人，尪纤懦弱，手不能弯弓持矛，其胸中所怀，乃逾于甲兵。"[3]此句出自《世说新语·排调》："王丞相枕周伯仁膝，指其腹曰：卿此中何所有？答曰：此中空洞无物，然容卿辈数百人。"

【译文】延平津的一把龙泉宝剑，尚且能够撮合风雷、变幻无穷；胸中自有无尽的兵法韬略，却宁肯在蓬门寒窗下安居到老。心中本来就是空寂洞然、别无他物，何止能容纳你们几百人呢？

英雄未转之雄图，假糟邱[1]为霸业；风流不尽之余韵，托花谷为深山。

【注释】[1]糟邱：酒糟积聚成丘，极言酿酒之多，沉湎之甚。"邱"同"丘"。
【译文】英雄没有改变雄心壮志，借积聚成丘的酒糟作为霸业；风流隐士的无穷余韵，托鲜花盛开的山谷作为深山。

红润口脂[1]，花蕊乍过微雨；翠匀眉黛，柳条徐拂轻风。

【注释】①口脂: 化妆用的唇膏或口红。

【译文】朱红润泽的口红, 仿佛花蕊刚刚经过小雨滋润; 青翠均匀的黛眉, 好像轻风缓缓吹拂着柳枝。

满腹有文难骂鬼, 措身无地反忧天。

【译文】满腹的文章学问却难以用来诃骂鬼魅, 自己尚且无处安身却反而担忧苍天。

大丈夫居世, 生当封侯, 死当庙食①;
不然, 闲居可以养志, 诗书足以自娱。

【注释】①庙食: 谓死后立庙, 受人奉祀, 享受祭飨。

【译文】大丈夫身处世间, 活着应当拜相封侯, 死后应当受人奉祀; 如果不是这样, 那么闲居独处可以涵养心志, 吟诗读书足以自我娱乐。

不恨我不见古人, 惟恨古人不见我①。

【注释】①宋代李昉《太平广记》: "(张)融为中书郎, 尝叹曰: 不恨我不见古人, 恨古人不见我。"

【译文】不遗憾我不能见到古人, 因为见到古人的作品如同亲见古人; 只遗憾古人不能见到我, 因为我的心胸情怀无法让古人得知。

荣枯得丧，天意安排，浮云过太虚也；
用舍行藏^①，吾心镇定，砥柱在中流乎！

【注释】①用舍行藏：化用《论语·述而》："用之则行，舍之则藏。"指任用就出来做事，不得任用就退隐。

【译文】荣显和衰颓，得到和失去，都是天意的安排，仿佛浮云飘过虚空，转瞬即逝；任用而出仕，不用而退隐，我的心镇定自若，好像急流中的砥柱，坚固不动。

曹曾^①积石为仓以藏书，名曹氏石仓。

【注释】①曹曾：东汉藏书家，字伯山，本名曹平，因敬慕曾参品德，遂改平为曾。光武初年，天下兵乱，他唯恐战乱湮没典籍，乃积石为仓，储藏书籍，史称"曹氏书仓"。

【译文】曹曾堆积石头建成仓库用以藏书，称为"曹氏石仓"。

丈夫须有远图，眼孔^①如轮，可怪处堂燕雀^②；
豪杰宁无壮志，风棱^③似铁，不忧当道豺狼。

【注释】①眼孔：眼睛，引申为眼界、见识。②处堂燕雀：喻生活安定而失去警惕，亦喻大祸临头而不自知。《孔丛子·论势》："燕雀处屋，子母安哺，煦煦焉其相乐也，自以为安矣；灶突炎上，栋宇将焚，燕雀颜色不变，不知祸之将及也。"③风棱：犹风骨，指刚正不阿的品格。

【译文】大丈夫必须要有深谋远虑，眼界开阔犹如巨轮，诧异于那安处堂中不知大祸临头的燕雀；真豪杰怎能没有雄心壮志，风骨刚正好似钢铁，不担忧那当道掌权的豺狼奸佞。

云长①香火，千载遍于华夷；坡老②姓字，至今口于妇孺。意气精神，不可磨灭。

【注释】①云长：三国蜀汉名将关羽，字云长，后世代有封谥，尊为"武圣人"、"关圣大帝"等，庙宇众多，备受祀享。②坡老：指北宋著名文学家苏轼，字东坡。

【译文】关公的庙宇香火，千百年来遍布华夏夷狄；苏轼的姓名字号，至今仍然口耳相传于妇孺之间。他们的意志气概和精神风貌，是不可磨灭的。

据床嗒尔①，听豪士之谈锋；把盏惺然②，看酒人③之醉态。

【注释】①嗒尔：犹"嗒然"，形容物我两忘。②惺然：清醒貌。③酒人：好酒的人。

【译文】坐在床榻上物我两忘，倾听豪侠之士的言辞锋芒；拿着酒杯却清醒无比，观看好酒之人的千般醉态。

登高眺远，吊古寻幽。广胸中之丘壑，游物外之文章。

【译文】登临高处，远眺塌方，凭吊古迹，探访幽境。拓宽胸中的山丘谷壑，神游世外的诗文辞章。

雪霁清境，发于梦想。此间但有荒山大江，修竹古木。

【译文】雪后天晴，万境清明，这是梦中生发的怀想。这里只有荒山大江、长竹古木。

每饮村酒后，曳杖①放脚②，不知远近，亦旷然天真。

【注释】①曳杖：拖着手杖。②放脚：放开脚步行走。
【译文】每次喝了村中自酿的美酒后，就拖着手杖放步而行，也不知道走得远近，这也是一种旷达天真的性情。

须眉之士在世，宁使乡里小儿怒骂，不当使乡里小儿见怜。

【译文】大丈夫立身处世，宁可让乡间小儿怒骂，也不可让乡间小儿可怜。

胡宗宪①读《汉书》，至终军请缨②事，乃起拍案曰："男儿双脚当从此处插入，其他皆狼藉耳。"

【注释】①胡宗宪：字汝贞，号梅林，明代军事家、政治家，对平定东南倭乱大有功勋。②终军请缨：终军，字子云，西汉政治家、外交家。东汉班固《汉书·终军传》："南越与汉和亲，乃遣军使南越，说其王，欲令入朝，比内诸侯。军自请：愿受长缨，必羁南越王而致之阙下。"
【译文】胡宗宪读《汉书》，读到"终军请缨"的事时，就拍案而起说："好男儿的双脚就应当从这里插入立定，其他的论说都是乱七八糟，不值一提。"

宋海翁①才高嗜酒，睥睨②当世。忽乘醉泛舟海上，仰天大笑曰："吾七尺之躯，岂世间凡土所能贮，合以大海葬之耳。"遂按波而入。

【注释】①宋海翁：宋登春，字应元，号海翁、鹅池，明代诗人、画家。②睥睨：斜视，有厌恶、轻视等意。

【译文】宋登春才情过人，嗜好饮酒，且傲视当时的世风。有次他忽然乘着酒兴在海上泛舟，然后仰天大笑说："我这七尺的身躯，岂是世间凡俗的土地所能贮藏的，应当将它葬在大海之中。"于是他就随着水波跳入大海之中。

王仲祖①有好形仪，每览镜自照，曰："王文开那生宁馨儿②！"

【注释】①王仲祖：王濛，字仲祖，东晋名士，王讷之子。《晋书》载其："美姿容，尝览镜自照，称其字曰：王文开生如此儿邪！"②宁馨儿：这样的孩子，用来赞美孩子或子弟。馨，语助词。

【译文】王濛的形貌仪表不凡，他每每对镜自照，说："王文开怎么生了这样一个儿子！"

毛澄①七岁善属对②，诸喜之者赠以金钱。归掷之曰："吾犹薄苏秦斗大③，安事此邓通靡靡④！"

【注释】①毛澄：字宪清，号白斋，晚更号三江，明代大臣。②属对：诗文对仗，即对对联。③苏秦斗大：字季子，战国时期著名纵横家、谋略家，组建六国合纵抗秦联盟，任"从约长"，兼佩六国相印。斗大，对小的物体形容其大，此处形容苏秦相印之大。④邓通靡靡：邓通，蜀郡南安人，受宠于汉文帝，受赐蜀严道铜山，并被准许铸造钱币，于是其钱币通行天下。靡靡，随顺貌，此处形容邓通以谄媚得财富之态。

【译文】毛澄七岁的时候善于对对联，各位喜欢他的人都赠送给他金钱。毛澄回去后就把钱币抛在一边，说："我还嫌苏秦的六国相印太大了，哪会像邓通那样做媚上求财的事情呢！"

梁公实①荐一士于李于鳞②，士欲以谢梁，曰："吾有长生术，不惜为公授。"梁曰："吾名在天地间，只恐盛着不了，安用长生？"

【注释】①梁公实：梁有誉，字公实，明代诗人，"南园后五子"之一，"后七子"之一，学者称为兰汀先生。②李于鳞：李攀龙，字于鳞，号沧溟，明代诗人，"后七子"领袖人物，被尊为"宗工巨匠"。

【译文】梁有誉向李攀龙推荐一名士子，士子想要酬谢梁有誉，就说："我有使人长生不老的秘术，不惜传授给您。"梁有誉说："我的声名在天地之间，都唯恐盛装不下，哪里用得着长生不老呢？"

吴正子穷居①一室，门环流水，跨木而渡，渡毕即抽之。人问故，笑曰："土舟浅小，恐不胜富贵人来踏耳。"

【注释】①穷居：隐居不仕。

【译文】吴正子隐居在一个房间中，门外流水环绕，他就架起木条跨过去，过去就将木条抽出。有人问他原因，他笑着说："这个土船又浅又小，恐怕承受不了富贵人踏入吧！"

吾有目有足，山川风月，吾所能到，我便是山川风月主人。

【译文】我有眼睛可看，有双脚可行，名山大川、清风明月之中，凡是我所能到达的地方，我就是其中的主人。

大丈夫当雄飞，安能雌伏①？

【注释】①雌伏：比喻退隐，不进取，无所作为。

【译文】大丈夫应当像雄鸟一样振翅高飞，怎么能像雌鸟一样蛰伏无为呢！

青莲登华山落雁峰，曰："呼吸之气，想通帝座。恨不携谢朓惊人之诗来，搔首问青天耳。"①

【注释】①青莲，李白，号青莲居士。帝座，亦作"帝坐"，古星名，属天市垣。

【译文】李白登上华山的落雁峰，说："呼吸的往来之气，想来上通于帝座星。遗憾的是没有带来谢朓的惊人诗句，只能挠弄头发叩问青天了!"

志欲枭逆虏, 枕戈待旦, 常恐祖生先我着鞭。①

【注释】①此句出自《晋书·刘琨传》: "吾枕戈待旦, 志枭逆虏, 常恐祖生先吾着鞭。"枭, 悬头示众, 此指斩杀。逆虏, 对叛逆者的蔑称。祖生, 即祖逖。

【译文】我立志要斩杀敌寇, 枕着兵器等到天亮, 常常担心祖逖比我先扬鞭练马。

旨言①不显, 经济多托之工瞽刍荛②;
高踪③不落, 英雄常混之渔樵耕牧。

【注释】①旨言: 美好的话。②工瞽刍荛: 工瞽, 古代乐官。刍荛, 割草采薪之人。③高踪: 高尚的行迹。

【译文】美好的言语不能彰显, 经邦济世大多托付于乐官宫人、草野荞夫; 清高的行迹不会堕落, 英雄常常混迹于渔夫樵夫、农民牧民之中。

高言成啸虎之风, 豪举破涌山之浪。

【译文】高妙的言论好像形成声啸虎狮的飓风, 豪侠的壮举如同劈开奔涌山峦的巨浪。

立言者，未必即成千古之业，吾取其有千古之心；

好客者，未必即尽四海之交，吾取其有四海之愿。

【译文】确立思想学说的人，不一定就能成就千秋万古的功业，我欣赏的是他有千秋万古的用心；待客热情周到的人，不一定就能交尽五湖四海的朋友，我欣赏的是他有五湖四海的愿心。

管城子^①无食肉相^②，世人皮相何为？

孔方兄^③有绝交书^④，今日盟交安在？

【注释】①管城子：唐代韩愈作《毛颖传》，称笔为管城子，后以其为毛笔的别称。②食肉相：封侯的骨相。语出《后汉书·班超传》："相者指曰：生燕颔虎颈，飞而食肉，此万里封侯相也。"③孔方兄：西晋鲁褒作《钱神论》，称铜钱为孔方，因古时铜钱外周圆形、内孔方形。④绝交书：三国曹魏嵇康有《与山巨源绝交书》，这里借用，指自己贫困，与钱财无缘。"管城子无食肉相，孔方兄有绝交书"两句出自黄庭坚《戏呈孔毅父》。

【译文】毛笔没有拜相封侯的骨相，世人要佳骨好相做什么？铜钱给我写了绝交的书信，今天的盟友交情在哪？

襟怀贵疏朗，不宜太逞豪华；文字要雄奇，不宜故求寂寞。

【译文】人的胸怀贵在清疏明朗，不应太过卖弄盛大华美；写的文字要雄浑新奇，不应故意追求清寂落寞。

悬榻待贤士^①，岂曰交情已乎?

投辖留好宾^②，不过酒兴而已。

【注释】①悬榻待贤士:《后汉书·徐稚传》:"(陈)蕃在郡，不接宾客。惟稚来，特设一榻，去则悬之。"后以"悬榻"喻礼待贤士。②投辖留好宾:《汉书·陈遵传》:"(陈)遵嗜酒，每大饮，宾客满堂。辄关门，取宾客车辖投井中，虽有急，终不得去。"后以"投辖"喻主人好客，殷勤留客。

【译文】陈蕃悬起木榻等待贤士徐稚到来，难道只因交情深厚吗? 陈遵将车辖投入井中以挽留宾客，不过因为酒兴正浓而已。

才以气雄，品由心定。

【译文】人的才情因气魄而雄浑，人的品性由内心而决定。

为文而欲一世之人好，吾悲其为文;

为人而欲一世之人好，吾悲其为人。

【译文】写文章却想要全世界的人都喜欢，我对这种写文章感到悲哀;做人却想要全世界的人都喜欢，我对这种为人感到悲哀。

济笔海则为舟航，骋文囿则为羽翼^①。

【注释】①此条出自唐代杨炯《卧读书架赋》:"济笔海兮尔为舟航，骋文囿兮尔为羽翼。"此条为作者对书架所语，实际是对书籍的赞美。济，渡。笔海，文苑，文海。文囿，文章园地。

【译文】渡过文学大海，你是破浪的船只；驰骋文章园地，你是高飞的羽翼。

胸中无三万卷书，眼中无天下奇山川，未必能文；纵能，亦无豪杰语耳。

【译文】胸中如果没有三万卷诗书，眼中如果没有天下奇山丽水，不一定能写好文章；即使能写好，言语也不会有英雄豪杰的气度。

山厨①失斧，断之以剑；客到无枕，解琴自供。盥盆②溃散，磬为注洗；盖不暖足，覆之以蓑。

【注释】①山厨：山野人家的厨房。②盥盆：盥洗之盆。

【译文】山中厨房丢了斧子，就用剑来砍柴；客人到来没有枕头，就解下古琴让其自枕。盥洗盆子松散开裂，就用磬石注水洗漱；盖的被子不能暖脚，就盖上蓑衣。

孟宗①少游学，其母制十二幅被，以招贤士共卧，庶得闻君子之言。

【注释】①孟宗：字恭武，后改名孟仁，三国时期吴国官员，二十四孝之一的"哭竹生笋"记述的就是孟仁为其母求笋的故事。

【译文】孟宗年少时外出游学，他的母亲为他缝制了十二床被褥，使他能招来贤士一同卧寝，希望能听到君子的良言。

张烟雾于海际，耀光影于河渚；
乘天梁而皓荡，叫帝阊而延伫①。

【注释】①此条出自南朝梁代江淹所作《丽色赋》。天梁，星名。帝阊，天帝的宫门。延伫，久立，久留。
【译文】在沧海之边弥漫烟雾，在河岸小洲闪耀光影；乘着天梁之星而浩浩荡荡，叫着天帝宫门而久久伫立。

声誉可尽，江天不可尽；
丹青①可穷，山色不可穷。

【注释】①丹青：原指丹砂和青臒两种绘画颜料，此处指绘画、画作。
【译文】人的声誉可以穷尽，江水青天不可穷尽；丹青画作可以穷尽，多姿山色不可穷尽。

闻秋空鹤唳，令人逸骨仙仙；看海上龙腾，觉我壮心勃勃。

【译文】听到秋日晴空中仙鹤鸣唳，令人仿佛肌骨清逸，飘飘欲仙；观看沧茫大海上飞龙腾跃，使我觉得慷慨激昂，雄心勃勃。

明月在天，秋声在树，珠箔①卷啸倚高楼；

苍苔在地，春酒在壶，玉山颓醉②眠芳草。

【注释】①珠箔：珠帘。②玉山颓醉：形容醉酒之态。出自南朝宋刘义庆《世说新语·容止》："嵇叔夜（嵇康）之为人也，岩岩若孤松之独立；其醉也，傀俄若玉山之将崩。"

【译文】皎洁明月挂在天空，秋日之声鸣于树梢，风来将珠帘卷起，呼啸不息，倚靠着琼楼高台；青青苔藓铺满大地，春酿美酒盛在壶中，醉酒如玉山将倾，颓然倒地，沉睡在香草丛中。

胸中自是奇，乘风破浪，平吞万顷苍茫；

脚底由来阔，历险穷幽，飞度千寻①香霭②。

【注释】①千寻：形容极高或极长。古以八尺为一寻。②香霭：云气，烟云。

【译文】胸中自然有雄奇，乘风破浪，一口吞尽万顷的苍茫；脚下从来都开阔，历险探幽，高飞穿越千寻的烟云。

松风涧雨，九霄外声闻环珮，清我吟魂①；

海市蜃楼，万水中一幅画图，供吾醉眼。

【注释】①吟魂：诗情，诗思。

【译文】风过松林，雨落幽涧，好像听到九霄云外玉佩的声音，使我的诗情更加清澄；海上仙市，蜃气幻楼，仿佛是万水千山中的一幅图画，供我醉眼朦胧时赏玩。

　　每从白门^①归，见江山逶迤，草木苍郁。人常言佳，我觉
是别离人肠中一段酸楚气耳。

【注释】①白门：六朝都城建康（今南京市）的正南门称宣阳门，俗称
白门，后亦代称南京。

【译文】每次从南京回来，看到江水山峦逶迤曲折，花草树木
苍翠葱郁。人们常说景色美丽，我却觉得这是离别的人心肠中的一
股酸楚之气罢了。

　　人每诹余腕中有鬼，余谓：鬼自无端入吾腕中，吾腕中未
尝有鬼也。人每责余目中无人，余谓：人自不屑入吾目中，吾目
中未尝无人也。

【译文】每当有人奉承我，说我手腕之间如有鬼神，方能妙笔
生花，我就说：鬼神自然不会无端来到我的手腕之间，我的手腕之
间也未曾有什么鬼神。每当有人斥责我，说我双眼窒中没有他人，以
致孤高自傲，我就说：他人自然不屑于进入我的眼睛，我的眼中却未
曾没有他人。

　　天下无不虚之山，惟虚故高而易峻；
　　天下无不实之水，惟实故流而不竭。

【译文】天下没有不空虚的山，只因空虚，所以才能高耸而容易峭拔；天下没有不充实的水，只因充实，所以才能流淌而不会枯竭。

放不出憎人面孔，落在酒杯；丢不下怜世心肠，寄之诗句。

【译文】脸上显不出憎恶他人的表情，只好将其沉落于酒杯之底；胸中丢不下怜悯世人的心肠，只有将其寄托于诗句之中。

春到十千①美酒，为花洗妆；夜来一片名香，与月熏魄。

【注释】①十千：万钱，指酒名贵。

【译文】春天到来，洒下价值万钱的美酒，为花朵清洗妆容；夜幕低垂，燃起一片名贵的焚香，给明月熏染灵魄。

忍到熟处则忧患消，淡到真时则天地赘。

【译文】隐忍到时机成熟时，忧患就会消除；淡泊到返璞归真时，天地都是累赘。

醺醺熟读《离骚》，孝伯外敢曰并皆名士①；
碌碌常承色笑，阿奴辈果然尽是佳儿②。

【注释】①典出《世说新语·任诞》："王孝伯言：名士不必须奇才，但使常得无事，痛饮酒，熟读《离骚》，便可称名士。"王恭，字孝伯，小字阿宁，东晋名士、外戚。②典出《世说新语·识鉴》："伯仁为人志大而才短，名重而识暗，好乘人之弊，此非自全之道；嵩性狼抗，已不容于世；唯阿奴碌碌，当在阿母目下耳。"周谟，小字阿奴，晋朝大臣。后以"阿奴碌碌"形容一个人平庸无为、不露锋芒，就可保全自身，不致招来祸患。

【译文】酒醉醺醺，往往熟读《离骚》，王恭之外有谁敢说都是名士；碌碌无为，常常侍亲欢悦，周谟等辈果然都是绝好儿孙。

剑雄万敌，笔扫千军。

【译文】一把宝剑，称雄于万千敌寇；一支妙笔，横扫千军万马。

飞禽铩翮①，犹爱惜乎羽毛；志士捐生，终不忘乎老骥。

【注释】①铩翮：犹铩羽，摧落羽毛，常比喻不得志。

【译文】飞鸟摧折翎翅，仍然爱惜自己的羽毛；志士舍生赴死，终究不忘衰老的好马。

敢于世上放开眼，不向人间浪皱眉。

【译文】敢于在世间放眼观望，不去向人世白白皱眉。

缥缈孤鸿，影来窗际，开户从之，明月入怀，花枝零乱。朗吟"枫落吴江①"之句，令人凄绝。

【注释】①枫落吴江：《新唐书·崔信明传》："扬州录事参军郑世翼者……遇信明江中，谓曰：闻公有'枫落吴江冷'，愿见其余。"后以"枫落吴江"借指诗文佳句。

【译文】云雾缥缈中独飞的大雁，影子划过窗边，推开房门跟随着它，明月的光辉映入怀中，开花的枝茎参差交错。朗声吟咏"枫落吴江"的诗句，令人感到无比凄凉。

云破月窥花好处，夜深花睡月明中。①

【注释】①此条出自明代唐寅《花月吟》十一首之二。

【译文】浮云退散，月亮出来偷看花朵的娇艳美丽；夜色已深，花朵在皎洁的月光中沉沉睡去。

三春花鸟犹堪赏，千古文章只自知。
文章自是堪千古，花鸟三春只几时？

【译文】暮春的花朵飞鸟还值得欣赏，千古的诗赋文章只有自己知晓。诗赋文章自然值得流传千古，暮春的花朵飞鸟还能存在多久呢？

士大夫胸中无三斗墨，何以运管城①？然恐蕴酿宿陈②，出之无光泽耳。

【注释】①管城：即管城子，指毛笔。②宿陈：积食，隔夜未消化完的食物。

【译文】士大夫胸中如果没有三斗墨水，用什么来挥毫作文呢？然而唯恐积淀酝酿的是陈旧的内容，写出来就毫无光华文采了。

攫金于市者，见金而不见人①；剖身藏珠者，爱珠而忘自爱②。与夫决性命以饕富贵，纵嗜欲以戕生者何异？

【注释】①典出《列子·说符》："昔齐人有欲金者，清旦衣冠而之市，适鬻金者之所，因攫其金而去。吏捕得之，问曰：人皆在焉，子攫人之金何？对曰：取金时，不见人，徒见金。"后以"齐人攫金"形容人利欲熏心，不顾一切。②典出《资治通鉴·唐纪》："上谓侍臣曰：吾闻西域贾胡得美珠，剖身以藏之，有诸？侍臣曰：有之。上曰：人皆知彼之爱珠而不爱其身也。"后以"剖腹藏珠"比喻人为物伤身，轻重颠倒。

【译文】在集市上抢夺金子的齐国人，眼中只看到金子，却看不到其他人；剖开肚子藏入宝珠的西域商人，只知道珍爱宝珠，却忘记珍爱自己。这与那些不惜性命以贪求富贵、放纵嗜欲以残害生命的人又有什么不同呢？

说不尽山水好景，但付沉吟；当不起世态炎凉，惟有闭户。

【译文】说不完山水好景，只有沉思低吟；禁不起世态炎凉，只有关门闭户。

杀得人者，方能生人。有恩者，必然有怨。若使不阴不阳，随世波靡①，肉菩萨出世，于世何补，此生何用？

【注释】①波靡：随波起伏，顺风而倒，比喻胸无定见，相率而从。

【译文】能杀人的人，才能救得了人。对人有恩情，一定也与人有冤仇。如果一个人不阴不阳、随波逐流，那么即使是肉身菩萨出世相助，这样的人对于世界会有什么帮助，他这一生又有什么贡献呢？

李太白云："天生我才必有用，黄金散尽还复来①。"又云："一生性僻耽佳句，语不惊人死不休②。"豪杰不可不解此语。

【注释】①此二句出自李白《将进酒》。②此二句出自杜甫《江上值水如海势聊短述》，原文"一生"作"为人"，非李白语。

【译文】李白说："天生我才必有用，黄金散尽还复来。"杜甫又说："一生性僻耽佳句，语不惊人死不休。"豪杰之士不能不理解这几句话。

天下固有父兄不能囿之豪杰，必无师友不可化之愚蒙。

【译文】天下原本就有父辈兄长不能约束的豪杰之士。一定没有老师朋友不可化导的愚昧之人。

谐友于天伦之外，元章呼石为兄[1]；奔走于世途之中，庄生喻尘以马[2]。

【注释】[1]典出"米芾拜石"。米芾，字元章，北宋著名书法家、画家，个性颠狂不羁。他曾见一块奇丑的怪石，竟跪拜于地，说："我欲见石兄二十年矣！"友于，出自《尚书》"惟孝，友于兄弟"，后代称兄弟，亦指兄弟友爱。[2]典出《庄子·逍遥游》："野马也，尘埃也，生物之以息相吹也。"

【译文】在天伦之外兄弟亲和，米芾称呼怪石为兄长；在世途之中奔走劳碌，庄子比喻尘埃为野马。

词人半肩行李，收拾秋水春云；
深宫一世梳妆，恼乱晚花新柳。

【译文】吟咏词人半肩背着行李，收拾那秋日流水、春时烟云；深宫女子一生梳妆打扮，烦恼那春花将谢、新柳即绿。

得意不必人知，兴来书自圣；纵口何关世议，醉后语犹颠。

【译文】得意忘形之时不需他人知晓，兴致到来所书诗文自是圣作；信口开河不关世人舆论，酒醉之后所说言语犹如颠狂。

英雄尚不肯以一身受天公之颠倒，吾辈奈何以一身受世人之提掇？是堪指发[1]，未可低眉[2]。

【注释】①指发: 发指, 形容愤怒之极。②低眉: 低着头, 谦卑顺服貌。

【译文】英雄尚且不肯凭一身本事接受上天的颠倒之举, 我们怎么能靠一身无为接受世人的推举提携呢? 这种情况只可让人怒气冲冲, 不可让人低眉顺眼。

能为世必不可少之人, 能为人必不可及之事, 则庶几此生不虚。

【译文】能成为世间一定不可缺少的人, 能做他人一定做不到的事情, 那么差不多可说此生没有虚度了。

儿女情, 英雄气, 并行不悖; 或柔肠, 或侠骨, 总是吾徒。

【译文】儿女私情, 英雄豪气, 可以共存而无冲突; 柔肠百转, 侠骨丹心, 总是我的朋党徒众。

上马横槊①, 下马作赋, 自是英雄本色;
熟读《离骚》, 痛饮浊酒, 果然名士风流。

【注释】①横槊: 横持长矛, 指从军或习武。
【译文】上马横持长矛, 下马吟诗作赋, 自然是英雄本色; 熟读《离骚》, 畅饮杯杯浊酒, 果然是名士风流。

诗狂空古今，酒狂空天地。

【译文】吟诗狂放，目空古今；饮酒颠狂，目空天地。

处世当于热地思冷，出世当于冷地求热。

【译文】身处世间，应当在热闹之处冷静思考；出离尘世，应当在清冷之地寻求生机。

我辈腹中之气，亦不可少，要不必用耳；若蜜口，真妇人事哉！

【译文】我们腹中的浩然之气，也不可缺少，关键是不必轻易运用；如果只是嘴上甜美，就真是妇女的行事了！

办大事者，匪独以意气胜，盖亦其智略绝也。故负气雄行，力足以折公侯；出奇制算，事足以骇耳目。如此人者，俱千古矣。嗟嗟，今世徒虚语耳！

【译文】能办成大事的人，不仅仅是靠意气取胜，也是因为智谋超绝。所以凭恃豪气勇武行事，力量足以折服公侯；别出奇计制定谋划，行事足以骇人耳目。像这样的人，都已离去久远了。哎呀！今世的人，不过只有空话罢了！

说剑谈兵，今生恨少封侯骨；登高对酒，此日休吟烈士歌。

【译文】言说剑法，谈论兵略，今生遗憾的是没有封侯的骨相；登临高处，面对酒杯，今日不要再唱英烈豪杰的歌曲。

身许为知己死，一剑夷门^①，到今侠骨香仍古；
腰不为督邮折，五斗彭泽^②，从古高风清至今。

【注释】①典出"窃符救赵"，指战国魏都大梁夷门小吏侯嬴为报信陵君知遇之恩，献计窃符救赵，最后自刎而死。②典出陶渊明"不为五斗米折腰"。督邮，汉代设立的官职，郡的重要属吏，代表太守督察县乡。彭泽，县名，陶渊明时为彭泽令。

【译文】此身应为知己者而死，侯嬴于夷门一剑封喉，至今侠骨之香仍如古时；此腰不为督邮而弯，陶渊明为五斗彭泽令，从古高风清名流传至今。

剑击秋风，四壁如闻鬼啸；琴弹夜月，空山引动猿号。

【译文】舞剑击穿秋风，四壁好像听到鬼神长啸；抚琴弹与夜月，空山却可引动猿猴哀号。

壮士愤懑难消，高人情深一往。

【译文】壮士英豪，愤懑之志难以磨灭；高人隐士，幽情深远一如既往。

　　先达笑弹冠^①，休向侯门轻曳裾^②；
　　相知犹按剑^③，莫从世路暗投珠^④。

　　【注释】①先达笑弹冠：用典"弹冠相庆"，指官场中一人当官或升官，徒党就互相庆贺将有官可做。先达，有德行学问的前辈。弹冠，掸去帽子上的灰尘，准备做官。此句与后"相知犹按剑"同出自唐代王维《酌酒与裴迪》："白首相知犹按剑，朱门先达笑弹冠。"②侯门轻曳裾：用典"曳裾王门"，比喻在权贵门下做食客。曳裾，拖着衣襟。③按剑：典出《史记·邹阳列传》，指以手抚剑，预示击剑之势。④世路暗投珠：用典"明珠暗投"，比喻宝物落入不识者手中，亦喻有才者不得重用或投主不淑。

　　【译文】前辈贤达笑着弹冠相庆，不要轻易投奔王侯之门；相知好友尚且按剑待发，不要在世途中明珠暗投。

卷十一　集法

　　自方袍幅巾①之态遍满天下，而超脱颖绝之士，遂以同污合流矫之，而世道已不古矣。夫迂腐者既泥于法，而超脱者又越于法。然则士君子亦不偏不倚，期无所泥越则已矣，何必方袍幅巾，作此迂态耶? 集法第十一。

　　【注释】①方袍幅巾: 宋明以来道学先生的装束。方袍，本指僧人所穿的袈裟。幅巾，以全幅细绢束发的方巾。

　　【译文】自从方袍幅巾的装束风行天下起，那些卓尔不群、聪颖超绝的人，就以同流合污的说法加以纠正，然而世道人心已经不淳朴了。那些迂腐的人已经拘泥于礼法，而那些超群的人又逾越了礼法。既然如此，世人君子也要不偏不倚，希望既无拘泥、又无逾越就可以了，何必要以方袍幅巾装束，打扮成一幅迂腐之态呢? 因此编纂了第十一卷"法"。

　　世无乏才之世，以通天达地之精神，而辅之以拔十得五①之法眼②。

【注释】①拔十得五：想选拔十个人，结果只选了五个，形容选拔人才不容易。②法眼：指敏锐、精深的眼力。

【译文】世界没有缺少人才的时代，要以通天彻地的精神，再加上拔十得五得眼力，自然可以获得人才。

一心可以交万友，二心不可以交一友。

【译文】一心一意，就可以结交万千朋友；三心二意，连一个朋友也不可结交。

凡事，留不尽之意则机圆；凡物，留不尽之意则用裕；凡情，留不尽之意则味深；凡言，留不尽之意则致远；凡兴，留不尽之意则趣多；凡才，留不尽之意则神满。

【译文】凡是行事，留有不尽的余地就会时机成熟；凡是用物，留有不尽的余地就会用度宽裕；凡是抒情，留有不尽的余地就会意味深长；凡是出言，留有不尽的余地就会情致悠远；凡是兴起，留有不尽的余地就会趣味繁多；凡是用才，留有不尽的余地就会精神饱满。

有世法，有世缘，有世情。缘非情，则易断；情非法，则易流。

【译文】有世间之法，有世间之缘，有世间之情。缘如果缺少情，就容易断绝；情如果不合于法，就容易放纵。

世多理所难必之事，莫执宋人道学；
世多情所难通之事，莫说晋人风流。

【译文】世间有很多依理难以做到的事情，不要执著宋人的理学；世间有很多用情难以通达的事情，不要谈论晋人的风流。

与其以衣冠①误国，不若以布衣关世②；
与其以林下而矜冠裳③，不若以廊庙④而摽⑤泉石⑥。

【注释】①衣冠：礼服和冠帽，代称缙绅、士大夫。②关世：这里是指关心世事。③冠裳：指官吏的全套礼服，此处代指官位、官职。④廊庙：殿下屋和太庙，指朝廷。⑤摽：同"标"，标榜。⑥泉石：泉水山石，代指清幽之处。

【译文】与其高居官位而误国误民，不如身为平民而关心世事；与其归隐山林而炫耀功名，不如身处朝堂而标榜清高。

眼界愈大，心肠愈小；地位愈高，举止愈卑。

【译文】眼界越开阔，心胸越狭小；地位越高贵，举止越谦卑。

少年人要心忙，忙则摄浮气；老年人要心闲，闲则乐余年。

【译文】少年人要心中忙碌，心忙才能收摄浮躁之气；老年人要心中清闲，心闲才能乐享晚年。

晋人清谈，宋人理学。以晋人遣俗，以宋人提躬^①，合之双美，分之两伤也。

【注释】①提躬：犹提身，意为安身、修身。
【译文】魏晋的人喜欢清谈，宋代的人崇尚理学。以魏晋的清谈遣除俗气，以宋代的理学安身立命，这两者合用就会双赢，分离就会两伤。

莫行心上过不去事，莫存事上行不去心。

【译文】不要去做良心上过不去的事情，不要存有事情上行不通的想法。

忙处事为，常向闲中先检点；动时念想，预从静里密操持。

【译文】忙碌之时的行事举止，要常在闲暇之时预先反省检点；行动之时的心思谋虑，要预先在闲静之时严密操练保持。

青天白日^①处节义，自暗室屋漏中培来；
旋乾转坤^②的经纶^③，自临深履薄^④处操出。

【注释】①青天白日：指大白天，也比喻明显的事情或高洁的品德。②旋乾转坤：扭转天地，比喻从根本上改变社会面貌或已成局面，也指人魄力极大。③经纶：比喻筹划治理国家大事的能力与才干。④临深履薄：《诗经·小雅》："战战兢兢，如临深渊，如履薄冰。"指面临深渊，脚踩薄冰，比喻小心谨慎，惟恐有失。

【译文】青天白日的气节义行，是从暗室之中、人不见处的自持里培养而来的；扭转乾坤的治国才能，是从如临深渊、如履薄冰的心态中历练出来的。

以积货财之心积学问，以求功名之念求道德，
以爱妻子之心爱父母，以保爵位之策保国家。

【译文】人应当用积蓄财货的心思积累学问，用求取功名的心念追求道德，用关爱妻子的用心敬爱父母，用保全爵位的计策保卫国家。

才智英敏者，宜以学问摄其躁；
气节激昂者，当以德性融其偏。

【译文】才能杰出、心智灵敏的人，应当以积累学问收摄浮躁之气；意气风发、慷慨激昂的人，应当以涵养德性消融偏颇之处。

何以下达①，惟有饰非②；何以上达③，无如改过。

【注释】①下达：出自《论语·宪问》："君子上达，小人下达。"指追求

财利。②饰非：粉饰掩盖错误。③上达：指追求道德仁义。

【译文】小人如何堕落而追求财利？只有掩饰过错。君子如何升华而追求仁义？无如改过迁善。

一点不忍的念头，是生民生物之根芽；

一段不为的气象，是撑天撑地之柱石。

【译文】一点恻隐不忍的心念，就是化育百姓万物的根芽；一片清静无为的气象，就是支撑天地世界的柱石。

君子对青天而惧，闻雷霆而不惊；

履平地而恐，涉风波而不疑。

【译文】君子仰对青天而心存敬畏，所以听闻雷霆之声也不惊惧；君子走过平地也心存忧恐，所以涉入风波之中也无疑虑。

不可乘喜而轻诺，不可因醉而生嗔，

不可乘快而多事，不可因倦而鲜终。

【译文】不可以乘着高兴就轻易允诺，不可以因为醉酒就心生嗔怒，不可以乘着快意而多事生非，不可以因为疲倦而少有善终。

意防虑如拨，口防言如遏，身防染如夺，行防过如割。

【译文】心念防范邪思要如同拔除异物，口舌防范失言要如同遏止激流，身体防范污染要如同夺命而逃，行为防范过失要如同切身割肉。

白沙在泥，与之俱黑，渐染之习久矣；
他山之石，可以攻玉，切磋之力大焉。

【译文】白色的细沙混在泥淖之中，和泥淖一起变黑，这是因为逐渐浸染成习的时间久了；别的山上的石头，能够用来琢磨玉器，这是因为这些石头切磋琢磨的力度较大。

后生辈胸中落"意气"两字，有以趣胜者，有以味胜者。然宁饶于味，而无饶于趣。

【译文】后生晚辈的胸怀中没有了"意气"这两个字，有的是以意趣超胜，有的是以韵味超胜。然而宁可韵味丰盈，也不要意趣盎然。

芳树不用买，韶光①贫可支②。

【注释】①韶光：美好的时光，常指春光。②支：受得住。
【译文】草木芳菲，不必购买而能处处赏玩；美好春光，即使清贫也可领略享受。

寡思虑以养神, 剪欲色以养精, 靖言语以养气。

【注释】①靖: 平定, 止息。

【译文】减少思虑以涵养神志, 摒除色欲以温养精本, 止息言语以固养元气。

立身高一步方超达, 处世退一步方安乐。

【译文】安身立命要高人一等才能超脱旷达, 处世接物要退让一步才能安宁和乐。

士君子贫不能济物者, 遇人痴迷处出一言提醒之, 遇人急难处出一言解救之, 亦是无量功德。

【译文】世人君子如果自身贫穷而不能接济他人, 在遇到他人痴迷不悟时说一句话提醒他, 在遇到他人危机艰难之时说一句话解救他, 也是无量的功德。

救既败之事者, 如驭临崖之马, 休轻策一鞭;
图垂成之功者, 如挽上滩之舟, 莫少停一棹。

【译文】挽救已成败局的事情, 就好像驾驭濒临悬崖的烈马,连轻挥上一鞭也不可以；筹划即将成就的功业，就好像牵拉快上岸滩的小船，连少划上一桨也不可以。

是非邪正之交，少迁就则失从违①之正；
利害得失之会，太分明则起趋避②之私。

【注释】①从违：取舍，依从或违背。②趋避：趋利避害，趋吉避凶。
【译文】是非、邪正的交锋，如果稍有迁就就会违背取是舍非、取正舍邪的正理；利害、得失的会合，如果太过分明就会产生趋利避害、趋得避失的私心。

事系幽隐，要思回护①他，着不得一点攻讦的念头；
人属寒微，要思矜礼②他，着不得一毫傲睨的气象。

【注释】①回护：袒护，庇护。②矜礼：怜惜礼待。
【译文】如果事情涉及秘闻隐私，要想着匡扶庇护他，不能有一点攻击揭发的心念；如果他人出身贫寒卑微，要想着怜惜礼待他，不能有一丝高傲藐视的姿态。

毋以小嫌而疏至戚①，勿以新怨而忘旧恩。

【注释】①至戚：最亲近的亲属。
【译文】不因小的嫌隙而疏远骨肉至亲，不因新的冤仇而忘记旧日恩情。

礼义廉耻，可以律己，不可以绳①人。律己则寡过，绳人则寡合②。

【注释】①绳：约束，制裁。②寡合：谓与人不易投合。
【译文】礼义廉耻的道德准则，可以用来约束自己，却不可以用来约束他人。约束自己就能少犯过错，约束他人就会难与人合。

凡事韬晦①，不独益己，抑且益人；
凡事表暴②，不独损人，抑且损己。

【注释】①韬晦：收敛锋芒，隐藏不露。韬，韬光。晦，晦迹。②表暴：亦作"表襮"，自炫，暴露。
【译文】凡事韬光养晦，不仅对自己有益，而且对他人有益；凡事张扬炫耀，不仅对他人有害，而且对自己有害。

觉人之诈，不形于言；受人之侮，不动于色。此中有无穷意味，亦有无穷受用。

【译文】觉察到别人的欺诈，却不以言语表达出来；遭受到别人的侮辱，却不以神色表现出来。这里面有无穷的意味，也有无穷的受用。

爵位不宜太盛，太盛则危；能事①不宜尽毕，尽毕则衰。

【注释】①能事：原指能做到的事，后指擅长的本事。

【译文】官职爵位不应太过显赫，太过显赫就会遇到危险；擅长之事不应全都做完，全都做完就会导致衰颓。

遇故旧之交，意气要愈新；处隐微之事，心迹宜愈显；待衰朽之人，恩礼要愈隆。

【译文】遇到昔日旧年的交情，精神风貌要更加清新；处理隐秘细微的事情，心中思虑要更加明显；对待衰弱老朽的人们，恩惠礼待要更加隆重。

用人不宜刻①，刻则思效②者去；
交友不宜滥，滥则贡谀③者来。

【注释】①刻：刻薄，苛刻。②思效：想要效劳。③贡谀：献媚。

【译文】用人不应该刻薄，刻薄就会使想要效劳的人离开；交友不应该过滥，过滥就会让阿谀奉承的人到来。

忧勤是美德，太苦则无以适性怡情；
淡泊是高风，太枯则无以济人利物。

【译文】忧虑勤劳是美德，但如果太过劳苦就无法随顺本性、陶冶情操；淡泊是高风，但如果太过枯槁就无法济助他人、利益万物。

作人要脱俗，不可存一矫俗①之心；
应世要随时，不可起一趋时②之念。

【注释】①矫俗：矫正世俗，谓故意违俗立异。②趋时：迎合潮流，迎合时尚。

【译文】做人要清高脱俗，但不可以存有一点矫正世俗的心念；处世要随顺时宜，但不可以生一点迎合潮流的心思。

富贵之家，常有穷亲戚往来，便是忠厚。

【译文】富贵的家庭，如果常常有贫穷的亲戚往来，就是忠厚之家。

从师①延②名士，鲜垂教③之实益；
为徒攀高第④，少受诲之真心。

【注释】①从师：跟老师学习。②延：邀请。③垂教：垂训，赐教。④高第：科举中式，名列前茅。

【译文】拜师求学，延请贤良名士，很少得到垂训赐教的实际利益；身为弟子，攀求金榜题名，很少具有接受教诲的真诚之心。

男子有德便是才，女子无才便是德。

【译文】男子具备德行就是拥有才能，女子没有才能就是德。

病中之趣味，不可不尝；穷途之景界，不可不历。

【译文】病苦之中的趣味，不可不品尝；穷途末路的光景，不可不亲历。

才人国士^①，既负不群^②之才，定负不羁之行。是以才稍压众，则忌心生；行稍违时，则侧目^③至。死后声名，空誉墓中之骸骨；穷途潦倒，谁怜宫外之蛾眉？

【注释】①国士：一国中最优秀之人。②不群：不平凡，高出同辈。③侧目：侧目而视，形容愤恨。

【译文】国家的贤才良士，既然有着卓尔不群的才华，一定会有豪放不羁的行为。因此，他们的才华稍微压过众人，众人的嫉妒之心就会产生；他们的行为稍微不合时宜，众人的愤恨侧目就会到来。死后名声，白白赞誉坟墓中的尸骸白骨；穷困潦倒，有谁怜悯宫门外的年老宫女？

贵人之交贫士也，骄色易露；贫士之交贵人也，傲骨当存。

【译文】高贵之人与贫寒之士交往，容易显露骄慢的神色；贫寒之士与高贵之人交往，应当存有不屈的风骨。

君子处身，宁人负己，己无负人；小人处事，宁己负人，无人负己。

【译文】君子立身处世，宁肯他人辜负自己，自己决不辜负他人；小人处事接物，宁肯自己辜负他人，他人不可辜负自己。

砚神曰淬妃，墨神曰回氏，纸神曰尚卿，笔神曰昌化，又曰佩阿。[①]

【注释】①此条见元代伊世珍《瑯嬛记》引《致虚阁杂俎》："笔神曰佩阿，研神曰淬妃，墨神曰回氏，纸神曰尚卿，笔神又曰昌化。"

【译文】砚神叫淬妃，墨神叫回氏，纸神叫尚卿，笔神叫昌化，又叫佩阿。

要治世，半部《论语》[①]；要出世，一卷《南华》[②]。

【注释】①典出"半部《论语》治天下"。宋代罗大经《鹤林玉露》："赵普再相，人言普山东人，所读者止《论语》，盖亦少陵之说也。太宗尝以此语问普，普略不隐，对曰：臣平生所知，诚不出此。昔以其半辅太祖定天下，今欲以其半辅陛下致太平。"②《南华》：即《庄子》。唐玄宗天宝元年封庄子为"南华真人"，《庄子》一书诏称《南华真经》。

【译文】要治国理政，只需半部《论语》；要超尘拔俗，一卷《庄子》足矣。

祸莫大于纵己之欲，恶莫大于言人之非。

【译文】没有比放纵自己的欲望更大的祸害了，没有比指摘别人的不是更大的罪恶了。

求见知于人世易，求真知于自己难；
求粉饰于耳目易，求无愧于隐微难。

【译文】想要让世人知晓自己容易，想要真正了解自己困难；想要粉饰太平、掩人耳目容易，想要在隐秘之事上问心无愧困难。

圣人之言，须常将来^①眼头过，口头转，心头运。

【注释】①将来：拿来，带来。
【译文】圣人的言论，要常常拿来用眼睛看一番，用口舌说一番，用内心想一番。

与其巧持于末，不若拙戒于初。^①

【注释】①此条出自唐代司马承祯（一说赵志坚）《坐忘论》："虽则巧持其末，不如拙戒其本。"

【译文】与其在最后关头机巧地操持，不如在起始之端笨拙地警戒。

君子有三惜：此生不学一可惜，此日闲过二可惜，此身一败三可惜。

【译文】君子有三种可惜之事：此生不学无术，这是第一种；此日清闲虚度，这是第二种；此身一败涂地，这是第三种。

昼观诸妻子，夜卜诸梦寐，两者无愧，始可言学。[1]

【注释】[1]此条出自《宋史·沈焕传》。妻子，妻子和儿女。卜，推断，预料。

【译文】白天从妻儿身上观察，晚上从睡梦之中推断，这两方面都无愧于心，才可以谈到治学。

士大夫三日不读书，则礼义不交，便觉面目可憎，语言无味。

【译文】士大夫如果三天不读书，礼义之道就不能交会贯通，就会觉得自己面目可憎、语言无味。

与其密面交[1]，不若亲谅友[2]；
与其施新恩，不若还旧债。

【注释】①面交：非真心相交的朋友。②谅友：诚实的朋友。

【译文】与其密交表面真心的朋友，不如亲近真诚实在的朋友；与其施与别人新的恩惠，不如偿还他人旧日债务。

士人当使王公闻名多而识面少，宁使王公讶其不来，毋使王公厌其不去。

【译文】身为士子，应当让王公大臣多听到自己的名声而少见到自己本人，宁肯使王公大臣惊讶自己不来，也不要使王公大臣厌烦自己不走。

见人有得意事，便当生忻①喜心；见人有失意事，便当生怜悯心。皆自己真实受用处，忌成乐败，徒自坏心术②耳。

【注释】①忻：同"欣"。②心术，内心，居心。

【译文】见到别人有得意之事，就应当生欣喜心；见到别人有失意之事，就应当生怜悯心。这都是使自己能得到真实受用的做法，如果害怕他人成功，喜欢他人失败，就只能坏了自己的内心。

恩重难酬，名高难称。

【译文】恩德深重，难以酬报；名声隆盛，难以符实。

待客之礼当存古意，止一鸡一黍，酒数行，食饭而罢，以此为法。

【译文】待客的礼节应当具有古人之风，只用一只鸡、一碗黍，酒过几巡，然后吃饭结束，以此作为标准。

处心不可着，着则偏；作事不可尽，尽则穷。

【译文】居心不可执著，执著就会产生偏差；做事不可做绝，做绝就会导致困厄。

士人所贵，节行为大。轩冕失之，有时而复来；节行失之，终身不可得矣。

【译文】士子所看重的，以节操品行为最大。官职禄位失去了，还有再次得到的时候；节操品行失去了，终身都不能再得到了。

势不可倚尽，言不可道尽，福不可享尽，事不可处尽。意味偏长。

【译文】权势不可倚仗完，言语不可说完，福分不可享完，事情不可做绝，这几句话意味深长。

静坐然后知平日之气浮,守默然后知平日之言躁,省事^①然后知平日之费闲^②,闭户然后知平日之交滥,寡欲然后知平日之病多,近情然后知平日之念刻。

【注释】①省事:减少事务。②费闲:浪费闲暇,指劳碌多事。

【译文】宴然静坐,然后才知道平日心气虚浮;缄口沉默,然后才知道平日言语焦躁;减少杂务,然后才知道平日劳碌多事;闭门谢客,然后才知道平日交往过滥;清心寡欲,然后才知道平日毛病众多;贴近人情,然后才知道平日心念刻薄。

喜时之言多失信,怒时之言多失体^①。

【注释】①失体:做事或讲话不合礼节,没有体统。

【译文】喜悦之时说的话大多丧失信用,愤怒之时说的话大多违背体统。

泛交则多费,多费则多营,多营则多求,多求则多辱。

【译文】交往过于广泛,就会耗费很多资财;耗费很多资财,就会经营很多生意;经营很多生意,就会求人很多事情;求人很多事情,就会遭受很多屈辱。

一字不可轻与人,一言不可轻语人,一笑不可轻假人。

【译文】即使一个字，也不可轻易赠予他人；即使一句话，也不可轻易说给他人；即使一抹笑，也不可轻易施与他人。

正以处心，廉以律己，忠以事君，恭以事长，信以接物，宽以待下，敬以治事，此居官之七要也。

【译文】以中正修养存心，以廉洁约束自己，以忠贞事奉君王，以恭谨事奉尊长，以信义处事接物，以宽厚对待下属，以诚敬处理政务，这是做官的七个重要原则。

圣人成大事业者，从战战兢兢之小心来。

【译文】圣人之所以能成就伟大的事业，是从战战兢兢、小心谨慎的心态开始的。

酒入舌出，舌出言失，言失身弃。余以为弃身不如弃酒。

【译文】酒喝入口中，舌头伸出来；舌头伸出来，说话必有失；说话一有失，就嫌弃自身。我认为嫌弃自身不如放弃饮酒。

青天白日，和风庆云，不特人多喜色，即鸟鹊且有好音；若暴风怒雨，疾雷闪电，鸟亦投林，人皆闭户，故君子以太和元气为主。

【译文】蓝天艳阳，和风祥云，不仅是人们脸上多有喜色，就连鸟鹊也发出动听的啼鸣；如果是狂风暴雨，迅雷闪电，鸟鹊也都躲入树林，人们全都关门闭户，所以君子应当秉持天地间的太和元气。

胸中落"意气"两字，则交游定不得力；落"骚雅①"二字，则读书定不深心。

【注释】①骚雅：《离骚》与《诗经》中《大雅》《小雅》的并称，借指诗经》和《离骚》所奠定的古诗风格传统。

【译文】胸怀中没有了"意气"二字，那么外出交游一定不能得力；胸怀中没有了"骚雅"二字，那么阅读书籍已定不能深入心中。

交友之先宜察，交友之后宜信。

【译文】交友之前应当观察清楚，交友之后应当充分信任。

惟俭可以助廉，惟恕可以成德。

【译文】只有节俭可以助长廉洁，只有宽恕可以成就德行。

惟书不问贵贱贫富老少。观书一卷，则有一卷之益；观书一日，则有一日之益。

【译文】只有读书，是没有贫富、贵贱、老少之分的。读书一卷，就有一卷的益处；读书一日，就有一日的益处。

坦易其心胸，率真其笑语①，疏野②其礼教，简少③其交游。

【注释】①笑语：谈笑，说笑。②疏野：放纵不拘。③简少：稀少，减少。

【译文】使心胸坦荡平易，使谈笑纯朴率真，使礼教灵活随性，使交游日渐减少。

好丑不可太明，议论不可务尽，
情势不可殚竭，好恶不可骤施。

【译文】美丑不能太过分明，议论不能务求说尽，情势不能竭尽穷极，好恶不能突然表露。

不风之波，开眼之梦，皆能增进道心。

【译文】无风而起的波浪，开眼而入的梦境，都能增进向道之心。

开口讥诮人，是轻薄第一件，不惟丧德，亦足丧身。

【译文】开口就讥讽嘲笑他人，这是世上第一件轻佻浮薄的事情，不仅丧失了德行，也足以败坏自身。

人之恩可念不可忘，人之仇可忘不可念。

【译文】别人的恩惠，要念念在兹，不可抛之脑后；别人的怨仇，要不挂心上，不可耿耿于怀。

不能受言者，不可轻与一言，此是善交法。

【译文】不能接纳别人意见的人，不可轻易对他说一句话，这是善于与人交往的方法。

君子于人，当于有过中求无过，不当于无过中求有过。

【译文】君子对待他人，应当是在他有过失的时候，从中找出没有过失的地方；而不应该在他没有过失的时候，从中找出有过失的地方。

我能容人，人在我范围，报之在我，不报在我；人若容我，我在人范围，不报不知，报之不知。自重者然后人重，人轻者由我自轻。

【译文】我能宽容他人，他人就在我胸怀的范围中，报答由我接受，不报答也由我接受；他人如果宽容了我，我就在他人胸怀的范围中，不报答他人不知道，报答了他人也可能不知道。尊重自己的人别人才会尊重他，被别人轻视是由轻视自己造成的。

高明性多疏脱^①，须学精严；狷介^②常苦迁拘，当思圆转。

【注释】①疏脱：放达，不受拘束。②狷介：性情正直。
【译文】见识高明的人个性大多旷达不羁，应该学会精细严密；性情正直的人常常苦于迂腐拘泥，应该想着灵活变通。

欲做精金美玉的人品，定从烈火锻来；思立揭地掀天的事功，须向薄冰履过。

【译文】想要塑造精金美玉一般的人品，一定要从烈火中锻造出来；想要建立翻天覆地的功业，必须从薄冰上小心走过。

性不可纵，怒不可留，语不可激，饮不可过。

【译文】性情不可放纵，愤怒不可久留，言语不可偏激，饮食不可过度。

能轻富贵，不能轻一轻富贵之心；能重名义，又复重一重名义之念。是事境之尘氛未扫，而心境之芥蒂未忘。此处拔除不净，恐石去而草复生矣。

【译文】能够看轻富贵利禄，却不能减少看轻富贵利禄的心思；能够看重名声道义，却又增加看重名声道义的念头。这都是因为事物情境中的俗尘没有扫除，而自己心境中的芥蒂没有忘却。这个地方如果不拔除干净，恐怕石头移开杂草又会重生了。

纷扰固溺志之场，而枯寂亦槁心之地。故学者当栖心玄默，以宁吾真体；亦当适志恬愉①，以养吾圆机②。

【注释】①恬愉：快乐。②圆机：指超脱是非，不为外物所拘牵之境界。

【译文】纷乱扰攘的尘世固然是使人心志磨灭的场所，而枯涩幽寂的静坐也是使人心灵干涸的地方。所以学道的人应当潜心清静，以安定自己的真心本体；也应当怡悦适意，以安养自己的圆满之机。

昨日之非不可留，留之则根烬复萌，而尘情终累乎理趣；今日之是不可执，执之则渣滓未化，而理趣反转为欲根。

【译文】昨天的过错不可留下，否则就会使过错的残根再次萌生，而凡心俗情终究会牵累义理志趣；今天的善行不可执著，否则就会使其中的渣滓不能化尽，而义理志趣反倒转变为欲望之根。

待小人不难于严，而难于不恶；
待君子不难于恭，而难于有礼。

【译文】对待小人威严不难，难的是不憎恶他；对待君子恭敬不难，难的是合乎礼法。

市①私恩，不如扶公议②；结新知，不如敦③旧好；立荣名，不如种隐德；尚奇节④，不如谨庸行⑤。

【注释】①市：交易，买卖。②公议：按公利标准而议论，公众共同评论。③敦：注重。④奇节：奇特的节操。⑤庸行：平常的行为。

【译文】买卖私人恩情，不如扶持合乎公利的事情；结交新的朋友，不如加深故交旧友的感情；树立荣耀声名，不如培植不为人知的阴德；崇尚奇特节操，不如慎重平日惯常的行为。

有一念而犯鬼神之忌，一言而伤天地之和，一事而酿子孙之祸者，最宜切戒。

【译文】有一个念头触犯了鬼神的忌讳，有一句话语伤害了天地的和气，有一件事酿成了子孙的祸患，这些最须切实避免。

不实心，不成事；不虚心，不知事。

【译文】不真心实意，就不能做成事情；不谦逊虚心，就不能明白事情。

老成^①人受病^②，在作意^③步趋^④；少年人受病，在假意超脱。

【注释】①老成：成年。②受病：受诟病，受指斥。③作意：刻意，有意。④步趋：追随，效法。

【译文】成年人受到的诟病，在于刻意地效法于人；少年人受到的诟病，在于假意地超脱于世。

为善有表里始终之异，不过假好人；

为恶无表里始终之异，倒是硬汉子。

【译文】行善却有表里始终的差异，不过是一个假好人；行恶却无表里始终的差异，倒是一个硬汉子。

入心处咫尺玄门^①，得意时千古快事。

【注释】①玄门，天门，此指高深的境界。

【译文】义理入心之时，天门好像近在咫尺；春风得意之时，千古无此快意之事。

《水浒传》何所不有，却无破老^①一事，非关缺陷，恰是酒肉汉本色如此，益知作者之妙。

【注释】①破老：危害老成持重之人。

【译文】《水浒传》中包罗万象，却没有危害老成人这样的事，这并不是本书的缺陷，恰恰反映出酒肉好汉的本色就是如此，由此能更加了解作者文笔的巧妙。

世间会讨便宜人，必是吃过亏者。

【译文】世间善于占便宜的人，一定也是曾经吃过亏的人。

书是同人①，每读一篇，自觉寝食有味；
佛为老友，但窥半偈，转思前境真空②。

【注释】①同人：同仁，志同道合的朋友。②真空：佛教语，谓超出一切物质精神状态的境界。

【译文】书籍是同仁，每读一篇文章，自己就觉得连睡觉吃饭都有滋有味；佛法是老友，只看半句偈语，转而又观照到前念境界实际为真空。

衣垢不浣①，器缺不补，对人犹有惭色；
行垢不浣，德缺不补，对天岂无愧心？

【注释】①浣：洗涤。

【译文】衣服上的污垢没有洗净，器具残缺而没有补全，这样面对他人时尚且面有惭色；行为上的污垢没有洗净，德行残缺而没有补全, 这样面对上天怎能没有愧心?

天地俱不醒, 落得昏沉醉梦; 洪濛率是客, 枉寻寥廓主人。

【译文】天地全都沉睡不醒, 仿佛落入昏沉的醉梦之中; 宇宙之间都是过客, 枉自寻觅寥阔的苍茫之主。

老成人必典必则①, 半步可规②;
气闷人不吐不茹③, 一时难对④。

【注释】①必典必则: 一定遵从典章规则。②规: 合规。③不吐不茹: 不吞不吐, 沉默无语。④对: 应对。
【译文】老成持重的人一定要遵从规章制度, 走半步也要中规中矩; 气机沉闷的人不吞不吐、默不作声, 一时间难以应对。

重友者, 交时极难, 看得难, 以故转重;
轻友者, 交时极易, 看得易, 以故转轻。

【译文】重视朋友的人, 结交朋友时非常困难, 正因为他把交友看得困难, 所以转而会重视朋友; 看轻朋友的人, 结交朋友时非常容易, 正因为他把交友看得容易, 所以转而会看轻朋友。

近以静事而约己, 远以惜福而延生。

【译文】就近而言，要以宁静无为来约束自己；长远而论，要以珍惜福分来延年益寿。

掩户焚香，清福已具。如无福者，定生他想；更有福者，辅以读书。

【译文】关门闭户，焚上名香，清福就已经有了。如果是没有福分的人，一定会产生其他的想法；如果是更有福分的人，就可以再辅以读诵诗书。

国家用人，犹农家积粟。粟积于丰年，乃可济饥；才储于平时，乃可济用。

【译文】国家任用人才，就好像农民积贮粮食。粮食要在丰收之年积贮，才能赈济饥馑之年；人才要在平时储备，才能满足不时之需。

考人品，要在五伦上见。此处得，则小过不足疵[①]；此处失，则众长不足录[②]。

【注释】①疵：非议，诽谤。②录：采取。
【译文】考察一个人的人品，要从君臣、父子、兄弟、夫妇、朋友这五伦关系上判断。如果在这些方面表现得体，那么即使有小的过失也不足以引人非议；如果在这些方面表现失礼，那么即使有许多长处也不足以让人采纳。

国家尊名节,奖恬退^①,虽一时未见其效,然当患难仓卒之际,终赖其用。如禄山之乱^②,河北二十四郡皆望风奔溃,而抗节^③不挠者,止一颜真卿^④。明皇初不识其人,则所谓名节者,亦未尝不自恬退中得来也。故奖恬退者,乃所以励名节。

【注释】①恬退:淡泊名利,安然退让。②抗节:坚守节操。③禄山之乱:指唐玄宗天宝年间的安史之乱。④颜真卿:字清臣,别号应方,谥"文忠",唐代名臣、"楷书四大家"之一,在安史之乱中抗敌甚勇。

【译文】国家尊崇名声节操,褒扬淡泊无争,这些政策即使一时没有看到成效,然而等到患难危急之时,终究要依靠它发挥作用。比如在安史之乱中,河北道的二十四个郡都望风而逃、奔走溃散,而坚守节操、不屈不挠的,只有颜真卿一人。唐玄宗一开始还不认识颜真卿,就说明那些坚守名节的人,也未尝不是从淡泊无争的人中求得的。所以褒扬淡泊无争的行为,也是为了激励人们坚守名节。

志不可一日坠,心不可一日放。

【译文】意志一天也不能沉沦,心思一天也不能放纵。

辩不如讷,语不如默,动不如静,忙不如闲。

【译文】善辩不如木讷，多话不如沉默，行动不如静定，忙碌不如清闲。

以无累之神，合有道之器，宫商暂离，不可得已。①

【注释】①此条出自唐代李延寿《南史·褚彦回传》："（褚）彦回援琴奏《别鹄》之曲，宫商既调，风神谐畅。王彧、谢庄并在殿坐，抚节而叹曰：以无累之神，合有道之器，宫商暂离，不可得已。"无累，无所挂碍。有道之器：有才情美德的乐器。宫商，原指五音中的宫、商二音，泛指音乐、韵律。

【译文】以了无挂碍的精神，应和才美德盛的乐器，要使这韵律稍微离散一点，也是做不到的。

精神清旺①，境境都有会心②；志气昏愚，到处俱成梦幻。

【注释】①清旺：清爽充沛。②会心：领悟，领会。
【译文】精神清爽充沛，任何情境都藏有领悟之机；志气昏沉蒙昧，遍地到处都成了梦幻泡影。

酒能乱性，佛家戒之；酒能养气，仙家饮之。余于无酒时学佛，有酒时学仙。

【译文】酒能乱性，所以佛家戒酒；酒能养气，所以仙家饮酒。我在没有酒时学佛，在有酒时学仙。

烈士不馁^①，正气以饱其腹；清士不寒，青史以暖其躬^②；义士不死，天君^③以生其骸。总之手悬胸中之日月，以任^④世上之风波。

【注释】①馁：饥饿。②躬：身体。③天君：指心。④任：经受，承受。
【译文】忠烈之士不会饥饿，正气可以饱足其腹；高洁之士不会清寒，史籍可以温暖其身；节义之士不会死去，真心可以生长其躯。总之，用手悬起胸中的日月，以承受世间的风波迁变。

孟郊^①有句云："青山碾为尘，白日无闲人。"于邺^②云："白日若不落，红尘应更深。"又云："如逢幽隐处，似遇独醒人。"王维^③云："行到水穷处，坐看云起时。"又云："明月松间照，清泉石上流。"皎然^④云："少时不见山，便觉无奇趣。"每一吟讽，逸思翩翩。

【注释】①孟郊：字东野，唐代著名诗人，有"诗囚"之称，与贾岛并称"郊寒岛瘦"。②于邺：字武陵，唐代诗人，擅长五言诗。③王维：字摩诘，号摩诘居士，世称"王右丞"，唐代著名诗人、画家，有"诗佛"之称，与孟浩然合称"王孟"。④皎然：俗姓谢，字清昼，谢灵运后裔，唐代著名诗人、茶僧。
【译文】孟郊有诗句说："青山碾为尘，白日无闲人。"于邺有诗句说："白日若不落，红尘应更深。"又说："如逢幽隐处，似遇独醒人。"王维有诗句说："行到水穷处，坐看云起时。"又说："明月松间照，清泉石上流。"皎然有诗句说："少时不见山，便觉无奇趣。"每当吟咏讽诵这些诗句，飘逸脱俗的文思就如同翩翩起舞一般。

卷十二 集倩

倩^①不可多得，美人有其韵，名花有其致，青山绿水有其丰标^②。外则山癯^③韵士，当情景相会之时，偶出一语，亦莫不尽其韵，极其致，领略其丰标，可以启名花之笑，可以佐美人之歌，可以发山水之清音，而又何可多得！集倩第十二。

【注释】①倩：美好。②丰标：风度，仪态。③山癯：山林隐士清瘦的姿容。

【译文】美好的事物不可多得，美人有其韵味，名花有其情致，青山绿水有其风姿。此外还有清雅的山林隐士，每当情景交融之时，偶然说出一句话，也没有不尽其韵味、穷其情致、领略其风姿的，可以让名花绽开笑颜，可以让美人歌舞相伴，可以让山水发出清音，这种雅趣又怎么能够多得？因此编纂了第十二卷"倩"。

会心处，自有濠濮间想，无可亲人鱼鸟^①；
偃卧时，便是羲皇上人，何必夏月凉风^②？

【注释】①此句出自《世说新语·言语》："会心处不必在远，翳然林水，便自有濠濮间想，觉鸟兽禽鱼，自来亲人。"②此句出自陶渊明《与子俨等疏》："常言五六月中，北窗下卧，遇凉风暂至，自谓羲皇上人。"

【译文】悠然心会之处，自然会有濠濮水边逍遥脱俗的遐想，无需鱼鸟来亲近于人；安然偃卧之时，就是伏羲时代恬然自适的人民，为何一定要夏日凉风？

一轩明月，花影参差，席地便宜小酌；
十里青山，鸟声断续，寻春几度长吟。

【译文】一窗皎洁的月光，花卉之影参差摇曳，席地而坐，最应小酌几杯；十里青翠的山峦，鸟啼之声时断时续，探寻春色，几度放声长吟。

入山采药，临水捕鱼，绿树阴中鸟道；
扫石弹琴，卷帘看鹤，白云深处人家。

【译文】进入深山采药，濒临流水捕鱼，绿树阴下有蜿蜒险峻的小道；清扫石阶弹琴，卷起珠帘看鹤，白云深处有几户山居的人家。

沙村①竹色，明月如霜，携幽人杖藜散步；
石屋松阴，白云似雪，对孤鹤扫榻高眠。

【注释】①沙村：沙滩边或沙洲上的村落。

【译文】沙洲小村里竹色苍翠，月光明亮如洒下秋霜，和隐士一起拄着藜杖悠然散步；石头小屋外青松成阴，云朵洁白似漂浮冬雪，对一只仙鹤清扫木榻，高枕入眠。

焚香看书，人事都尽。隔帘花落，松稍月上。钟声忽度，推窗仰视，河汉流云，大胜昼时。非有洗心涤虑，得意①爻象之表②者，不可独契此语。

【注释】①得意：领会旨趣。②爻象之表：《周易》中六爻相交成卦所表示的事物形象。

【译文】焚上好香翻阅书卷，世间人事都包括其中。隔着珠帘看到花瓣凋落，透过松树梢只见月亮升起。这时忽然听到钟声响过，推开窗户仰望夜空，只见银河之间云彩流溢，远远超过白天的精致。不是洗涤了心中思虑、领会了爻象表征的人，是无法独自契入这几句话的境界中的。

纸窗竹屋，夏葛冬裘，饭后黑甜，日中白醉，足矣。

【译文】以纸做窗，以竹建屋，夏穿葛衣，冬着皮裘，饭后酣睡，正午酒醉，有这样的生活就足够了。

收碣石①之宿雾，敛苍梧②之夕云。八月灵槎③，泛寒光而静去；三山神阙④，湛清影以遥连。

【注释】①碣石：山名，在今河北昌黎北。②苍梧：山名，又称九嶷，在今湖南宁远城南。③八月灵槎：灵槎，亦作"灵查"，能乘往天河的船筏。晋代张华《博物志》："近世有人居海渚者，年年八月有浮槎去来，不失期。"④三山神阙：三山，指传说中的三座海上仙山：方丈、蓬莱、瀛洲。神阙，神宫。

【译文】收回碣石山的夜雾，敛起苍梧山的晚霞。每逢八月，通往天河的船筏泛着寒光静静远去；三座仙山，神仙居住的宫阙湛起清影遥遥相连。

空三楚①之暮天，楼中历历；满六朝②之故地，草际悠悠。

【注释】①三楚：战国楚地疆域广阔，秦汉时分为西楚、东楚、南楚，合称三楚。②六朝：三国吴、东晋和南朝的宋、齐、梁、陈，相继建都建康（吴名建业，今南京），史称六朝。

【译文】三楚大地的暮色天穹空旷寥阔，只见楼台之上的风景历历分明；六朝前尘的故地旧迹触目皆是，唯有远空之际的草色悠悠无穷。

秋水岸移新钓舫，藕花洲拂旧荷裳。
心深不灭三年字，病浅难销十步香①。

【注释】①此条出自明代汤显祖七律诗《虞淡然在告》。荷裳，用荷叶做衣服,示其人之高洁,亦泛指隐逸者的服装。三年字,典出《古诗十九首·孟冬寒气至》:"置书怀袖中,三年字不灭。"此处借指作者对朝廷仍有忠心。十步香,以香草制成的一种熏香,香气散发很远,可医病。

【译文】新造的钓船在江岸边的秋水中漂流,旧日的荷衣在藕花洲的微风下拂动。真心深沉,不能磨灭三年前的字迹;疾病轻微,难以消解十步香的香气。

赵飞燕①歌舞自赏,仙风留于绉裙;韩昭侯②颦笑不轻,俭德昭于敝裤。皆以一物著名,局面相去甚远。

【注释】①赵飞燕:汉成帝刘骜皇后,体态轻盈,舞姿翩翩,犹如飞燕,故号。②韩昭侯:姬姓,名武,亦称韩釐侯,战国时期韩国君主,任用申不害为相,国家大治。宋代司马光《资治通鉴》:"昭侯有弊裤,命藏之。侍者曰:君亦不仁者矣,不赐左右而藏之。昭侯曰:吾闻明主爱一颦一笑,颦有为颦,笑有为笑。今裤岂特颦笑哉! 吾必待有功者。"

【译文】赵飞燕轻歌曼舞自我欣赏,仙女风姿停留在褶裙之间;韩昭侯皱眉欢笑从不轻为,节俭美德光大于旧裤之上。他们都是因一个物品而著名,但是二人的格局相差得就太远了。

翠微僧至,衲衣皆染松云;斗室残经,石磬半沉蕉雨。

【译文】僧人从青翠的远山中到来,百衲衣全都染上了青松白云的色泽;小屋中有几卷残旧的佛经,石磬声使一半芭蕉叶上的雨滴沉落。

黄鸟情多, 常向梦中呼醉客; 白云意懒, 偏来僻处媚幽人。

【译文】黄鸟柔情正多, 常常唤醒醉酒之客的沉沉梦境; 白云懒意正浓, 偏偏于幽僻之地魅惑隐逸之士。

乐意相关禽对语, 生香不断树交花①, 是无彼无此真机; 野色更无山隔断, 天光常与水相连, 此彻上彻下真境。

【注释】①此二句出自宋代石延年七言律诗《金乡张氏园亭》。
【译文】惬意之情彼此关联, 禽鸟相对啼鸣; 芳香之气滋生不断, 树木交相开花, 这是无彼无此的真正玄机。山野翠色再没有山峦隔断, 天光云影常常与清水相连, 这是通天彻地的真实境界。

美女不尚铅华, 似疏云之映淡月;
禅师不落空寂, 若碧沼之吐青莲。

【译文】美女不崇尚粉黛妆扮, 就好像薄薄的云彩映衬着淡淡的月亮; 禅师不落在空寂境界, 就如同碧绿的池塘吐露出青青的莲花。

书者喜谈画, 定能以画法作书;
酒人好论茶, 定能以茶法饮酒。

【译文】练字的人喜欢谈论绘画, 一定能以绘画的方法来写字;

喝酒的人喜欢谈论品茶，一定能以品茶的方法来饮酒。

诗用方言，岂是采风^①之子? 谭^②邻俳语^③，恐贻拂麈之羞。

【注释】①采风: 对民歌的采集。②谭: 同"谈"。③俳语: 戏笑嘲谑的言辞。

【译文】诗歌使用方言，怎么能是采集民风的先生? 谈话近于戏谑，恐怕要受清人雅士的羞辱。

肥壤植梅，花茂而其韵不古; 沃土种竹，枝盛而其质不坚。

【译文】肥沃的土壤中种植梅花，花朵虽然繁茂，韵味却无古意; 肥沃的土壤中栽种竹树，枝叶虽然茂盛，质地却不坚实。

竹径松篱，尽堪娱目，何非一段清闲?
园亭池榭，仅可容身，便是半生受用。

【译文】竹林中的小径，松枝做的篱笆，都可以赏心悦目，哪里没有一段清闲的时光呢? 园林中的亭阁，池水中的楼台，只能够收容此身，这里就有可供半生的受用。

南涧科头，可任半帘明月; 北窗坦腹，还须一榻清风。

【译文】南边的山涧中裸露头髻,可受半帘的明月相照;北边的窗户下袒胸露腹,还须一榻的清风来拂。

披帙①横风榻,邀棋坐雨窗。

【注释】①披帙:打开卷帙,指翻阅书籍。

【译文】翻阅书卷,横卧在迎风的床榻上;邀人下棋,安坐在落雨的小窗下。

洛阳每遇梨花时,人多携酒树下,曰:为梨花洗妆①。

【注释】①洗妆:梳妆打扮。

【译文】洛阳每到梨花盛开的时节,人们大多带着美酒来到树下品饮,说是为梨花梳妆打扮。

绿染林皋,红销溪水。几声好鸟斜阳外,一簇春风小院中。

【译文】绿意浸染了山林堤岸,落花染红了谷间溪水。几声悦耳的鸟鸣在斜阳外响起,一缕清凉的春风吹入小院之中。

有客到柴门,清尊开江上之月;
无人剪蒿径,孤榻对雨中之山。

【注释】①蒿径: 长满杂草的小路。

【译文】有客人来到木柴门前, 清酒一杯, 显露出江上的明月; 没有人收拾杂草小路, 木榻一座, 遥对着雨中的青山。

恨留山鸟, 啼百卉之春红; 愁寄陇云, 锁四天之暮碧。

【译文】幽恨留给山间的鸟儿, 它的啼鸣使百花在春日里争奇斗妍; 薄愁寄与陇间的云彩, 它的凝聚封锁了天空中苍茫的暮色。

涧口有泉常饮鹤, 山头无地不栽花。

【译文】山涧出口有泉水流出, 常有仙鹤来饮水; 山峰顶上没有合适田地, 不能去栽种花草。

双杵茶烟, 具载陆君之灶①; 半床松月, 且窥扬子之书②。

【注释】①陆君之灶: 即陆羽茶灶。相传陆羽曾在余干县东山东南石磴中凿石为灶, 取越溪水煎茶, 世称 "陆羽茶灶", 亦称 "余干县仙人灶"。②扬子之书: 扬子即扬雄, 西汉著名哲学家、辞赋家、语言学家, 曾仿《论语》作《法言》, 仿《易经》作《太玄》。

【译文】煮茶的两股轻烟如女子捣衣的双杵, 都充满了陆羽的茶灶; 松间的皎洁月色洒满了半边的床榻, 姑且一读扬雄的著书。

寻雪后之梅, 几忙骚客; 访霜前之菊, 颇惬幽人。

【译文】探寻落雪后的梅花，使诗人几度忙碌；访求霜降前的菊花，使隐士颇为惬意。

帐中苏合①，全消雀尾之炉；槛外游丝②，半织龙须之席。

【注释】①苏合：金缕梅科乔木，树脂可提制香油，亦可入药。②游丝：指缭绕的炉烟。

【译文】帷帐中弥漫着苏合香气，全都靠那雕有雀尾的香炉；栏杆外缭绕着丝丝炉烟，一半织成绣有龙须的床席。

瘦竹如幽人，幽花如处女。

【译文】瘦削的竹子就好像清雅的隐士，幽美的花朵就如同娇羞的处女。

晨起推窗，红雨乱飞，闲花笑也；绿树有声，闲鸟啼也；烟岚①灭没，闲云度也；藻荇②可数，闲池静也；风细帘清，林空月印，闲庭峭也。山扉③昼扃，而剥啄每多闲侣；帖括④因人，而几案每多闲编。绣佛长斋⑤，禅心释谛⑥。而念多闲想，语多闲词，闲中滋味，洵足乐也。

【注释】①烟岚：山林间蒸腾的雾气。②藻荇：多年生草本植物，浮在水面,根生在水底。③山扉:山野人家的柴门。④帖括:唐代明经科以帖经试士,考生因帖经难记,乃总括经文编成歌诀,便于记诵应时,称为"帖括",亦泛指科举应试文章。⑤长斋:佛教指长期坚持过午不食,后多指长期素食。⑥释谛:阐释真谛。

【译文】清晨起来推开窗户,只见如雨的红瓣缤纷乱飞,那是花朵安闲的笑颜;翠绿的树林中传来声音,那是鸟儿悠闲的啼叫;山间的雾气隐没退散,那是云彩闲逸的游移;水中的藻荇历历可数,那是池塘幽闲而清静;微风徐徐吹来,珠帘清透明澈,空寂的林间留下月亮的踪迹,那是庭院闲适而悄然。山中的柴门白天关着,前来叩门的多是悠闲的朋友;编录的歌诀因人而异,案上摆放的多是怡情的闲书。挂上刺绣佛像,长期持守斋戒,参禅悟透心源,阐明真实义谛。然而心念中大多是清闲的思虑,话语间大多是清闲的言词,这安闲中的滋味,确实足以让人乐在其中了。

鄙吝一消,白云亦可赠客;渣滓尽化,明月亦来照人。

【译文】鄙陋吝啬的习气一旦消除,白云也可拿来赠送客人;心中的杂质糟粕全都融化,明月也会前来映照于人。

水流云在,想子美①千载高标;
月到风来,忆尧夫②一时雅致。

【注释】①子美:杜甫,字子美,自号少陵野老,唐代著名诗人,被后世尊称为"诗圣",其诗称"诗史"。②尧夫:邵雍,字尧夫,自号安乐先生,谥康节，北宋理学家、易学家，"北宋五子"之一。

【译文】水流不息，白云依旧，遥想杜甫千年的高风亮节；明月升起，清风徐来，忆起邵雍一时的风雅情怀。

何以消天上之清风朗月，酒盏诗筒；
何以谢人间之覆雨翻云，闭门高卧。

【译文】怎样才能消受天上清风明月的雅趣？只有举杯畅饮，吟诗作对；怎样才能谢绝人间翻云覆雨的浮沉？只有闭门谢客，安然高卧。

高客留连，花木添清疏之致；幽人剥琢，莓苔生淡冶之容。

【译文】清高之客流连忘返，山花草木间更添几分清潇疏朗的韵致；幽雅之人轻叩缓敲，路边青苔上更生几许素雅秀丽的风姿。

雨中连榻①，花下飞觞②，进艇长波，散发弄月③。紫箫玉笛，飒④起中流，白露⑤可餐，天河在袖。

【注释】①连榻：并榻，多形容关系密切。②飞觞：举杯或行觞。③弄月：赏月。④飒：风过之声。⑤白露：秋天的露水。

【译文】潇潇落雨之时连榻而坐，缤纷落花之下推杯换盏，长波细浪之上划船行进，披散头发之际吟赏明月。紫箫玉笛发出悠扬的旋律，犹如清风拂过江面中央，此情此景，连秋日的露水也可为我饮用，连空中的银河也如在我袖中。

午夜箕踞松下，依依皎月，时来亲人，亦复快然自适。

【译文】午夜时分，伸展双腿闲坐在松树之下，皎洁的明月也轻柔相依，不时来亲近于人，这也让人感到惬意闲适。

香宜远焚，茶宜旋^①煮，山宜秋登。

【注释】①旋：逐渐。
【译文】香适合在远处焚燃，茶适合渐渐地烹煮，山适合在秋天攀登。

中郎^①赏花云：茗赏上也，谈赏次也，酒赏下也。若夫内酒越茶，及一切庸秽凡俗之语，此花神之深恶痛斥者。宁闭口枯坐，勿遭花恼可也。

【注释】①此条出自明代袁宏道《瓶史·清赏》。中郎，即袁宏道，字中郎，号石公，明代文学家，"公安三袁"之一，提出"性灵说"。内酒，宫廷作坊酿制的酒。越茶，越地出产的茶叶。
【译文】袁宏道提出的赏花之道说：以品茶伴赏花为上等，以清谈伴赏花为次等，以饮酒伴赏花为下等。而像宫廷名酒、越地贡茶，及一切庸俗污秽的言语，都是花神所深恶痛绝的。所以宁肯闭口静坐，也不要受到花神的恼乱，这样才可以。

赏花有地有时，不得其时而漫然命客，皆为唐突。寒花宜初雪，宜雨霁，宜新月，宜暖房；温花宜晴日，宜轻寒，宜华堂；暑花宜雨后，宜快风，宜佳木浓阴，宜竹下，宜水阁；凉花宜爽月，宜夕阳，宜空阶，宜苔径，宜古藤巉石边。若不论风日，不择佳地，神气散缓，了不相属，比于妓舍酒馆中花，何异哉？①

【注释】①此条出自明代袁宏道《瓶史·清赏》。巉石，嶙峋突兀的石头。

【译文】赏花有地点和时间的讲究，如果不合时宜地随意请客赏花，都是唐突失礼之举。寒冷的冬季开放的花，适合在白雪初降、雨过天晴之时，在初升新月下、温暖房室中观赏；温暖的春季开放的花，适合在天气晴明、略微寒凉之时，在华美厅堂中观赏；暑热的夏季开放的花，适合在落雨刚停、疾风吹拂之时，在好树浓荫中、青青翠竹下、水上亭阁里观赏；凉爽的秋季开放的花，适合在月光清凉、夕阳西下之时，在空寂石阶上、青苔小路中、古藤怪石边观赏。如果赏花不管天气时节的不同，不选择适宜的好地点，就会令花的神气驰散褪落，而与花了不相关，这与那些妓院酒馆中的花又有什么不同呢？

云霞争变，风雨横天，终日静坐，清风洒然。

【译文】云彩烟霞竞相变幻，风雨交加横越天空，从朝至暮静心危坐，只觉清风清爽沁脾。

妙笛至山水佳处，马上临风快作数弄①。

【注释】①此条出自北宋张邦基《墨庄漫录》："喻陟明仲，睦州人，持节数部，政绩蔼著，雅善散隶，尤妙长笛。每行按至山水佳处，马上临风快作数弄，殊风流消散也。"

【译文】到了山水秀丽的好地方，在马上迎着清风，快速吹奏几曲美妙的笛乐。

心中事，眼中景，意中人。

【译文】心中有乐事，眼中有美景，意中有佳人。

园花按时开放，因即其佳称，待之以客：梅花索笑①客，桃花销恨客，杏花倚云客，水仙凌波客，牡丹酣酒客，芍药占春②客，萱草忘忧客，莲花禅社③客，葵花丹心客，海棠昌州④客，桂花青云客，菊花招隐⑤客，兰花幽谷客，酴醾⑥清叙客，腊梅远寄⑦客。须是身闲，方可称为主人。

【注释】①索笑：逗乐，取笑。②占春：占尽春色，争春。③禅社：定期聚会、共同静坐参禅的社团。④昌州：今属重庆，古时因盛产海棠被称为海棠香国。⑤招隐：招人归隐。⑥酴醾：即荼蘼。⑦远寄：寄情于世外。

【译文】园中的花卉按照时序开放，于是就给它们的不同的美称，以客之名分别对待：梅花称为索笑之客，桃花称为销恨之客，杏花称为倚云之客，水仙称为凌波之客，牡丹称为酤酒之客，芍药称为占春之客，萱草称为忘忧之客，莲花称为禅社之客，葵花称为丹心之客，海棠称为昌州之客，桂花称为青云之客，菊花称为招隐之客，兰花称为幽谷之客，茶蘼称为清叙之客，腊梅称为远寄之客。必须是身心安闲，才能称得上是百花的主人。

马蹄入树鸟梦堕，月色满桥人影来。

【译文】马蹄声声，传入树林深处，惊落了鸟儿的一席美梦；月色皎皎洒满岸边小桥，依稀有人影从远处走来。

无事当看韵书，有酒当邀韵友。

【译文】闲来无事就应该翻阅风雅之书，有酒可饮就应该邀来清雅之友。

红蓼^①滩头，青林古岸，西风扑面，风雪打头。披蓑顶笠，执竿烟水，俨在米芾《寒江独钓图》中。

【注释】①红蓼：一年生草本，多生水边，花呈淡红色，适宜观赏。
【译文】在生长着红蓼的滩涂里，在青翠树林边的古岸上，呼啸的西风扑面而来，狂舞的风雪打在头上。披起蓑衣，戴上斗笠，手执渔竿，烟云浩渺，这简直就是米芾《寒江独钓图》中的意境。

　　冯惟一①以杯酒自娱，酒酣即弹琵琶，弹罢赋诗，诗成起舞，时人爱其俊逸。

　　【注释】①冯惟一：冯吉，字惟一，五代时晋朝、周朝官员、学者，善属文，工草隶，尤工琵琶，人称其琵琶、诗、舞"三绝"。
　　【译文】冯吉以饮酒自娱自乐，酒兴浓时就弹琵琶，弹完就赋诗，诗成就翩然起舞，当时的人都喜欢他俊秀飘逸的风采。

　　风下松而合曲，泉萦石而生文。

　　【译文】清风拂过松林，其声如合音律；泉水萦绕山石，其迹如生妙文。

　　秋风解缆①，极目芦苇，白露横江，情景凄绝。孤雁惊飞，秋色远近，泊舟卧听，沽酒呼卢②，一切尘事，都付秋水芦花。

　　【注释】①解缆：解去系船的缆绳。指开船。②呼卢：古代一种赌博游戏，共有五子，分别黑白，五子全黑称卢，掷子时高呼，希望得全黑，故名。
　　【译文】秋风吹开舟上缆绳，极目远眺水中芦苇，茫茫雾气横贯江面，此情此景凄清无比。孤零的大雁惊起远飞，萧萧的秋色远近皆同，停泊小舟卧听秋声，买来好酒呼卢博戏，一切红尘俗事，都付之缠绵秋水、摇曳芦花。

设禅榻二，一自适，一待朋。朋若未至，则悬之。敢曰陈蕃之榻，悬待孺子①；长史之榻，专设休源②。亦惟禅榻之侧，不容着俗人膝耳。诗魔酒颠，赖此榻祛醒。

【注释】①陈蕃之榻，悬待孺子：见前注。②长史之榻，专设休源：《梁书·列传第三十》："（晋安王）常于中斋别施一榻，云：此是孔长史坐，人莫得预焉。"孔长史，孔休源，字庆绪，南朝梁官员、文学家，时任晋安王府长史。

【译文】室中设立了两座禅榻，一座自己使用，一座招待朋友。如果朋友没有来到，就将其悬挂起来。我敢说陈蕃的木榻悬挂起来，是为了等待徐稚的到来；晋安王的"长史之榻"，是专门设给孔休源的。也只有在这禅榻两侧，是容不得俗人沾身坐卧的。而像那些吟诗成魔、饮酒如颠的人，要靠这样的禅榻才能清醒过来。

留连野水之烟，淡荡①寒山之月。

【注释】①淡荡：水迂回缓流貌，引申为和舒、悠然。
【译文】野外流水间的云烟令人留连，清寒远山上的月色淡雅娴静。

春夏之交，散行麦野；秋冬之际，微醉稻场①。欣看麦浪之翻银，积翠直侵衣带；快睹稻香之覆地，新醅②欲溢尊罍③。每来得趣于庄村④，宁去置身于草野。

【注释】①稻场：翻晒、碾轧稻谷的场地。②新醅：新酿的酒。③尊罍：泛指酒器。④庄村：村庄，乡村。

【译文】春夏相交之际，在麦田边悠然漫步；秋冬相交之际，在稻场中微微醉酒。喜悦地看到那风中的麦浪翻滚如银，积聚的翠色直袭衣带；快意地目睹那稻花的芳香翻覆大地，新酿的村酒溢满酒杯。每次到来都从乡村得到乐趣，宁肯离开都市栖身草野之间。

羁客①在云村②，蕉雨点点，如奏笙竽③，声极可爱；山人读《易》《礼》，斗后④骑鹤以至，不减闻《韶》⑤也。

【注释】①羁客：旅客，旅人。②云村：云气笼罩的村落。③笙竽：笙和竽，皆管乐器名。因形制相类，故常联用。④斗后：星斗之后。斗，星名，二十八宿之一，亦泛指星。⑤《韶》：传说舜所作的古乐曲名。

【译文】羁旅的游客在烟云中的村落，雨滴点点打在芭蕉叶上，如同吹奏笙竽乐曲一般，声音极其令人喜欢；隐居的山人读诵《周易》《礼记》，如从星斗之后骑鹤而来，其韵致不亚于听闻《韶》乐。

阴茂树，濯寒泉，溯冷风，宁不爽然洒然？

【译文】在茂盛的树阴下乘凉，在寒凉的泉水中洗濯，在凛冽的冷风中逆行，难道不让人觉得畅爽洒脱吗？

韵言一展卷间，恍坐冰壶而观龙藏。

【译文】一展开书卷读到别有雅韵的诗文，就恍如坐在月光之下翻阅佛教经藏。

春来新笋，细可供茶；雨后奇花，肥堪待客。

【译文】春天初生的新笋，细嫩可口，可供烹煮茶水；雨落之后的奇花，肥美多姿，可供招待客人。

赏花须结豪友，观妓须结淡友，登山须结逸友，泛舟须结旷友，对月须结冷友，待雪须结艳友，捉酒须结韵友。

【译文】观赏花卉需要结交豪爽之友，观妓歌舞需要结交淡泊之友，登山遨游需要结交飘逸之友，泛舟江湖需要结交旷达之友，遥对明月需要结交清冷之友，等待落雪需要结交美艳之友，举杯饮酒需要结交雅韵之友。

问客写药方，非关多病；闭门听野史，只为偷闲。

【译文】询问客人写下药方，不是因为身体多病；关闭门庭听闻野史，只是为了偷闲片刻。

岁行尽矣，风雨凄然，纸窗竹屋，灯火青荧①，时于此间得小趣。

【注释】①青荧：青光闪映貌。

【译文】一年将尽，风雨交加，萧瑟凄清，以纸做窗的竹屋内，灯火闪烁着青光，此时在这里得到了一点小小乐趣。

山鸟每夜五更喧起五次，谓之报更，盖山间率真漏①声也。

【注释】①漏：漏壶，古代计时器，铜制有孔，可滴水或漏沙，有刻度标志以计时间。

【译文】山间鸟儿在每夜五更分别鸣叫五次，称之为报更，因为山间的声音都是真正的漏壶计时声。

分韵①题诗，花前酒后；闭门放鹤，主去客来。

【注释】①分韵：旧时作诗方式之一，又称"赋韵"。指作诗时先规定若干字为韵，各人分拈韵字，依韵作诗。

【译文】分韵作诗吟句，适合在赏花之前、饮酒之后；闭门放出仙鹤，适合在主人离去、客人到来之时。

插花着瓶中，令俯仰高下，斜正疏密，皆有意态，得画家写生之趣方佳。

【译文】插花在瓶中，要高低俯仰，错落有致，或斜或正，疏密相间，要都有其意味情态，得画家写生的雅趣才好。

法饮宜舒，放饮宜雅，病饮宜少，愁饮宜醉。春饮宜郊，夏饮宜洞，秋饮宜舟，冬饮宜室，夜饮宜月。

【译文】合礼的饮酒应该舒缓一些，豪放的饮酒应该优雅一些，病中的饮酒应该量少一些，忧愁的饮酒应该一醉方休。春天的饮酒适合在郊外，夏天的饮酒适合在洞中，秋天的饮酒适合在舟上，冬天的饮酒适合在室内，夜晚的饮酒适合在月下。

甘酒以待病客，辣酒以待饮客，苦酒以待豪客，淡酒以待清客，浊酒以待俗客。

【译文】甘甜的酒用来招待生病的客人，热辣的酒用来招待善饮的客人，苦涩的酒用来招待豪爽的客人，清淡的酒用来招待高雅的客人，浑浊的酒用来招待凡俗的客人。

仙人好楼居，须岩峣①轩敞②，八面玲珑，舒目披襟，有物外之观，霞表③之胜。宜对山，宜临水，宜待月，宜观霞，宜夕阳，宜雪月。宜岸帻④观书，宜倚槛吹笛，宜焚香静坐，宜挥麈清谈。江干宜帆影，山郁宜烟岚，院落宜杨柳，寺观宜松篁。溪边宜渔樵、宜鹭鸶，花前宜娉婷⑤、宜鹦鹉。宜翠雾霏微⑥，宜银河清浅。宜万里无云，长空如洗；宜千林雨过，叠障⑦如新。宜高插江天，宜斜连城郭，宜开窗眺海日，宜露顶卧天风。宜啸，宜咏，宜终日敲棋；宜酒，宜诗，宜清宵对榻。

【注释】①岧峣：山高峻貌。②轩敞：宽敞明亮。③霞表：云霞之外，高空，亦喻远离尘俗之处。④岸帻：推起头巾，露出前额。形容衣着简率，洒脱不拘。⑤娉婷：姿态美好貌。⑥霏微：迷蒙飘溢。⑦叠障：即"叠嶂"，重迭的山峰。

【译文】仙人喜欢居住在高楼之上，楼阁要高耸入云、宽敞明亮、八面玲珑，让人在披着衣衫放眼远眺之时，能看到有如世外的风光和云霞之外的胜景。居处应适宜面对青山，适宜靠近流水，适宜待月升空，适宜观赏云霞，适宜夕阳西照，适宜雪夜望月。适宜推起头巾读书，适宜倚着栏杆吹笛，适宜焚上好香静坐，适宜挥着麈尾清谈。江畔适合有船帆远影，青山适合有烟霞云岚，院落适合有杨柳依依，寺观适合有青松翠竹。溪边适合有渔民樵夫、鹭鸶漫步，花前适合有柔美佳人、鹦鹉低语。应有翠色山雾迷蒙四溢，应有空中银河清澄浅淡。应有万里之天片云都无，澄湛长空如水洗过；应有千片林海大雨洒过，层峦叠嶂焕然一新。楼阁应高耸如同插入江上远空，应倾斜如同接连城邑都市，应能打开窗户眺望海上日出，应能裸露发髻高卧天风之中。居处要适宜长啸，适宜吟咏，适宜从朝至夕对弈自娱；适宜饮酒，适宜赋诗，适宜清静夜晚对榻长谈。

良夜风清，石床独坐，花香暗度，松影参差。黄鹤楼①可以不登，张怀民②可以不访，《满庭芳》③可以不歌。

【注释】①黄鹤楼：在今湖北武昌蛇山之巅，始建于三国吴时期，"江南三大名楼"之一。②张怀民：名梦得，北宋官员，苏轼《记承天寺夜游》即是因夜访张怀民而作。②《满庭芳》：词牌名，又名《锁阳台》《满庭霜》《潇湘夜雨》《话桐乡》《满庭花》等。

【译文】美好的夜晚清风徐徐，在石床上独自静坐，花的香气暗暗袭来，松树的影子参差摇曳。此情此景，黄鹤楼那样的名楼也可以不登临了，张怀民那样的朋友也可以不访问了，《满庭芳》那样的词作也可以不歌咏了。

茅屋竹窗，一榻清风邀客；茶炉药灶，半帘明月窥人。

【译文】茅草的小屋，竹编的窗户，一座床榻上清风习习，如在邀客来访；烹茶的火炉，熬药的小灶，半卷珠帘间明月皎皎，如来窥视于人。

娟娟花露，晓湿芒鞋①；瑟瑟松风，凉生枕簟。

【注释】①芒鞋：用芒茎外皮编织成的鞋，亦泛指草鞋。

【译文】花间露水柔美动人，清晨打湿了草鞋；松间清风萧瑟清冷，凉意爬上了枕席。

绿叶斜披，桃叶渡①头，一片弄残秋月；
青帘高挂，杏花村②里，几回典却春衣。

【注释】①桃叶渡：古渡口名，在今南京秦淮河畔，相传因东晋王献之在此送其爱妾桃叶而得名。②杏花村：唐代杜牧《清明》诗："借问酒家何处有？牧童遥指杏花村。"后因以"杏花村"泛指卖酒处。

【译文】碧绿的树叶斜披树梢，桃叶渡口，只见一弯半残的明月临空而照；青翠的珠帘高挂门楣，杏花村里，为买好酒几回典当了春日衣衫。

杨花飞入珠帘，脱巾洗砚；诗草①吟成锦字②，烧竹煎茶。良友相聚，或解衣盘礴③，或分韵角险④，顷之貌出青山，吟成丽句。从旁品题⑤之，大是开心事。

【注释】①诗草：诗的草稿，亦指诗作、诗集。②锦字：锦字回文书，亦指华美的文辞。③盘礴：箕踞，伸开两腿坐，引申为不拘形迹、旷放自适。④角险：指诗人宴集，联句赋诗，以争奇斗险、较量诗才的文艺活动。⑤品题：对诗文书画等的题跋或评语。

【译文】柳絮飘飞，落入珠帘之中，摘下头巾清洗砚台；篇篇诗作，吟成锦字回文，燃烧竹枝烹煮茶水。好友相聚，有时脱下外衣席地而坐，有时分韵赋诗较量诗才，不一会儿就描绘出了青翠山峦，吟成了奇丽诗句。朋友们在一旁赏评题跋，这是非常令人开心的事情。

木枕傲，石枕冷，瓦枕粗，竹枕鸣。以藤为骨，以漆为肤，其背圆而滑，其额方而通。此蒙庄①之蝶庵，华阳②之睡几。

【注释】①蒙庄: 指战国时期宋国蒙人庄子。②华阳: 指南朝梁著名道士陶弘景, 自号华阳隐居。

【译文】木枕令人感到孤傲, 石枕令人感到凉冷, 瓦枕令人感到粗糙, 竹枕令人感到清亮。以藤萝作为骨骼, 以油漆作为外表, 这样做成枕头, 它的背部圆润光滑, 两头方正通透。这就是庄子梦到蝴蝶的草屋, 陶弘景隐居睡卧的木榻啊!

小桥月上, 仰盼星光, 浮云往来, 掩映于牛渚①之间, 别是一种晚眺。

【注释】①牛渚: 山名, 在今安徽当涂, 其山脚突入长江部分为采石矶。

【译文】小桥之上, 明月初升, 仰头观望点点星光, 几片浮云飘游往来, 掩映在牛渚山之间, 别有一番夜间远眺的景致。

医俗病莫如书, 赠酒狂莫如月。

【译文】医治庸俗之病, 没有比得上书籍的; 赠礼酒狂之徒, 没有比得上明月的。

明窗净几, 好香苦茗, 有时与高衲①谈禅;
豆棚菜圃, 暖日和风, 无事听友人说鬼。

【注释】①高衲: 高僧。

【译文】在窗明几净的室内，点上好香，品饮苦茶，有时间就和高僧谈禅论道；在豆棚菜园之间，阳光温暖，微风和煦，无事时就和友人谈神说鬼。

花事①乍开乍落，月色乍阴乍晴，兴未阑②，踌躇搔首；诗篇半拙半工，酒态半醒半醉，身方健，潦倒③放怀。

【注释】①花事：关于花的情事，春季百花盛开，故多指游春看花等事。②阑：残，尽。③潦倒：形容酒醉。

【译文】观赏之花忽而绽开忽而飘落，夜月之色忽而阴暗忽而晴明，兴致未尽之时，徘徊流连，搔头挠发；所作诗篇一半粗拙一半工巧，饮酒之态一半清醒一半沉醉，身体尚且安健，畅饮醉倒，放浪形骸。

湾月宜寒潭，宜绝壁，宜高阁，宜平台，宜窗纱，宜帘钩，宜苔阶，宜花砌，宜小酌，宜清谈，宜长啸，宜独往，宜搔首，宜促膝。春月宜尊罍，夏月宜枕簟，秋月宜砧杵①，冬月宜图书。楼月宜箫，江月宜笛，寺院月宜笙，书斋月宜琴。闺闱月宜纱橱，勾栏②月宜弦索③，关山月宜帆樯④，沙场月宜刁斗⑤。花月宜佳人，松月宜道者，萝月宜隐逸，桂月宜俊英，山月宜老衲，湖月宜良朋。风月宜杨柳，雪月宜梅花。片月⑥宜花梢，宜楼头，宜浅水，宜杖藜，宜幽人，宜孤鸿。满月宜江边，宜苑内，宜绮筵，宜华灯，宜醉客，宜妙妓。

【注释】①砧杵：捣衣石和棒槌。②勾栏：戏院，各种曲艺演出的场所。③弦索：乐器上的弦，多泛指弦乐器。④帆樯：船帆与船桅，常借指舟船。⑤刁斗：古代行军用具，斗形有柄，铜质，白天用作炊具，晚上击以巡更。⑥片月：弦月。

【译文】弯月适合在寒凉的潭水中，适合在峭拔的绝壁边，适合在高耸的楼阁上，适合在平坦的台榭间，适合在罩窗的纱布外，适合在卷帘的钩索上，适合在生苔的石阶边，适合在开花的园圃中，适合在小饮几杯之时，适合在清谈闲聊之时，适合在放声长啸之时，适合在独自出行之时，适合在徘徊搔头之时，适合在促膝相谈之时。春天的月亮适合在酒杯之间，夏天的月亮适合在枕席之上，秋天的月亮适合在砧槌之旁，冬天的月亮适合在图书之侧。楼台上的月亮适合以箫声相伴，江水中的月亮适合以笛声相和，寺院中的月亮适合以笙声相配，书斋中的月亮适合以琴声相应。闺阁中的月亮适合以纱橱相伴，戏院中的月亮适合以弦乐相和，边塞的月亮适合以舟船相陪，战场的月亮适合以刁斗相守。花丛前的月亮适合与佳人相配，松林间的月亮适合与道人相伴，藤萝间的月亮适合与隐士相邻，桂花下的月亮适合与俊杰相陪，山峦间的月亮适合与老僧相守，湖泊中的月亮适合与好友相随。清风中的月亮适合与垂柳相依，落雪后的月亮适合与梅花相衬。弦月适合在花梢之间，适合在楼台之上，适合在浅水之边，适合与藜杖相随，适合与幽人相守，适合与孤雁相伴。满月适合在江水之畔，适合在林苑之内，适合在盛宴之间，适合在华灯之上，适合在醉客之旁，适合在妙妓之侧。

佛经云：细烧沉水，毋令见火。此烧香三昧语。

【译文】佛经中说：细细焚烧沉水香，不要让火苗明显可见。这是深得烧香三昧的说法。

石上藤萝，墙头薜荔。小窗幽致，绝胜深山，加以明月清风，物外之情，尽堪闲适。

【译文】岩石上萦绕着藤萝，墙头间攀爬着木莲。小窗之外幽雅的景致，绝对胜过深山的风光，再加上皎皎明月和习习清风，就有了超脱尘俗的情趣，尽可以安闲自适地赏玩。

出世之法，无如闭关①。计一园手掌大，草木蒙茸②，禽鱼往来，矮屋临水，展书匡坐③，几于避秦④，与人世隔。

【注释】①闭关：闭门谢客，断绝世事。②蒙茸：指草木葱茏丛生。③匡坐：正坐。④避秦：典出东晋陶渊明《桃花源记》："自云先世避秦时乱，率妻子邑人，来此绝境，不复出焉。"后因以"避秦"指避世隐居。

【译文】超脱世俗的方法，没有比得上闭关的。丈量一个手掌大的小小园圃，其中草木葱茏，鱼鸟往来；低矮的小屋靠近流水，展开书卷正襟危坐，这几乎就和桃花源中的人们躲避秦朝战乱一样，与外界人世隔绝。

山上须泉，径中须竹。读史不可无酒，谭禅不可无美人。

【译文】山上应该有清泉，小路中应该有翠竹。阅读史书不能没有好酒为佐，谈论禅道不能没有美人相伴。

幽居虽非绝世，而一切使令、供具^①、交游、晤对之事，似出世外。花为婢仆，鸟为笑谈，溪漱涧流代酒肴烹炼，书史作师保^②，竹石质友朋。雨声云影，松风萝月，为一时豪兴之歌舞。情景固浓，然亦清趣。

【注释】①供具：陈设食具，备供酒食。②师保：古时辅弼教导帝王和王室子弟的官员，有师有保，统称"师保"，亦泛指老师。

【译文】隐居虽然不是与世隔绝，但是要让一切差遣、酒食、郊游、会晤的事宜，处理得都如同超脱世俗一样。以花卉作为婢仆，以鸟儿来谈笑，以溪水涧泉代替酒菜进行烹煮，以书籍史册作为老师，以翠竹奇石作为朋友。雨声潇潇，云影重重，清风从松林中拂过，明月于藤萝间升起，一时间兴高采烈就开始载歌载舞。这种景致情调虽然浓郁，然而其中也别有一番清雅的趣味。

蓬窗夜启，月白于霜；渔火沙汀，寒星如聚。忘却客子作楚，但欣烟水留人。

【译文】夜晚打开蓬屋的窗户，月光比秋霜还要皎白；沙洲渔船上的灯火闪烁着，夜空中寒光闪闪的星斗如友相聚。此情此景，游子忘却了自己客居楚地，只因这烟云水乡挽留于人而欣喜不已。

无欲者其言清，无累者其言达。口耳巽①入，灵窍②忽启。故曰不为俗情所染，方能说法度人。

【注释】①巽：同"逊"，谦让恭顺。②灵窍：慧心。

【译文】没有欲望的人，他的言语清雅；没有挂碍的人，他的言语通达。这样的人能够谦逊恭顺地与人说话、倾听于人，智慧之心忽然开启。所以说不被凡俗之情污染的人，才能够开口说法，度化众生。

临流晓坐，欸乃①忽闻，山川之情，勃然不禁。

【注释】①欸乃：象声词，开船的摇橹声，亦指划船时歌唱之声。

【译文】清晨在江流边静坐，忽然听到摇橹歌唱的声音，于是醉心秀美山川的心情勃然而发，不可禁绝。

舞罢缠头①何所赠？折得松钗②。饮余酒债莫能偿，拾来榆荚③。

【注释】①缠头：古代歌舞表演完毕客人赠给艺人的锦帛，后作为送给艺人礼物的通称。②松钗：松叶，因其双股如钗状，故名。③榆荚：榆树的种子，俗称榆钱。

【译文】歌舞表演完毕,拿什么赠送艺人?只有折下松叶作为钗饰;酣畅饮酒之余,酒债没办法偿还,只有拾来榆荚作为酒钱。

午夜无人知处,明月催诗;三春有客来时,香风散酒。

【译文】半夜时分,在无人知晓的幽处,明月皎皎,催发诗兴;春季到来,在有客来访的时候,香风弥漫,飘散酒味。

如何清色界①?一泓碧水含空。那可断游踪?半砌青苔殢②雨。

【注释】①色界:佛教语,三界之一,在欲界之上,无色界之下,有精微的物质而无诸欲望。②殢:滞留,困于。

【译文】如何能够清净色界?一泓澄碧的流水含着远空。怎么能断绝游踪?半阶青青的苔藓困在雨中。

村花路柳,游子衣上之尘;山雾江云,行李担头之色。

【译文】村中的飞花、路边的柳絮,拂去了游子衣服上的风尘;山间的雾霭、江畔的云烟,浸染了行李担头上的行色。

何处得真情?买笑不如买愁。
谁人效死力①?使功不如使过②。

【注释】①死力：浑身之力，最大力量。②使功不如使过：出自南朝宋范晔《后汉书·索卢放传》："夫使功者不如使过，原以身代太守之命。"指使用有功绩的人，不如使用有过失的人，使其能将功补过。

【译文】哪里可以得到真情？购买欢笑不如购买忧愁。有谁可以全力效命？任用功臣不如使用罪臣。

芒鞋甫挂，忽想翠微之色，两足复绕山云；
兰棹方停，忽闻新涨之波，一叶仍飘烟水。

【译文】草鞋刚刚挂起，忽然想起青翠缥缈的山色，两脚又奔走萦绕于山间烟云之中；兰舟刚刚停泊，忽然听到新涨水波的声音，一叶扁舟又漂游于烟云水泽之中。

旨愈浓而情愈淡者，霜林之红树；
臭愈近而神愈远者，秋水之白蘋。

【译文】美味越浓厚而情致越淡泊，就像经霜林中的枫树；气味越接近而神韵越悠远，正如秋天水中的白苹。

龙女濯冰绡①，一带水痕寒不耐；
姮娥②携宝药，半囊月魄③影犹香。

【注释】①冰绡：薄而洁白的丝绸。②姮娥：神话中的月中女神，即嫦娥。③月魄：月初生或圆而始缺时不明亮的部分，亦泛指月亮、月光。

【译文】龙女洗濯冰绡，一条水痕让人耐不得寒冷；嫦娥带走宝药，半囊月光的清影仍有香气。

山馆秋深，野鹤唳残清夜月；江园春暮，杜鹃啼断落花风。

【译文】山中馆舍秋色深深，野鹤孤唳，残破了清幽夜晚的圆月；江上园林正值春暮，杜鹃悲啼，打断了吹落花瓣的晚风。

石洞寻真②，绿玉嵌乌藤之杖③；
苔矶④垂钓，红翎间白鹭之蓑⑤。

【注释】①石洞：指四川阿坝黄龙洞，又名寻真洞，传说黄龙真人曾在此修炼，此处泛指有道人修行过的石洞。②寻真：寻求仙道。③绿玉嵌乌藤之杖：指"绿玉杖"，传说中仙人所用的手杖。④苔矶：长有青苔、突出水面的石头。⑤红翎间白鹭之蓑：以红色翎毛相间、白鹭蓑羽为饰的帽子。

【译文】去寻真洞中寻访仙道的踪迹，手中挂着乌藤制的绿玉手杖；在长着青苔的水中矶石上垂钓，头上戴着红翎相间的白鹭蓑帽。

晚村人语，远归白社①之烟；晓市花声，惊破红楼②之梦。

【注释】①白社：借指隐士或隐士所居之处。②红楼：红色的楼，泛指华美的楼房。

【译文】夜幕下的村落依稀有人说话，远去的云烟回归到隐者的居处；清晨的街市传来卖花的声音，惊醒了华美红楼上的沉沉美梦。

案头峰石，四壁冷浸烟云，何与胸中丘壑？枕边溪涧，半榻寒生瀑布，争如舌底鸣泉？

【译文】奇峰怪石如同陈放在几案上，屋内四壁清冷，浸透山间云雾，这与胸怀容纳的山川丘壑相比如何？山涧溪水恍如流淌在枕头边，半座木榻寒凉，犹如瀑布悬挂，这怎么比得上舌底生出的漱漱清泉？

扁舟空载，赢却关津不税愁；孤杖深穿，揽得烟云闲入梦。

【译文】一叶扁舟空不载物，经过关口渡津的时候省得为忧愁缴税；一支竹杖穿越深林，揽着烟霞云雾一起进入清闲的梦境。

幽堂昼密，清风忽来好伴；虚窗夜朗，明月不减故人。

【译文】幽静的厅堂在白天紧闭着，清风忽然吹来，如同要好的伴侣；虚掩的窗户在夜间很明亮，明月皎然在空，不亚于旧时的友人。

晓入梁王之苑①，雪满群山；夜登庾亮之楼②，月明千里。

【注释】①梁王之苑：即梁苑，在今河南开封东南，西汉梁孝王所建的游赏宴客之所。②庾亮之楼：即庾楼，又名庾公楼，在今江西九江，传说为东晋庾亮镇江州时所建，不足信。

【译文】清晨走入梁苑，只见白雪落满群山；夜晚登上庾楼，但看明月遍照千里。

名妓翻经，老僧酿酒，书生借箸谈兵①，介胄②登高作赋，羡他雅致偏增；屠门食素，狙侩③论文，厮养④盛服领缘⑤，方外束修⑥怀刺⑦，令我风流顿减。

【注释】①借箸谈兵：典出《史记·留侯世家》："张良对曰：臣请借前箸，为大王筹之。"后因"借箸"指为人出谋划策。②介胄：铠甲和头盔，借指武士。③狙侩：亦作"狙狯"，狡猾奸诈的人，亦为市侩、商人贬称。④厮养：犹厮役。⑤领缘：有装饰的衣领边缘。⑥束修：原指古时弟子拜师，送给老师十条腊肉为礼，后泛指弟子拜师时送给老师的礼物。⑦怀刺：怀藏名片，谓准备谒见。

【译文】名妓翻阅经卷，老僧酿造美酒，书生借来筷子谈论兵法，武士登临高处吟诗作赋，羡慕他们增添了几分别样风雅；屠户转吃素食，商人议论文章，厮役身着衣领镶边的华美服饰，隐士带着拜师之礼和名片，他们让我的风流顿时减去了几分。

高卧酒楼，红日不催诗梦醒；漫书花榭，白云恒带墨痕香。

【译文】高高安卧在酒楼之上，彤红的太阳不去催醒如诗的美梦；漫笔书写于花亭之中，洁白的云彩常常带有墨痕的香气。

　　相美人如相花，贵清艳而有若远若近之思；看高人如看竹，贵潇洒而有不密不疏之致。

　　【译文】观看美人如同观看好花，贵在清秀艳丽而有若远若近的意味；欣赏高人如图欣赏翠竹，贵在潇洒飘逸而有不密不疏的情致。

　　梅称清绝，多却罗浮一段妖魂①；
　　竹本萧疏，不耐湘妃数点愁泪②。

　　【注释】①罗浮一段妖魂：唐代柳宗元《龙城录·赵师雄醉憩梅花下》载，隋文帝开皇年间，赵师雄迁罗浮。一日天寒日暮，醉憩于松林间酒舍，见一女子淡妆出迎，共入酒家谈笑饮酒，观赏歌舞。翌日酒醒，竟卧梅花树下。②湘妃数点愁泪：传说虞舜之二妃，在听到舜的死讯之后，挥泪沾竹，竹尽斑斑。湘妃，相传舜之二妃娥皇、女英殁于湘水，遂为湘水之神。

　　【译文】梅花以清雅幽绝而著称，所以多出了罗浮山一段花神之事；竹子原本就萧然清疏，因此耐不住湘妃几点忧愁的泪珠。

　　穷秀才生活，整日荒年；老山人出游，一派熟路。

　　【译文】穷秀才的生活，整日都如欠收的荒年；老隐者的出游，一副轻车熟路的派头。

眉端扬未得，庶几在山月吐时；

眼界放开来，只好向水云深处。

【译文】眉梢不能飞扬起来，或许要到山间明月初升之时方可展颜；眼界要拓展开来，只好向溪水烟云的幽深之处探寻访求。

刘伯伦携壶荷锸①，死便埋我，真酒人哉！王武仲闭关护花②，不许踏破，直花奴耳。

【注释】①刘伯伦携壶荷锸：《晋书·刘伶传》："（刘伶）常乘鹿车，携一壶酒，使人荷锸而随之，谓曰：死便埋我。"刘伯伦，刘伶，字伯伦，魏晋时期诗人，"竹林七贤"之一。锸：铁锹。③王武仲闭关护花：《永乐大典》录宋代周密《续澄怀录》曰："王武仲隐居，羊欣相访。武仲曰：君子宜去，吾不可启关，恐踏碎满径落花。嗟欣赏，久之而去。"

【译文】刘伶外出携带酒壶，让人背着铁锹，说自己死了就随地埋掉，这是真正的酒人啊！王武仲闭门谢客、与世隔绝，只为养护花卉，不许人践踏弄破，这简直就是花奴啊！

一声秋雨，一声秋雁，消不得一室清灯；

一月春花，一池春草，绕乱却一生春梦。

【译文】一声秋雨飘零，一声秋雁孤鸣，少不得一室清冷的灯火；一月春花绚烂，一池春草菲菲，扰乱了一生春夜的美梦。

夭桃^①红杏,一时分付东风;翠竹黄花,从此永为闲伴。

【注释】①夭桃:艳丽的桃花,源自《诗经·周南》:"桃之夭夭,灼灼其华。"

【译文】娇艳的桃花和殷红的杏花,一时都寄托给东风吹散而去;青青的翠竹和郁郁的黄花,从此永远成为安闲自在的伴侣。

花影零乱,香魂^①夜发,輾然^②而喜。烛既尽,不能寐也。

【注释】①香魂:此指花香。②輾然:笑貌。

【译文】花的影子参差零乱,阵阵幽香在夜间传来,不觉令人微笑欣喜。灯烛已经燃尽了,仍然无法进入梦寐。

花阴流影,散为半院舞衣;水响飞音,听来一溪歌板。

【译文】丛花成阴,光影流转,散落成半院舞动的衣袂;溪水清响,音符飞跃,听来了一溪应和的歌板。

一片秋色,能疗病客;半声春鸟,偏唤愁人。

【译文】一片清凉的秋色,能够治疗病中的客人;半声春鸟的啼鸣,翩翩唤起愁人的忧思。

会心之语，当以不解解之；无稽之言，是在不听听耳。

【译文】悠然心会的话语，应当不加注解，自去领悟；荒谬无稽的言论，应当置若罔闻，不去理会。

云落寒潭，涤尘容于水镜；月流深谷，拭淡黛于山妆。

【译文】云朵落在清凉的潭水中，水面平静如镜，可以洗涤尘俗容颜；明月游到深邃的峡谷中，远山施上新妆，仿佛擦拭淡淡黛色。

寻芳者追深径之兰，识韵者穷深山之竹。

【译文】探寻芳菲的人追索幽深小路边的兰草，识得雅韵的人赏遍幽深山谷中的竹树。

花间雨过，蜂粘几片蔷薇；柳下童归，香散数茎檐卜。

【注释】①檐卜：植物名，产西域，花甚香。
【译文】花丛之间细雨掠过，蜜蜂也沾上了几片蔷薇花瓣；柳树之下童子归来，芳香飘散在几枝檐卜花间。

幽人到处烟霞冷，仙子来时云雨香。

【译文】隐士所到的地方烟霞也变得清冷，仙女到来的时候云雨都散发芳香。

落红点苔，可当锦褥；草香花媚，可当娇姬。莫逆①则山鹿溪鸥，鼓吹则水声鸟啭。毛褐②为纨绮，山云作主宾。和根野菜，不让侯鲭③；带叶柴门，奚输甲第④？

【注释】①莫逆：谓彼此志同道合，交谊深厚。②毛褐：兽毛或粗麻制成的短衣。③侯鲭：精美的荤菜。鲭，鱼和肉合烹而成的食物。④甲第：豪门贵族的宅第。

【译文】落花点缀在青苔之上，可以当作锦绣的褥垫；香草芬芳，鲜花柔媚，可以当作娇美的姬妾。山间野鹿、溪边鸥鸟，是我的莫逆之交；水声潺潺、鸟鸣婉转，是在演奏乐曲。毛麻的短衣当作绫罗绸衣，山中的烟云当作主人宾客。连根的野菜，不输给美味的荤菜；带叶的柴门，怎么会不如豪贵的门庭呢？

野筑郊居，绰有规制①。茅亭草舍，棘垣②竹篱，构列无方，淡宕③如画。花间红白，树无行款④，倘佯洒落，何异仙居？

【注释】①规制：指建筑物的规模形制。②棘垣：以棘刺护墙。③淡宕：同“淡荡”，散淡，悠然。④行款：比喻某种标准或规格。

【译文】郊野的建筑居所，宽敞安裕而有其规模形制。茅搭的亭台和草铺的房舍，棘刺的围墙和竹制的篱笆，构造罗列没有固定的章法，宁静淡然，如在画中。花丛之间红白相间，树木栽种随心而为，徜徉其中，洒脱飘逸，这与神仙的居所有什么不同呢？

墨池寒欲结，冰分笔上之花；炉篆①气初浮，不散帘前之雾。

【注释】①炉篆：香炉中的烟缕。因其缭绕如篆书，故称。

【译文】墨池中的寒气就要凝结，冰晶分离了笔端的妙花；香炉中的烟气刚刚飘浮，冲散不去珠帘前的雾霭。

青山在门，白云当户，明月到窗，凉风拂座。胜地皆仙，五城十二楼①，转觉多设。

【注释】①五城十二楼：古代传说中神仙的居所，比喻仙境。《史记·孝武本纪》："方士有言：黄帝时为五城十二楼，以候神人于执期，命曰迎年。"

【译文】青山如在门前，白云如当户牖，明月如来窗边，凉风如拂坐榻。景色宜人的地方都如同仙境一般，反而觉得五城十二楼的设立是多余的了。

何为声色俱清？曰：松风水月，未足比其清华。何为神情俱彻？曰：仙露明珠，讵能方其朗润？

【注释】此条"松风水月""仙露明珠"二句出自唐太宗李世民《大唐三藏圣教序》，是李世民对玄奘法师的赞美之辞。清华，清雅秀丽。方，比拟。

【译文】什么叫声色皆清澄？答：松间清风，水中明月，都不足以比得上他的清雅秀丽。什么叫神情俱通透？答：仙境甘露，明洁宝珠，怎么能比拟出他的明朗润泽？

"逸"字是山林关目①，用于情趣，则清远多致；用于事务，则散漫无功。

【注释】①关目：原指戏曲、小说中的重要情节，泛指情节的安排和构思。
【译文】"逸"这个字是山林生活的重要情节，如果用在游赏情趣方面，就会清雅幽远；如果用在处理事务方面，就会散漫随意，没有成效。

宇宙虽宽，世途眇①于鸟道；征逐②日甚，人情浮比鱼蛮③。

【注释】①眇：通"渺"，渺茫幽远。②征逐：追随，追求。③鱼蛮：渔夫，渔民。
【译文】宇宙虽然宽广无垠，世途却比山间小道还要渺茫；争名逐利日益炽盛，人情就像渔夫小民那样虚浮。

柳下舣①舟，花间走马②，观者之趣，倍于个中③。

【注释】①舣：停船靠岸。②走马：骑马疾走。③个中：此中，其中。
【译文】柳树下停泊小船，花丛中骑马驰骋，观赏者获得的雅趣，超过当事者一倍。

问：人情何似？曰：野水多于地，春山半是云。问：世事何似？曰：马上悬壶浆，刀头分顿肉。

【译文】问：人情像什么？答：山野水泊比陆地还多，春日青山一半是云雾。问：世事像什么？答：马背之上悬起一壶酒浆，刀刃之间分割一顿肉食。

尘情一破，便同鸡犬为仙；世法相拘，何异鹤鹅作阵？

【译文】凡尘之情已淡看破，就可以和鸡犬一起升天为仙；世间之物束缚自身，那和鹤鹅排成战阵有何不同？

清恐人知，奇足自赏。

【译文】清高之风唯恐他人知晓，新奇之物足以自我赏玩。

与客倒金樽，醉来一榻，岂独客去为佳？有人知玉律，回车三调，何必相识乃再？笑元亮之逐客何迂，羡子猷之高情可赏。

【注释】此条中"回车三调""子猷高情"，是指东晋桓子野为王子猷表演笛艺的典故，出自《世说新语·任诞》第49则。玉律，指管乐器。回车，调转车头。元亮，陶渊明，字元亮。子猷，王徽之，字子猷，王羲之之子。

【译文】给客人在金杯中倒酒，酒醉后就卧在一张床榻上，难道只有客人离去才好？有人通晓音律乐器，就调转车头来弹奏几曲，何必要相识才能成为知己？笑叹陶渊明酒后逐客是何等迂腐，美慕王子猷的高雅情怀令人赞赏。

高士岂尽无染，莲为君子，亦自出于淤泥；
丈夫但论操持，竹作正人，何妨犯以霜雪？

【译文】高洁之士怎么都能清净无染，莲花号称花中君子，自身也是从淤泥中长出；须眉男儿只需讲求气节操守，竹子象征中正之人，遭受霜雪侵凌又有何妨？

东郭先生之履①，一贫从万古之清；
山阴道士之经②，片字收千金之重。

【注释】①东郭先生之履：典出《史记·滑稽列传·东郭先生传》，谓东郭先生鞋子有上无下，行走雪中，脚板踏地。后遂以"东郭履"等谓穷困潦倒。②山阴道士之经：典出《晋书·王羲之传》，谓王羲之想求得山阴一道士养的鹅，道士要他书写一部《道德经》才愿意赠鹅，王羲之写完后，就笼鹅而归。

【译文】东郭先生的鞋子，成为万代清贫的象征；山阴道士的经文，字字如千金一般贵重。

管辂^①请饮后言,名为酒胆;休文^②以吟致瘦,要是诗魔。

【注释】①管辂:字公明,三国时期曹魏术士。他年少时遇琅琊太守单子春邀宴,见坐客百余人皆能言之士,为壮胆魄,先饮酒三升,而后发言。②休文:沈约,字休文,南朝文学家,《南史·沈约传》中记载他写给好友徐勉的信中说自己年老多病,近百多天来皮带渐紧,每月手臂约瘦半分。

【译文】管辂请求饮酒之后再发言,称之为"酒胆";沈约因为苦吟诗句而消瘦,大概是"诗魔"。

因花索句,胜他牍奏三千;为鹤谋粮,赢我田耕二顷。

【译文】凭借花朵索求诗句,胜过他三千篇文书奏章;为了养鹤筹谋粮食,赢过我二顷的耕作田地。

至奇无惊,至美无艳。

【译文】奇特到极点,就不再惊人;秀美到极点,就不再艳丽。

瓶中插花,盆中养石,虽是寻常供具,实关幽人性情。若非得趣个中,布置何能生致?

【译文】瓶中插着花卉,盆中养着奇石,虽然都是平常陈设的器具,实际却关系到隐士的性情。如果不是深得其中意趣,怎么能布置得富有情致呢?

舌头无骨,得言语之总持;眼里有筋,具游戏之三昧。

【译文】舌头柔软无骨,却得到了一切言语的总持;眼中筋脉遍布,却具备了游戏世间的三昧。

湖海上浮家泛宅^①,烟霞五色足资粮^②;乾坤内狂客逸人,花鸟四时供啸咏。

【注释】①浮家泛宅:形容以船为家,在水上生活,漂泊不定。典出《新唐书·隐逸列传》:"(张)志和曰:愿为浮家泛宅,往来苕霅间。"②资粮:粮食,泛指钱粮。

【译文】漂游于五湖四海、以舟为家的高洁之人,五彩的烟霞足以作为他的资财食粮;逍遥于天地乾坤、狂放不羁的隐逸之士,四季的花鸟可以供他长啸歌咏。

养花,瓶亦须精良。譬如玉环飞燕,不可置之茅茨;嵇阮贺李,不可请之店中。^①

【注释】①此条出自明代袁宏道《瓶史·器具》。玉环飞燕,唐玄宗贵妃杨玉环和汉成帝皇后赵飞燕,二人皆精通音律,善歌舞。嵇阮贺李,魏晋名士嵇康、阮籍和唐代诗人贺知章、李白。

【译文】养花,瓶子也要精美优良。就像杨玉环、赵飞燕那样的绝世美人,不能安置在茅屋之中翩然起舞;嵇康、阮籍、贺知章、李白那样的风流名士，不能邀请到小店之中酣然畅饮。

才有力以胜蝶，本无心而引莺。半叶舒而岩暗，一花散而峰明。①

【注释】①此条出自唐太宗李世民《小山赋》。

【译文】刚有力气去扑落蝴蝶，本来无心却引来莺啼。半片树叶舒展而山岩变得晦暗，一瓣落花飘散而峰峦转为明朗。

玉槛①连彩，粉壁②迷明，动鲍照③之诗兴，销王粲④之忧情。

【注释】①玉槛：玉石栏杆，泛指华美的栏杆。②粉壁：白色墙壁。③鲍照：字明远，人称鲍参军，南朝宋诗人，与谢灵运、颜延之并称"元嘉三大家"。④王粲：字仲宣，东汉末年文学家，"建安七子"之一，与曹植并称"曹王"。

【译文】玉饰的栏杆华彩接连不断，白色的墙壁光明迷离流转，此情此景，可以牵动鲍照的吟诗之兴，消除王粲的忧愁之情。

急不急之辨，不如养默；处不切①之事，不如养静；助不直②之举，不如养正；恣不禁之费，不如养福；好不情③之察，不如养度④；走不实之名，不如养晦⑤；近不祥之人，不如养愚⑥。

【注释】①切：紧急，重要。②直：公正，正直。③不情：不近人情，不合情理。④度：胸襟，气度。⑤晦：掩蔽，隐秘。⑥愚：笨拙，敦厚。

【译文】急于毫不迫切的辩论，不如涵养沉默之德；处理无关紧要的事务，不如涵养宁静之德；助长偏私不公的行为，不如涵养中正之德；放纵不加约束的耗费，不如涵养惜福之德；喜欢不近人情的检察，不如涵养大度之德；散布虚假不实的名声，不如涵养匿迹之德；接近凶恶不祥的人物，不如涵养憨愚之德。

诚实以启人之信我，乐易以使人之亲我，虚己以听人之教我，恭己以取人之敬我，奋发以破人之量我，洞彻以备人之疑我，尽心以报人之托我，坚持以杜人之鄙我^①。

【注释】①此条出自宋代司马光《我箴》。量，度量，计量，此谓以固定的标准衡量于人。

【译文】真诚朴实以让他人信任于我，和乐平易以使他人亲近于我，谦逊虚心以听他人教导于我，恭谨自律以得他人尊敬于我，奋发向上以破他人度量于我，洞彻世事以防他人怀疑于我，尽心而为以报他人托付于我，坚持不懈以绝他人轻视于我。

附录 《小窗幽记》叙

太上立德，其次立言。言者，心声，而人品学术，恒由此见焉。无论词躁、词俭，词烦、词支，徒蹈尚口之戒。倘语大而夸，谈理而腐，亦岂可以为训乎？然则欲求传世行远，名山不朽，必贵有以居其要矣。眉公先生，负一代盛名，立志高尚，著述等身，曾集《小窗幽记》以自娱，泄天地之秘笈，撷经史之菁华，语带烟霞，韵谐金石。醒世持世，一字不落言筌；挥麈风生，直夺清谈之席；解颐语妙，常发斑管之花。所谓端庄杂流漓，尔雅兼温文，有美斯臻，无奇不备。夫岂卮言无当，徒以资覆瓿之用乎？

许昌崔维东，博学好古，欲付剞劂，以公同好，问序于余，因不辞谫陋，特为之弁言简端。

乾隆三十五年岁次庚寅春月

昌平陈本敬仲思氏书于聚星书院之谢青堂

谦德国学文库丛书

（已出书目）

弟子规·感应篇·十善业道经	诗经
三字经·百家姓·千字文·德育启蒙	史记
千家诗	汉书
幼学琼林	后汉书
龙文鞭影	三国志
女四书	道德经
了凡四训	庄子
孝经·女孝经	世说新语
增广贤文	墨子
格言联璧	荀子
大学·中庸	韩非子
论语	鬼谷子
孟子	山海经
周易	孙子兵法·三十六计
礼记	素书·黄帝阴符经
左传	近思录
尚书	传习录
	洗冤集录

颜氏家训

列子

心经·金刚经

六祖坛经

茶经·续茶经

唐诗三百首

宋词三百首

元曲三百首

小窗幽记

菜根谭

围炉夜话

呻吟语

人间词话

古文观止

黄帝内经

五种遗规

一梦漫言

楚辞

说文解字

资治通鉴

智囊全集

酉阳杂俎

商君书

读书录

战国策

吕氏春秋

淮南子

营造法式

韩诗外传

长短经

虞初新志

迪吉录

浮生六记

文心雕龙

幽梦影

东京梦华录

阅微草堂笔记